"十三五"国家重点图书出版规划项目

智能制造
系列丛书

# 工作研究2.0

## 信息问题精益改善的
## 理论与方法

孔繁森 孔亮 著

U0198241

WORK STUDY2.0

THE THEORY AND METHOD OF LEAN IMPROVEMENT
FOR INFORMATION PROBLEMS

清華大学出版社
北京

**图书在版编目(CIP)数据**

工作研究2.0：信息问题精益改善的理论与方法/孔繁森，孔亮著. —北京：清华大学出版社，2023.6

（智能制造系列丛书）

ISBN 978-7-302-63591-8

Ⅰ.①工… Ⅱ.①孔… ②孔… Ⅲ.①智能制造系统－信息系统－研究 Ⅳ.①TH166

中国国家版本馆 CIP 数据核字(2023)第 093525 号

责任编辑：刘　杨
封面设计：李召霞
责任校对：欧　洋
责任印制：丛怀宇

出版发行：清华大学出版社
   网  址：http://www.tup.com.cn，http://www.wqbook.com
   地  址：北京清华大学学研大厦 A 座   邮  编：100084
   社 总 机：010-83470000   邮  购：010-62786544
   投稿与读者服务：010-62776969，c-service@tup.tsinghua.edu.cn
   质量反馈：010-62772015，zhiliang@tup.tsinghua.edu.cn
印 装 者：北京嘉实印刷有限公司
经  销：全国新华书店
开  本：170mm×240mm  印 张：15.25  字  数：312 千字
版  次：2023 年 7 月第 1 版  印  次：2023 年 7 月第 1 次印刷
定  价：108.00 元

产品编号：099456-01

# 智能制造系列丛书编委会名单

**主　任：**

　　周　济

**副主任：**

　　谭建荣　李培根

**委　员**（按姓氏笔画排序）：

| | | | |
|---|---|---|---|
| 王　雪 | 王飞跃 | 王立平 | 王建民 |
| 尤　政 | 尹周平 | 田　锋 | 史玉升 |
| 冯毅雄 | 朱海平 | 庄红权 | 刘　宏 |
| 刘志峰 | 刘洪伟 | 齐二石 | 江平宇 |
| 江志斌 | 李　晖 | 李伯虎 | 李德群 |
| 宋天虎 | 张　洁 | 张代理 | 张秋玲 |
| 张彦敏 | 陆大明 | 陈立平 | 陈吉红 |
| 陈超志 | 邵新宇 | 周华民 | 周彦东 |
| 郑　力 | 宗俊峰 | 赵　波 | 赵　罡 |
| 钟诗胜 | 袁　勇 | 高　亮 | 郭　楠 |
| 陶　飞 | 霍艳芳 | 戴　红 | |

## 丛书编委会办公室

**主　任：**

　　陈超志　张秋玲

**成　员：**

| | | | |
|---|---|---|---|
| 郭英玲 | 冯　昕 | 罗丹青 | 赵范心 |
| 权淑静 | 袁　琦 | 许　龙 | 钟永刚 |
| 刘　杨 | | | |

制造业是国民经济的主体,是立国之本、兴国之器、强国之基。习近平总书记在党的十九大报告中号召:"加快建设制造强国,加快发展先进制造业。"他指出:"要以智能制造为主攻方向推动产业技术变革和优化升级,推动制造业产业模式和企业形态根本性转变,以'鼎新'带动'革故',以增量带动存量,促进我国产业迈向全球价值链中高端。"

智能制造——制造业数字化、网络化、智能化,是我国制造业创新发展的主要抓手,是我国制造业转型升级的主要路径,是加快建设制造强国的主攻方向。

当前,新一轮工业革命方兴未艾,其根本动力在于新一轮科技革命。21世纪以来,互联网、云计算、大数据等新一代信息技术飞速发展。这些历史性的技术进步,集中汇聚在新一代人工智能技术的战略性突破,新一代人工智能已经成为新一轮科技革命的核心技术。

新一代人工智能技术与先进制造技术的深度融合,形成了新一代智能制造技术,成为新一轮工业革命的核心驱动力。新一代智能制造的突破和广泛应用将重塑制造业的技术体系、生产模式、产业形态,实现第四次工业革命。

新一轮科技革命和产业变革与我国加快转变经济发展方式形成历史性交汇,智能制造是一个关键的交汇点。中国制造业要抓住这个历史机遇,创新引领高质量发展,实现向世界产业链中高端的跨越发展。

智能制造是一个"大系统",贯穿于产品、制造、服务全生命周期的各个环节,由智能产品、智能生产及智能服务三大功能系统以及工业智联网和智能制造云两大支撑系统集合而成。其中,智能产品是主体,智能生产是主线,以智能服务为中心的产业模式变革是主题,工业智联网和智能制造云是支撑,系统集成将智能制造各功能系统和支撑系统集成为新一代智能制造系统。

智能制造是一个"大概念",是信息技术与制造技术的深度融合。从20世纪中叶到90年代中期,以计算、感知、通信和控制为主要特征的信息化催生了数字化制造;从90年代中期开始,以互联网为主要特征的信息化催生了"互联网+制造";当前,以新一代人工智能为主要特征的信息化开创了新一代智能制造的新阶段。

这就形成了智能制造的三种基本范式，即：数字化制造（digital manufacturing）——第一代智能制造；数字化网络化制造（smart manufacturing）——"互联网＋制造"或第二代智能制造，本质上是"互联网＋数字化制造"；数字化网络化智能化制造（intelligent manufacturing）——新一代智能制造，本质上是"智能＋互联网＋数字化制造"。这三个基本范式次第展开又相互交织，体现了智能制造的"大概念"特征。

对中国而言，不必走西方发达国家顺序发展的老路，应发挥后发优势，采取三个基本范式"并行推进、融合发展"的技术路线。一方面，我们必须实事求是，因企制宜、循序渐进地推进企业的技术改造、智能升级，我国制造企业特别是广大中小企业还远远没有实现"数字化制造"，必须扎扎实实完成数字化"补课"，打好数字化基础；另一方面，我们必须坚持"创新引领"，可直接利用互联网、大数据、人工智能等先进技术，"以高打低"，走出一条并行推进智能制造的新路。企业是推进智能制造的主体，每个企业要根据自身实际，总体规划、分步实施、重点突破、全面推进，产学研协调创新，实现企业的技术改造、智能升级。

未来 20 年，我国智能制造的发展总体将分成两个阶段。第一阶段：到 2025 年，"互联网＋制造"——数字化网络化制造在全国得到大规模推广应用；同时，新一代智能制造试点示范取得显著成果。第二阶段：到 2035 年，新一代智能制造在全国制造业实现大规模推广应用，实现中国制造业的智能升级。

推进智能制造，最根本的要靠"人"，动员千军万马、组织精兵强将，必须以人为本。智能制造技术的教育和培训，已经成为推进智能制造的当务之急，也是实现智能制造的最重要的保证。

为推动我国智能制造人才培养，中国机械工程学会和清华大学出版社组织国内知名专家，经过三年的扎实工作，编著了"智能制造系列丛书"。这套丛书是编著者多年研究成果与工作经验的总结，具有很高的学术前瞻性与工程实践性。丛书主要面向从事智能制造的工程技术人员，亦可作为研究生或本科生的教材。

在智能制造急需人才的关键时刻，及时出版这样一套丛书具有重要意义，为推动我国智能制造发展作出了突出贡献。我们衷心感谢各位作者付出的心血和劳动，感谢编委会全体同志的不懈努力，感谢中国机械工程学会与清华大学出版社的精心策划和鼎力投入。

衷心希望这套丛书在工程实践中不断进步、更精更好，衷心希望广大读者喜欢这套丛书、支持这套丛书。

让我们大家共同努力，为实现建设制造强国的中国梦而奋斗。

周济

2019 年 3 月

技术进展之快,市场竞争之烈,大国较劲之剧,在今天这个时代体现得淋漓尽致。

世界各国都在积极采取行动,美国的"先进制造伙伴计划"、德国的"工业 4.0 战略计划"、英国的"工业 2050 战略"、法国的"新工业法国计划"、日本的"超智能社会 5.0 战略"、韩国的"制造业创新 3.0 计划",都将发展智能制造作为本国构建制造业竞争优势的关键举措。

中国自然不能成为这个时代的旁观者,我们无意较劲,只想通过合作竞争实现国家崛起。大国崛起离不开制造业的强大,所以中国希望建成制造强国、以制造而强国,实乃情理之中。制造强国战略之主攻方向和关键举措是智能制造,这一点已经成为中国政府、工业界和学术界的共识。

制造企业普遍面临着提高质量、增加效率、降低成本和敏捷适应广大用户不断增长的个性化消费需求,同时还需要应对进一步加大的资源、能源和环境等约束之挑战。然而,现有制造体系和制造水平已经难以满足高端化、个性化、智能化产品与服务的需求,制造业进一步发展所面临的瓶颈和困难迫切需要制造业的技术创新和智能升级。

作为先进信息技术与先进制造技术的深度融合,智能制造的理念和技术贯穿于产品设计、制造、服务等全生命周期的各个环节及相应系统,旨在不断提升企业的产品质量、效益、服务水平,减少资源消耗,推动制造业创新、绿色、协调、开放、共享发展。总之,面临新一轮工业革命,中国要以信息技术与制造业深度融合为主线,以智能制造为主攻方向,推进制造业的高质量发展。

尽管智能制造的大潮在中国滚滚而来,尽管政府、工业界和学术界都认识到智能制造的重要性,但是不得不承认,关注智能制造的大多数人(本人自然也在其中)对智能制造的认识还是片面的、肤浅的。政府勾画的蓝图虽气势磅礴、宏伟壮观,但仍有很多实施者感到无从下手;学者们高谈阔论的宏观理念或基本概念虽至关重要,但如何见诸实践,许多人依然不得要领;企业的实践者们侃侃而谈的多是当年制造业信息化时代的陈年酒酿,尽管依旧散发清香,却还是少了一点智能制造的气息。有些人看到"百万工业企业上云，实施百万工业APP培育工程"时劲头十足，可真准备大干一场的时候，又仿佛云里雾里。常常听学者们言，CPS(cyber-physical systems，信息物理系统)是工业4.0和智能制造的核心要素，CPS万不能离开数字孪生体(digital twin)。可数字孪生体到底如何构建？学者也好，工程师也好，少有人能够清晰道来。又如，大数据之重要性日渐为人们所知，可有了数据后，又如何分析？如何从中提炼知识？企业人士鲜有知其个中究竟的。至于关键词"智能"，什么样的制造真正是"智能"制造？未来制造将"智能"到何种程度？解读纷纷，莫衷一是。我的一位老师，也是真正的智者，他说："智能制造有几分能说清楚？还有几分是糊里又糊涂。"

所以，今天中国散见的学者高论和专家见解还远不能满足智能制造相关的研究者和实践者们之所需。人们既需要微观的深刻认识，也需要宏观的系统把握；既需要实实在在的智能传感器、控制器，也需要看起来虚无缥缈的"云"；既需要对理念和本质的体悟，也需要对可操作性的明晰；既需要互联的快捷，也需要互联的标准；既需要数据的通达，也需要数据的安全；既需要对未来的前瞻和追求，也需要对当下的实事求是……如此等等。满足多方位的需求，从多视角看智能制造，正是这套丛书的初衷。

为助力中国制造业高质量发展，推动我国走向新一代智能制造，中国机械工程学会和清华大学出版社组织国内知名的院士和专家编写了"智能制造系列丛书"。本丛书以智能制造为主线，考虑智能制造"新四基"［即"一硬"(自动控制和感知硬件)、"一软"(工业核心软件)、"一网"(工业互联网)、"一台"(工业云和智能服务平台)］的要求，由30个分册组成。除《智能制造：技术前沿与探索应用》《智能制造标准化》《智能制造实践》3个分册外，其余包含了以下五大板块：智能制造模式、智能设计、智能传感与装备、智能制造使能技术以及智能制造管理技术。

本丛书编写者包括高校、工业界拔尖的带头人和奋战在一线的科研人员，有着丰富的智能制造相关技术的科研和实践经验。虽然每一位作者未必对智能制造有全面认识，但这个作者群体的知识对于试图全面认识智能制造或深刻理解某方面技术的人而言，无疑能有莫大的帮助。丛书面向从事智能制造工作的工程师、科研人员、教师和研究生，兼顾学术前瞻性和对企业的指导意义，既有对理论和方法的描述，也有实际应用案例。编写者经过反复研讨、修订和论证，终于完成了本丛书的编写工作。必须指出，这套丛书肯定不是完美的，或许完美本身就不存在，更何况智能制造大潮中学界和业界的急迫需求也不能等待对完美的寻求。当然，这也不能成为掩盖丛书存在缺陷的理由。我们深知，疏漏和错误在所难免，在这里也希望同行专家和读者对本丛书批评指正，不吝赐教。

在"智能制造系列丛书"编写的基础上，我们还开发了智能制造资源库及知识服务平台，该平台以用户需求为中心，以专业知识内容和互联网信息搜索查询为基础，为用户提供有用的信息和知识，打造智能制造领域"共创、共享、共赢"的学术生态圈和教育教学系统。

我非常荣幸为本丛书写序,更乐意向全国广大读者推荐这套丛书。相信这套丛书的出版能够促进中国制造业高质量发展,对中国的制造强国战略能有特别的意义。丛书编写过程中,我有幸认识了很多朋友,向他们学到很多东西,在此向他们表示衷心感谢。

需要特别指出,智能制造技术是不断发展的。因此,"智能制造系列丛书"今后还需要不断更新。衷心希望,此丛书的作者们及其他的智能制造研究者和实践者们贡献他们的才智,不断丰富这套丛书的内容,使其始终贴近智能制造实践的需求,始终跟随智能制造的发展趋势。

2019 年 3 月

工作研究是 20 世纪初由泰勒、吉尔布雷斯等人建立的工业工程基本方法体系，是一个由宏观到微观解决现场管理技术问题的科学方法体系。它由方法研究和时间测定两大技术组成。而方法研究又由程序分析、操作分析和动作分析组成，在管理现场改善过程中需遵循 ECRS、流程经济性和动作经济性原则。工作研究的基本目的是对现有的各项作业、工艺和工作方法进行系统分析，寻求完成某项工作的最经济合理的方法，达到减少人员、机器以及无效动作和物料消耗的目的，并使工作方法标准化；从人的角度考虑，工作研究的核心目的是降低人的劳动负荷提升流程和动作的经济性。进入工业 4.0 时代，自动化程度大幅上升，信息化和数字化技术的快速发展使人们在完成任务过程中消耗的物理负荷比例下降，而信息负荷或者认知负荷比例上升。传统工作研究解决问题的方法需要升级。借由各种技术方法 X.0 的东风，作者提出了工作研究 2.0 的概念，即考虑信息(认知)负荷的工作研究。工作研究 2.0 在原工作研究方法体系基础上对称性地增加了信息研究与复杂性测定，以及在管理现场改善过程中所应遵循的信息加工经济原则。

本书共包括 9 章内容，第 1 章介绍了本书研究内容的背景和意义，并对相关研究的国内外现状进行了综述。第 2 章系统地给出了工作研究 2.0 理论框架。第 3 章介绍了作者提出的信息场的概念、测度与应用。从现场管理的角度给出了信息场场作用特征值的确定方法。按照管理颗粒度和信息需求空间的变化实现了制造系统信息场的可视化。并阐明了在信息场框架下对制造系统进行改善和优化所应遵循的信息原则和改善流程。第 4 章和第 5 章分别介绍了信息流价值的定性与定量评价方法。第 6 章主要介绍了信息引擎的概念和作者提出的信息引擎-场作用模型，该模型为信息流的改善提供了切实可行的方法。第 7 章在简单回顾动作经济原则基础上给出了信息加工经济原则和改善案例，并在此基础上构建了工作站任务复杂性的定性分析与定量测度的理论方法框架。第 8 章给出了建立在工作研究 2.0 理论方法基础上的全要素现场改善方法案例。第 9 章介绍了作者在信息研究过程中所涉猎的相关研究，如分布式认知、系统化创新改善的方法工具 TRIZ 中的流分析等内容,供读者在进一步研究中参考。

　　本书的研究得到吉林省科技厅的大力支持,是未来工厂规划设计吉林省重点实验室的主要研究成果。部分成果发表在 *International Journal Production Research* ,*Advanced Engineering Informatics* 和《机械工程学报》上,另一部分成果尚未公开发表,现辑录于本书,希望为读者呈现完整的工作研究 2.0 理论方法的体系、框架。作者期望本书内容能够为从事基础工业工程教学的老师和学生提供参考,拓展学生们的想象空间,期望回答工业 4.0 时代工业工程的作用和价值。本书提供的工作研究 2.0 的内容是初步的,还有大量问题亟待解决,如布局与信息(认知)负荷的关系、信息场的作用机理——这个机理作者考虑很久,它是物理与意识的作用问题,期望本书能为感兴趣的研究者提供一点启迪。本书出版的另一个目的是期望为企事业的现场改善提供新的视角和方法工具。展望未来,期望借由本书的出版,促进国内更多的研究者为工业工程在工业 4.0 时代的应用贡献力量,期望对塑造 5G 时代制造业车间未来的工作空间提供理论支撑,为丰富工业工程学科理论体系,拓展精益生产方法使其适应工业 4.0 时代制造业的发展尽绵薄之力。

作　者

2022 年 12 月 31 日于长春审苑

Contents | **目录**

# 第1章

# 绪 论

## 1.1 背景和意义

从 20 世纪 90 年代初开始,精益生产的方法和原则已经成为创建高效流程的主要概念,工作研究作为精益改进的基本工具一直是成功的,因为它专注于增值任务,旨在降低操作工人的体力负荷,提升劳动生产率。然而,在工业 4.0 时代,随着科技进步,生产过程自动化与信息化程度大幅提升,信息时代的工作流程和工具增加了工人的认知负担,工人的表现受到过高信息量和认知负荷的影响,因此,在制造领域有关工作信息和认知负荷已对生产效率与效益产生显著影响。但是,作为精益生产现场改善的主要工具,传统的工作研究方法并未提供解决这一问题的途径。目前的工作研究方法仍然是基于泰勒时代的概念,即减少体力负荷和提高劳动效率,忽视了对影响生产效率的认知负荷问题的研究。体力负荷可视为重力场的作用,那么认知负荷是否也可视为"场"的作用呢?为了回答这一问题,作者基于传统工作研究方法的特点提出了考虑认知负荷的工作研究 2.0 的初步框架,对任务复杂性和现场改善中的信息负荷问题进行了深入研究,但是有关信息场、信息流以及隐藏其中的复杂性问题尚不清楚,而这些问题是完善工作研究 2.0 理论体系的关键,为此作者提出对制造系统中信息场与信息引擎的功能和机理进行研究,期望阐明在信息场框架下对制造系统进行改善和优化所应遵循的信息原则。

"信息场"虽然不是一个新的概念,但是,结合制造系统应用情境,通过以多学科交叉为基础的重新定义,以及在制造系统设计与改善中的应用,"信息场"的概念为今后我们对智能制造系统设计中信息环境的了解和研究提供了可以遵循的框架,并为考虑认知负荷的工作研究 2.0 理论体系的完善提供了素材。因此,本书的研究对塑造 5G 时代制造业车间未来的工作空间提供理论支撑,对丰富工业工程学科理论体系,拓展精益生产方法使其适应工业 4.0 时代制造业发展的需要具有重要的理论和现实意义。

## 1.2　国内外研究现状及发展动态分析

### 1. 制造系统中的信息场

进入信息时代,定制生产范式对生产系统及其工作人员提出了很高的要求。对于最终装配来说尤其如此,在这种装配中,变体数量最多。为了应对这种变化,操作员需要在正确的时间访问正确的信息,从而知道如何以及何时组装什么零件。正确的信息包括信息的内容、信息的载体、信息显示方式以及接收者。Hoedt(2017)等研究指出,多数情景下,装配任务仍然由人类参与完成,而且在大多数情况下完全依赖于装配工人自己的经验。由于多品种小批量生产模式下的装配任务的相似性降低,工作内容和相应信息需求频繁更改,难以建立标准的工作程序,从而给操作员带来过多的认知负荷。Carvalho(2020)等系统地总结了制造环境下认知负荷过载的原因,这些原因主要有中断、培训/教学场景、手工装配、维护活动、订单拣选和目视检查等。通过确定导致认知超负荷的原因,进而明确了可以使用哪些技术来减少这种负荷过载。Biondi(2020)等在装配实验中,通过附加 n-back 任务以改变认知负荷水平,进而考察认知负荷对生产绩效的影响,研究结果表明认知负荷的增加会影响组装任务的完成时间。

Fässberg(2012)和 Berglund(2013)等以多品种装配制造为背景,使用定量方法描述了装配复杂性、质量和认知自动化之间的关系。他们的研究表明,认知自动化可以减少选择复杂性对产品质量的负面影响。Sheridan(2005)提出了涉及决策和操作的自动化水平(level of automation,LoA)的概念。但是,自动化还应该包括信息收集和分析。因此,Parasuraman(2008)建议将自动化等级(LoA)概念扩展到四个信息处理阶段：信息获取、信息分析、决策和操作,每个阶段都有自己的自动化等级(LoA)。Frohm(2008)将物理任务定义为机械活动的自动化水平,简称机械 LoA,而将认知任务的自动化水平称为信息自动化水平 LoA,简称信息 LoA。在装配环境中,认知自动化可以支持决策,确保生产出没有质量问题的产品。Blsing(2020)等提出了复杂装配系统中认知负荷的减少方法。他们认为不确定性与认知负荷大小相关,不确定性可能是系统组件之间缺乏交互关系以及依赖时间的决策和操作信息造成的。不确定性是复杂性定义涉及的两个维度之一,可以通过减小生产过程中的不确定性来减小认知负荷。

Philipp(2017)等认为,装配过程,特别是人机合作过程存在复杂性,复杂性增加了认知负荷,而这些复杂性是由信息不足引起的。因此,使用数字辅助系统提升认知自动化水平可以降低相应的复杂度和认知负荷。

现有研究为降低制造系统中工人的认知负荷提供了重要参考,但却缺乏对制造系统中认知负荷进行统一定量化描述与评价的方法。认知负荷的定量化描述对生产任务分配、质量预测、人员能力测评等方面具有重要的理论和现实意义。

本书尝试借鉴信息论的相关理论,对认知负荷进行描述。香农从价值论的角度认为信息是一种用以消除随机不确定性的东西(《通讯的数学理论》),哲学界从本体论的角度认为信息是物质属性的表征。有学者认为信息的物理本质是"场",而不是"实物粒子",其哲学本性不是物质固有的反应物性和表现形式,是事物普遍联系的"媒介"。唯物辩证法认为:事物是不断运动变化且普遍联系的,从实质上讲,联系指力的相互作用或力。物理学的研究表明,自然界的力可归结为四类:引力、电磁力、强力和弱力。同时力的相互作用是以场为媒介来传递的,即引力场、电磁场、强场和弱场。与此类同,信息的传递与交换不是实物粒子的交换,而是信息流的传递与交换。信息的物理本质是"场",信息场的基元是信息子,信息子不断运动或传递信息流,信息流的集合便是某一具体事物的信息。

从现有研究看,"信息场"属于交叉学科研究范畴,在不同学科背景下被赋予不同含义。俄罗斯 Tsvetkov 从信息论的角度出发,提出"信息场"(information field)的概念,认为任何物质都会作为信源不停地向周围环境发送它所特有的信息,并与环境中其他物质发送的信息相互作用,形成一定的信息空间分布。在此基础上,一些学者对信息场的数学结构和性能开展研究。Shaytura(2018)在研究信息分享行为时,提出"信息场"的概念,以描述人们在社会场合分享日常信息所创建的社会环境。而后一些学者将信息场相关概念和结构应用到知识转移、情报分析、教学设计、行为预测等方面。张凯(2002,2003,2004)类比电磁场特征定义了以信息传递为特征的信息场,认为信息场由信息点组成,每个信息点带有一定信息量,信息点之间的信息交换与信息点间距离成反比,与信息量成正比。现有研究为理解和分析信息场提供了一些思路,但仅能描述信息传递特征,未从本质上去刻画信息场,包括"场"的负荷作用特征。

为弥补这一不足,本书作者提出根据制造系统的特性,探索信息场的场作用机制,本书作者类比物理场的负荷作用特性,构建制造系统中的信息场的数学模型,旨在使用"场"的概念描述制造系统中的认知负荷,并探讨信息场在制造系统规划设计与改善中的应用。

### 2. 制造系统中的信息流

在制造业中,信息流被视为工艺和产品开发的重要组成部分。信息流使用数据和文档来描述生产与控制过程之间的通信,内部通信不足和信息传递不足以被认为是无附加价值的浪费。为了创造更高的价值,必须对信息传递进行识别和分类。通用方法不适用于可视化信息媒体中断并导致附加值降低。此外,媒体中断通常会导致冗余和额外的工作,这反映在非增值活动中(Sharma,2021;Mbakop,2021)。车间中的信息在不同的媒体、不同的角色(装配工人、生产负责人、技术人员、维护人员等)以及不同的时间范围内的不同位置之间流动。许多信息被共享、存储和检索,正确的信息在正确的时间、正确的人手中达到正确的目标至关重要。信息显示的位置、对象、时间以及显示的方式具有不同的含义。信息是生产部门的关键组成部分，没有它，就不可能生产出所需的产品。Hutchins(1995)通过对船只驾驶团队的研究提出了分布式认知理论，用于研究信息如何在系统中流动和转换。信息流是分布式认知所关注的三大领域之一，另外两个分别是物理布局和人工制品。关于物理布局和人工制品的研究主要集中在急救室(Furniss,2006)、救援中心以及中控室的布局(Luciana,2021)，很少有关于制造系统布局与信息关系的报道。

信息流的效率受到数据冗余和不确定性的影响。数据不确定性是指由于现存数据的问题，不知晓或不完全知晓某件事(Durugbo,2010)。人为因素、仪器的限制性或数据收集过程中的缺陷而造成的测量误差会导致数据的不确定性(Sonmez,2017)。信息的质量可以表示信息现状与期望之间的偏差，并主要受三个维度的影响：粒度、频率和准确性(Busert,2021)。其中，准确性受数据不确定性的影响。Kurilova(2015)探究了物流和信息流中不确定性产生的原因，概括起来主要有：①特殊和标准备件的质量、数量、时间；②沟通不良，备件状态信息不足；③产品生命周期参与者和再制造商之间没有前馈信息；④与不同操作人员的工序时间相关的每个工序步骤的延迟，以及正确备件的约定交付时间的偏差等。

制造系统中的信息流主要被用于实现最小化的资源输入和最大化价值输出，它与物流过程是伴生的，并通过面对面互动来进行沟通。制造系统中信息的流动方式还决定了产品的生产方式、物流配送方式以及现场的管理方式，因此，在制造系统中，对信息流进行分析需要有效的信息流价值表征技术。因为只有对其进行有效的表征，才能对其进行有效的改善和可视化管理。目前文献中介绍的信息流价值表征的方法主要有：信息价值流图(Meudt,2017)、增值热图和信息引擎(Sundresh,1997)。

信息引擎主要有两个研究方向，一个研究方向是以美国贝尔实验室 Sundresh(1997)和 Durugbo(2009,2010)为主要代表，将信息引擎作为信息流的建模工具，致力于将数据转化为逻辑功，又称信息动力引擎(info-dynamic engine)。另一个则是探究如何利用信息产生机械能，如麦克斯韦妖、布朗信息引擎、兰道尔擦除定律和西拉德引擎(Paneru,2018)。本书侧重于第一个，即信息动力学引擎的研究，以下简称信息引擎。

信息引擎模型表示了如何将原始数据转换为目标程序可以有效使用的信息过程，就像热力学引擎将热能转化为机械能一样，主要涉及能量转换以及转换效率的问题(Sundresh,1997,2016)。信息引擎模型是信息流价值的表征方法之一。美国贝尔实验室的研究人员主要讨论了信息引擎对卡诺循环的模拟，卡诺循环也是热机效率最高的循环，它包括两个等温与两个绝热(等熵)，我们的问题是：既然这一循环可以模拟信息流的运作机理，那么物理上其他三个循环——奥托循环(两个绝热，两个等容)、狄塞尔循环(两个绝热，一个等容，一个等压)、布莱顿循环(两个绝热，两个等压)是否也可以模拟信息流的运作机理呢？如果可以，在什么条件下可以模拟什么样的生产场景,以及这些模拟为现场管理带来的启示是什么?这些问题有待感兴趣的读者进一步开展研究。

## 1.3　任务复杂性和认知负荷的测度

前已述及,无论是制造系统的信息场还是信息流都与制造系统各类要素的不确定性和工作任务的复杂性相关,它们是导致认知负荷和信息流价值不高的主要因素,这里我们将不确定性与复杂性不加区分统一称为复杂性,而复杂性与认知负荷的测度是信息场与信息流价值表征的核心问题,下面简要介绍复杂性和认知负荷测度的国内外研究现状。

### 1.3.1　任务复杂性测度

#### 1. 基于结构主义视角的测度

基于结构主义视角,主要是确立任务客观复杂性测度指标,构建任务客观复杂性评价模型。Liu(2012)通过对文献总结和归纳,提出了任务复杂性结构模型,该模型给出了测度任务复杂性的九个维度,即尺寸、多样性、不确定性、变化、关系、不可靠性、不协调性、行为复杂性及时间需求。Zaeh(2009)从时间维度、认知维度和知识维度三个方面测度任务复杂性。Wood(1986)从系统组成要素复杂性、协调复杂性及动态复杂性三个维度构建任务复杂性测度模型,该模型在客观复杂性的评价中应用最为广泛。Bonner(1994)从系统输入、过程处理及输出三个层次描述任务复杂性,且每一个层次都包含信息量和信息清晰度两个维度。Harvey(2000)从任务范围、任务结构和任务不确定性三个维度提出了一个团队任务复杂性模型。Ham(2011)建立了一个任务复杂性模型,该模型包括功能、行为及结构三个维度。也有学者在测度任务客观复杂性的基础上,进一步分析其对生产绩效及工人负荷的影响。柯青(2016)从用户认知努力和生理努力的角度修正测量任务客观复杂性的指标,并深入探讨任务客观复杂性对用户认知和导航行为的影响。秦华(2014)等人则通过对比试验和虚拟仿真的方法,分析了任务复杂性和培训模式对塔式起重机驾驶员操作绩效的影响。张智君(2010)等通过设计实验考察在低生理负荷的情境下,任务难度和时间压力对肌肉活动的影响,实验结果表明任务难度和时间压力对于肩部斜方肌活动有重要的影响。

#### 2. 基于资源需求视角的测度

作者主要从资源需求的视角对认知复杂性进行了测度。作者依据人的认知过程及制造过程的产品信息、工艺信息、工装信息和场地信息所涉及的信息量进行统计,并根据第二代人因可靠性方法测度装配活动中认知活动的数量,运用信息熵计算工人的认知复杂性(孔繁森,2017,2021)。

### 3．基于交互作用视角的测度

学者们一般从任务执行者的立场出发，研究其主观复杂性。研究表明：工人的个人能力、训练水平、知识及个性特征等因素对任务执行者的感知复杂性具有重要的影响(Samy,2010；Falck,2014；Zhu,2008)。Mattsson(2013)等基于工效学、任务、工作指令、个性特征、工具等多个维度设计感知复杂性调查问卷，并运用李克特量表，量化操作者的主观复杂性，给出了操作者感知复杂性的通用测度方法。该测度方法考虑了生产系统中的人、机、料、法四个维度，对于制造系统具有普适性。

通过文献研究，作者发现：①基于结构主义视角的任务客观复杂性方面的研究较多，信息加工层面的任务主观复杂性研究相对较少；②任务复杂性的理论模型研究较多，针对不同情境的适应性验证却较少。

## 1.3.2  认知负荷的测量

概括起来，测量认知负荷的方法可分为四类：主观直接、主观间接、客观直接和客观间接(Brunken,2003)。

主观间接方法：主要有事后自我报告认知负荷(Kaiser,2016)和 NASA 的任务负荷指数(NASA-TLX)(Hart,1988)两种方法。

主观直接方法(Brunken,2003)：主要有自我报告压力法。该法在任务执行过程中需特定的频率和多个时间间隔，因此容易分散注意力。此外，相同的时间和频率可能无法用于具有不同要求和(或)复杂性的任务。测量认知负荷的主观直接和间接方法的主要缺点是不能考虑被试认知负荷的快速变化。

客观直接测量法(Peitek,2018)：主要有脑信号和双重任务表现法。脑信号法是通过 EEG 或 fMRI 装置客观地测量认知负荷，但现成的 EEG 帽子在长时间的交互作用下可能会使用户感到不适，而 fMRI 装置会限制运动和与学习技术的交互作用。双重任务表现法要求参与者在主要任务外解决复杂性增加的其他任务，认知负荷是通过次要任务的表现来衡量的(关于多任务处理对人类绩效影响的实验研究表明，在手头任务上添加次要任务会增加整体认知负荷，同时损害主要任务和次要任务的性能)。然而，有关高认知工作量对制造过程中的任务表现和肌肉活动的影响知之甚少。

客观间接测量法(Backs,1992)：也称生理学法，主要有平均瞳孔直径、瞳孔直径标准差、扫视速度和大于 500ms 的注视次数等评价指标。例如利用瞳孔数据测量驾驶员认知负荷的波动水平；发现皮肤电反应(GSR)可以展示恰当的认知负荷水平的变化。总体而言，任务激发的瞳孔反应是对认知负荷的可靠而敏感的测量。眼动追踪是认知负荷测量最常用的生理指标(客观间接指标)之一。例如，Backs 和 Walrath(1992)使用一个人的注视次数、注视持续时间平均值和注视率(注视/秒)来衡量认知负荷。Backs(2000)等使用瞳孔直径、眼跳运动和眨眼率来衡量认知负荷。William(2020)等研究了使用瞳孔直径计算认知负荷的方法,并研究了瞳孔反应与认知负荷之间的关系。Buettner(2013)等提出计算认知负荷的四种衡量指标,即平均瞳孔直径、瞳孔直径标准差、扫视速度和大于 500ms 的注视次数,并证明这是对同一目标可靠且准确的客观间接测量。Lv(2019)等针对虚拟现实互动系统中如何客观获取用户认知负荷阈值的问题,提出了一种基于眼动实验的用户认知负荷量化方法,并使用眼动仪在虚拟现实交互过程中收集眼动数据,建立了基于概率神经网络的认知负荷评估模型,并使用眼动和主观认知负荷数据对模型进行了验证。

本书作者对复杂度和信息问题的文献研究表明:信息量、复杂性和认知负荷是层层递进的关系,信息量与复杂性可以通过测度"熵"联系起来,而复杂性具有某种心理感受的成分,信息量和复杂性是问题的外在表现,消耗能量的确是认知负荷(Kong,2019,2022)。但是很少有文献将信息场、信息流、认知负荷与复杂性建立联系,本书拟在前人研究基础上,尝试将信息场、信息流、复杂性和认知负荷联系起来建立更加综合有效的与信息相关的测量方法。显然,测量也是本书理论研究实现其应用价值——降低认知负荷和任务复杂性,实现高效率生产的桥梁和关键。

# 1.4　本章小结

本章主要叙述了本书研究的背景和意义。对制造系统中的信息场、信息流以及认知负荷等研究主题的国内外现状进行了综述。文献研究表明:本书的研究对塑造 5G 时代制造业车间未来的工作空间提供理论支撑,对丰富工业工程学科理论体系,拓展精益生产方法使其适应工业 4.0 时代制造业发展的需要具有重要的理论和现实意义。

# 第 2 章

# 工作研究2.0理论框架

## 2.1　理论背景

工业革命彻底改变了世界。这种变化越来越多地涉及工作的机械化和自动化，从而又要求业务管理的变化。Taylor 是第一个认识到工作研究重要性的人。根据 Taylor 的研究，为了有效地完成工作，必须精确地找到相关的任务，确定最有效的方式来完成它们，并给自己必要的时间。在这方面，Taylor 认识到优化工作方法的重要性和时间研究的必要性。

与 Taylor 相似，Gilbreth 系统地研究了工作。Gilbreth 和 Lillian 博士于 1916 年发表了《疲劳研究》，并于 1917 年发表了《应用运动研究》。在这一点上，他们的方法与 Taylor 的不同。Gilbreth 和 Lillian 关注的是最佳实践和工作计划设计，而不是绩效。他们提出了一种理论：所有人类动作可以归纳为 17 种基本的动作元素。他们的理论为 MTM 的研究提供了理论依据。为了获得最佳的工作方法，在执行力、生产率和绩效方面，Gilbreth 和 Lillian 消除了每一个妨碍工作的动素（therblig）。

1926 年，Segur 发表了他的作品《运动时间分析》（*Motion Time Analysis*），他开发了第一个预定时间系统（PTS）。20 世纪 30 年代，这一系统被用于美国大多数行业，随后出现了一系列更先进的 PTS，如 Joseph H. Quick 在 1934 年建立的运动时间调查和工作因子法。1940 年，Maynard 研究了钻机的复杂工作过程，与 L. John，Schwab 和 Gustave J. Tegemerten 一起设计了一个系统，该系统成为全球最成功的优化工作流程的过程：方法-时间度量。

Maynard、Schwab 和 Stegemerten 致力于开发支持 MTM 基本方法的数据。在接下来的几年里，这些数据被评估、修订和彻底测试。这项研究结果发表在 1948 年的《工厂管理与维护》杂志上。同年，出版了《方法-时间测量》一书，概述了 MTM 方法的基础知识。1966 年，Heyde 在 MTM 的基础上，开发了模块化预定时间标准（MODAPTS），这是 PTS 技术中集成时间和动作的最简洁的方法。这种工业工程（IE）方法被广泛应用于工厂改善。

Maynard 等一直在研究 MTM 方法。虽然对原始 MTM 标准时间值进行了细化和扩展,但后续的研究除了对这些值进行了小的修改外,并没有增加任何新的内容,到目前为止没有变化。然而,MTM 的使用为生产力评估提供了一个有效的基础,它考虑了人的能力,并为识别手工过程中的缺陷提供了支持。

随着第四次工业革命的临近,信息化和自动化水平的提高,企业的工作领域也在改变。目前学术界主要从以下三个方面来描述这些变化。

1) 认知自动化

从自动化的角度来描述这些变化。正如 Becker(2016)所述,未来生产工作空间的两个主要变化可以总结如下。第一,人类在未来的工厂中工作是绝对必要的。由于自动化,制造业的工作岗位将会减少;然而,新的工作岗位将围绕机器创造。第二,新的任务将更加复杂。伴随产品和制造过程的日益复杂,以及与计算自动化设备交互的需要,人类的工作任务将更加复杂。虽然自动化减轻了工人的体力负担,但它也增加了系统的复杂性,因为自动化系统与当前的产品、流程、信息、资源、人工任务和组织高度集成。自动化可使机器完成操作员的任务,然而,同时它也增加了系统的复杂性,这些系统必须被管理、维护、重新设计等(Gullander,2011)。

Sheridan(2005)提出了涉及决策和操作的自动化水平(LoA)的概念。但是,自动化还包括信息收集和分析。因此,Parasuraman(2008)建议将自动化水平概念扩展到四个信息处理阶段:(a)信息获取,(b)信息分析,(c)决策和(d)操作,每个阶段都有自己的自动化等级。

Fässberg(2011)等利用自动化认知水平(LoA)描述了上述变化,他认为这可以改善操作人员的工作环境,减少他们的工作量。本书使用的 LoA 的定义由Frohm(2008)提出,即"在人类和技术之间分配体力和认知任务可描述为从完全手动到完全自动的连续统一体"。机械活动的自动化水平称为机械性自动化水平,简称机械(LoA),而认知活动的自动化水平称为认知自动化水平,简称认知(LoA)。进一步可以解释为:机械式自动化水平描述了用什么去组装,认知自动化水平描述了低层次上的如何组装(LoA1-LoA3)和高层次上的情境控制(LoA4-LoA7)。大规模定制的生产范例对生产系统及其工作人员提出了很高的要求。对于最终装配来说尤其如此,在这种装配中,变体数量最多。为了处理这种变化,操作员需要在正确的时间访问正确的信息。操作员想知道如何以及何时组装什么零件。正确的信息包括信息量(信息的内容),信息的显示方式(信息的载体)以及接收者(特定操作者)。对于这种范式中的公司而言,认知自动化的策略将变得越来越重要。

2) 操作员(1.0-5.0)与各种操作辅助系统的应用

从经营者的角度来描述企业的变化。随着技术的发展和时间的推移,生产中人与机器的关系也发生了变化。Gorecky(2014),Romero(2015,2016)等从技术辅助的角度描述了这些变化,具体描述如下。

定义使用机械工具手动操作机床的操作人员为操作员 1.0;那些有计算机支

持的为操作员 2.0；在机器人或其他设备的协助下协同工作的为操作人员 3.0；那些代表"未来的操作员"或技能和熟练的操作员，在需要的时候，由机器辅助执行工作，为操作员 4.0。Zolotová(2020)等根据技能提升的类型将操作员 4.0 分为八种类型，并通过案例研究展示了操作员 4.0 概念在实验室环境中的可行性。"操作员 5.0"被定义为一个具有创造力、独创性、创新性的聪明和技能熟练的工人，在面对困难和(或)意想不到的情景时，能够恰当地利用各种信息和技术，克服各种障碍，开发一种维持长期可持续性的生产制造和劳动力福利的解决方案(Romero,2021)。

3）工业 4.0 技术与认知制造

工业 4.0 是建立在物联网的基础上，结合分析技术和认知技术，从而推动了其在生产环境的可靠性、质量和效率方面关键生产力的改进。认知制造(CM)是指利用认知计算、工业物联网和高级分析来以以前无法想象的方式升级的制造过程。它使公司能够改善主要业务指标，例如生产力、产品可靠性、质量和安全性，同时减少停机时间并降低成本。Carvalho(2020)等研究了工业 4.0 技术条件下制造环境中有哪些因素(如中断、指导情景、手工装配及维修活动等)导致了认知过载，使用哪些因素可以减小认知负荷(如数字化操作指导书，数字化培训应用，分析和增强现实以及质量检测等)。Frédéric(2020)等研究了工业 4.0 技术方法与精益管理方法的原则和工具之间的联系，特别关注一些工业 4.0 技术对实施精益原则的改进效果。认知系统适合于自动执行常规决策，并且通过创建可帮助人类决策者管理异常或其他异常和复杂业务决策的重要经验来支持工业 4.0。在大数据时代之前，使用认知技术是不现实的，因为其系统需要数据进行分析。当前对于大多数制造商而言，拥有足够的信息不再是问题。认知系统可以理解大量因素，这些因素可以揭示问题的根本原因或指出更有效的行动方案。

综上，作者根据文献对工业革命以来主要技术的演化历程进行了概述，如图 2-1 所示，工业 5.0 和操作员 5.0 是人们对未来技术发展的预期，工作研究 2.0 将在未来技术发展中发挥作用。

近年来，在制造业中，对人类绩效的认知方面的兴趣已大大增加，这是对人体工学的补充，也为工业领域提供了重要的知识和贡献。但是文献所述方法视角各不相同，如前述各国学者大多从认知自动化角度或从对操作人员的支撑方式变革的角度探讨认知负荷问题，两者都是基于技术变革来探讨日趋严重的现场任务的认知负荷与复杂性问题。

本书作者试图从工作研究的角度来描述这些变化。传统的工作研究是基于泰勒的研究，即减少体力负荷，提高劳动效率；进一步研究了操作时间与方法的关系。随着自动化和信息技术的发展，我们认为工人所承担的体力负荷在逐渐减少，而信息负荷在不断增加。然而，目前的工作研究方法忽视了对信息不足或冗余、信息负载、压力大等影响生产效率的信息问题的研究。

MTM 视觉检测(1990 年发展起来)是规划、设计和评估视觉检测活动所需时

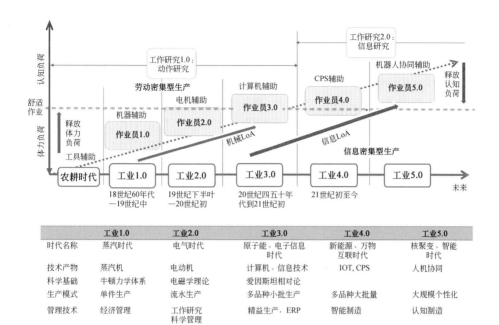

图 2-1　工业技术演化过程中人在完成任务时所承担负荷的变化

| | 工业1.0 | 工业2.0 | 工业3.0 | 工业4.0 | 工业5.0 |
| --- | --- | --- | --- | --- | --- |
| 时代名称 | 蒸汽时代 | 电气时代 | 原子能、电子信息时代 | 新能源、万物互联时代 | 核聚变、智能时代 |
| 技术产物 | 蒸汽机 | 电动机 | 计算机、信息技术 | IOT, CPS | 人机协同 |
| 科学基础 | 牛顿力学体系 | 电磁学理论 | 爱因斯坦相对论 | | |
| 生产模式 | 单件生产 | 流水生产 | 多品种小批生产 | 多品种大批量 | 大规模个性化 |
| 管理技术 | 经济管理 | 工作研究科学管理 | 精益生产、ERP | 智能制造 | 认知制造 |

间的基本方法,视觉检测活动依赖于人的判断和决策。然而,这些活动所需的时间是高度复杂心理过程的结果。因此,通常的时间计算技术无法对它们进行可靠的分析。它们仍然需要操作人员的视力和时间。此外,它们既没有考虑到现代信息和通信技术的需要,也没有充分考虑到操作员的特点或工作能力。

　　Fässberg(2011)和 Fast Berglund(2013,2014)认为,作为精益车间改进的主要工具,传统的工作研究不能解决这个问题。相比之下,自动化程度的提高和与制造过程相关的严格质量限制使得操作人员的工作变得越来越困难。随着网络和信息技术的飞速发展,员工的信息负荷不断增加。为了使工人更有效地完成给定的现场任务,并确保操作人员的有效性和效率,应该在正确的时间向正确的人提供正确的信息。

　　关于制造过程中的信息和复杂性,如 Claeys(2015)等所述,一些制造企业面临着车间信息显示不切实际且效率低下的问题。复杂性的概念涉及两个维度:不确定性和时间。

　　不确定性可能是缺乏信息和(或)系统组件之间的交互性质以及与时间相关的决策和操作造成的。在装配环境中,认知自动化可以支持决策,以确保生产出无错误的产品。装配任务仍然由人类完成,并且在很大程度上完全依赖于他们自己的经验。混合模型结构带来的产品和操作的复杂性,对操作人员施加的心理负荷通常非常高。因此,错误的概率很高,并且可能发生延迟。Romero(2015)和 Hold(2017)认为,装配和人机合作过程具有复杂性,这是由信息不足引起的,并增加了认知负荷。而数字辅助系统可以提供信息支持,降低相应的复杂性和认知负荷。

一些研究人员意识到信息时代制造业运营商面临的信息和复杂性问题,因此提出了解决方案。例如,Abonyi(2003)提出了一个针对多产品流程的模块化操作员支持系统。Tan(2009)建立了一个装配信息开发框架,从任务建模到支持单元生产中的人机协作。Hold(2017)指出,数字信息可以通过创建工作系统来帮助人类工作,该工作系统通过人类适应不断变化的产品和不稳定的需求而保持灵活性,同时还可以利用其潜能在未来的生产场景中实现成本效益。Fast Berglund(2014)指出,认知自动化战略对公司来说将变得越来越重要。Stork(2010)认为,工人拥有各种信息来源,必须在手动装配任务期间在不同任务之间快速切换。通过适当的信息表示和工作步骤规划,可以降低任务执行的复杂性。首先,请注意,引导可以支持工作的信息处理,同时减少搜索时间并加快工艺过程的执行。其次,由于一个产品存在多个可能的装配顺序,因此应确定单个装配步骤的最佳顺序,并将先前任务步骤的干扰降至最低。解决上述所有问题的办法是提供各种支持系统。

虽然文献提倡使用各种数字支持系统来解决上述问题,但我们认为,即使使用数字支持系统,也应该基于对信息场的深入分析,且车间内信息的流动和信息的来源与位置应该是有效的,否则会增加额外的任务复杂性和信息负载。因此,我们在传统工作研究的基础上,探讨了信息研究和复杂性度量,从信息研究和复杂性度量的角度提出了提高制造系统产出的方法和基本原则,阐述了车间信息系统的正确配置,从信源/宿、信息表达到信息场的最优配置,可以解决复杂问题,降低工人所承受的信息负荷(第一,信息不足,这需要更多的时间来处理任务;第二,信息太多,需要更多的时间来提取有效的信息)。提高劳动生产率和产品合格率是关键。并将新的工作研究方法定义为"工作研究 2.0",本书的研究扩展了原有工作研究方法的内涵,以满足信息时代生产力持续发展的需要。

## 2.2 考虑信息负荷的工作研究 2.0 理论框架

生产系统涉及材料、资源和信息流,如图 2-2 所示。它们包括不同的加工、测试和储存设备,需要人工干预。在这些系统中,输入的是各种原材料,输出的是成品。与物理连接的机器系统不同,生产工艺设备通过信息流连接。例如,原材料沿工艺方向的移动通过看板系统(Sugimori,1977)的驱动进行连接,看板系统在工艺之间传递信息,并在零件用完时自动订购零件。流经生产线的每一件物品或每一盒物品都有自己的看板。看板显示器可以播放各种信息,从库存水平到生产量。看板以最简单的形式显示进货货物、生产中的货物和出货货物。此外,系统还配备了包括操作指导、环境和安全信息在内的信息。上述系统要素是生产系统的基本要求,生产系统的组成部分由生产系统和与生产系统相互作用或共存的超级系统共同确定,如空气(具有湿度和温度特性)和照明子系统。生产系统的实际产品质量和性能输出不仅与系统组件之间的相互作用有关,还与超级系统元素(例如环境因素)有关。

生产系统的效率在很大程度上受系统中信息要素的影响。例如,信息不足、信息传递不良会导致生产系统效率下降。大量的冗余信息将显著增加信息负荷,从而降低工人的生产力(Bubb,2012)。

以往关于信息流与信息负载的研究大多集中在系统输出与信息流的关系以及装配制造中信息处理与认知负载降低的关系问题上。Cottyn(2011)详细讨论了现代手工装配环境中信息和信息的使用是如何对操作人员、产品质量和生产力产生影响的,并明确指出了这些影响与信息显示和信息显示时间之间的关系。从车间信息流的特点出发,为提高车间生产的绩效和效率,André(2021)开发了车间信息分析模型,作者认为信息理论是一个很好的绩效预测工具,任务中的不同信源以不同的方式处理。Carvalho(2020)研究了制造环境中认知负荷减少的原因,并开发了一个概念框架,将认知制造与认知负荷的减少联系起来。

这里,我们将车间视为一个信息场,并使用信息论的术语来定义生产现场信息场中的元素,如图 2-2 所示。

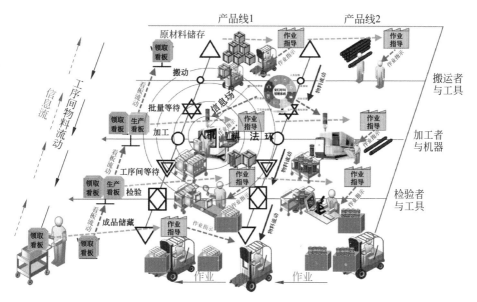

图 2-2　生产现场信息场

(1) 信息场分析:信息场强度的描述、信息引擎以及信息场与物理布局的关系分析。

(2) 信息流的设计规划:信息流的表达(需求、功能和系统设计)、信息流的分析与评价(增值与浪费)。信息通道:包含各种信息系统(如制造执行系统、安全系统和物流驱动信息系统)和各种信息传输通道。一般来说,工业现成的 IT 系统不直接适用于来自和流向操作员的信息流。

（3）信源与信宿：以人为中心，输出信息给人的是信源。信源设计需要简洁明了，无冗余也无遗漏；接收人信息的是信宿。信宿设计需要符合便于人机交互的原则。

信源包括标准操作说明（工作说明）、环境安全信息、用于检测早期问题的质量信息、设备故障信息和安全警告信息。

信宿包括工人的信息，也包括关于机器和材料的信息。

（4）超级系统中的信息元素：信息元素包括来自手机的信息，以及时间和天气信息等。

要求合格的操作员能够认知到信息的变化，并且在某种程度上可感知到由操作员的行为输入所引起的"场"的变化，以及这种变化对操作员的影响。此外，为了保证操作的有效性和效率，应该在正确的时间将正确的信息提供给正确的人。因此，在信息交流的过程中，要从信息的要素、机会的选择、表达的对象和手段等方面进行精心设计。

将工作研究 2.0 的知识框架与传统的工作研究进行类比，如图 2-3 所示，它增加了信息研究和复杂性测量的知识内容。该框架考虑了当前自动化技术的发展和信息负载。

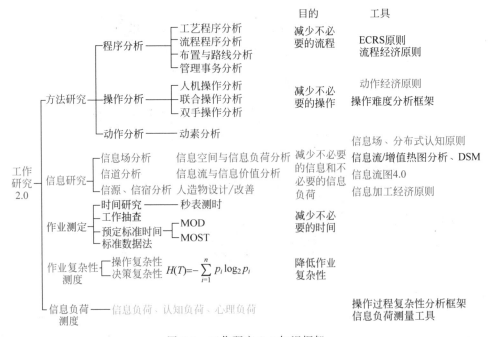

图 2-3　工作研究 2.0 知识框架

方法研究的目的是通过程序或操作分析，减少不必要的过程，提高劳动生产率。操作分析的目的是通过人机操作分析减少不必要的操作，而运动分析是通过动素分析进一步细化操作，提高大规模操作效率。程序分析是方法研究的主要内容,它包括对整个生产过程的监控和大规模的综合分析。方法研究是依据动作经济(Heap,2015)原理和流程经济性原理对人机操作进行从宏观到微观的研究。工作测量为组织提供了几个好处,因为它们可以降低劳动力成本,提高整体生产率,并改善对未来员工的监督。时间研究是一种工作测量技术,包括直接观察并测量人的工作,以确定完成任务所需的时间,同时确保工作在一个确定的绩效水平。

信息研究分为信息场分析、信道分析和信源与信宿分析,是一个从宏观到微观的分析过程;信息场分析、信道分析、信源与信宿分析分别对应宏观、中观和微观的分析过程。宏观和中观分析过程主要包括信息场分析和信息流分析。信息技术革命简化了信道,提高了信息传递效率。

对于信息场分析的主要工具,笔者的研究表明,Furniss(2006)提出的分布式认知原则适合于研究生产现场的信息问题。分布式认知原则包括三个子原则,它们分别是物理布局原则、信息流原则和人工制品原则。在这里,物理布局原则与工作的物理组织有关,无论是关于大型结构还是细节(例如,物品如何组织在桌子上或计算机工作空间)。物理结构部分(但不是全部)决定了信息如何在工作环境中流动和转换。信息流原则专门关注信息如何流动和转换。在分布式认知中,人工制品原则考虑的是人工制品是如何通过设计来支持认知的。杰西卡的研究也为上述观点提供了支持。

信道分析主要涉及信息流问题,这在文献中也有讨论。Furniss(2006)提出了相应的分析原则,如信息移动(表达机制和物理实现)被用来在认知系统中移动信息,信息转换(当信息流经系统时,为什么、如何以及何时进行转换)、信息枢纽(信息流汇合和决策制定的中心点)、缓冲区(信息被保存到可以处理为止)、通信带宽(不同通信渠道的丰富程度,如面对面交流,计算机中介交流等)、非正式和正式交流(交流的正式形式,如临时谈话或计划好的会议)。Durugbo(2012)开发了一种信息通道图方法,用于在组织的交付阶段建模信息流,其中货物被部署或交付给客户。

此外,还有基于 TRIZ(Theory of Inventive Problem Solving)的分析方法,如流程分析、功能分析、演化分析等。其目的是分析如何配置信息字段,使流向操作员的信息既不多也不少。还有一种基于增值热图的流程分析方法,旨在研究信息流程中的增值问题。与价值流分析等可视化工具不同,增值热图是一种对信息流进行分类的可视化工具。利用增值热图对信息流进行分类的第一步是对信息传递进行价值分析。在第二步中,信息流根据其增值情况在工厂布局中被可视化。利用增加价值的热图方法可以提高信息的透明度,其不足是没有充分记录内部的信息流。

Meudt 等开发了价值流图 4.0 分析工具,在记录、转移、处理、分析和优化(信息)流程的同时,展示了信息物流浪费的综合视图。Paul Molenda 等进一步开发了价值流映射 4.0,并对信息流程进行了更深入的评估。

增值热图法主要描述信息交换效率,而价值流图 4.0 则标记信源、信道和信宿的信息处理是否增值。这些研究为工作研究 2.0 理论框架提供了方法和工具。

微观信源设计,在分布式认知理论中,也称为人工制品的设计和改进。例如操作指导、警告、徽标等人工制品的设计,可用于提高信息呈现的效率,这可基于孔繁森(2019)提出的信息加工经济原则进行设计和改善。Åsa Fasth(2011)从认知自动化的角度研究了装配操作指导的演变;然而,他的目标是实现认知支持,而利用信息加工原则可以改善操作指导书以提高信息加工的效率。

信息研究中存在两个测量问题,一个是信息负荷的测量,另一个是作业复杂性的测量。信息负荷与信息流、信息量等有关,作业复杂性与任务复杂度有关,任务复杂度通常用信息熵来衡量。这里的复杂性度量包括操作复杂性和决策复杂性度量。工作复杂性测量为信息研究提供了一个完整的测量方法,类似于方法研究的工作测量。可使用孔繁森(2019)提出的框架来评估操作和认知复杂性。

研究表明,用于测量认知负荷的方法可分为四类(Brunken,2003):主观直接(自我报告的压力)、主观间接(自我报告的精神努力)、客观直接(大脑信号和双重任务表现)和客观间接(生理)。Thorvald(2019)认为,当今科学文献中提出的大多数评估方法几乎都是专家工具,需要认知工效学/心理学/科学领域的专业知识。Thorvald 提供了一种适合非专家评估生产现场(主要是装配)认知负荷的工具。Thorvald 希望他的研究能够减少装配工人的认知负荷。

在信息时代,考虑信息负载的工作研究 2.0 在生产现场的改进和优化方面有着广阔的前景。

## 2.3　本章小结

自 20 世纪 90 年代初以来,精益生产的方法和原则已经成为创建高效流程的主要概念。工作研究是精益改善的基本工具,因为它侧重于增值任务,旨在减少操作人员的体力负荷,提高劳动生产率。在工业 4.0 时代,随着科学技术的进步,生产过程的自动化和信息化程度大大提高,信息时代的工作流程和工具增加了工人的认知负担。人的表现会受到过多信息和认知负荷的影响。因此,关于制造领域工作的信息和人类认知对生产结果(质量和生产率)有重大影响。然而,作为精益生产改进的主要工具,传统的工作研究方法并没有提供解决这一问题的理论途径。目前的工作研究方法仍然是基于泰勒时代的概念,即减少体力负荷,提高劳动效率,忽略了对影响生产效率的信息问题的研究。为了解决这一问题,本章类比传统工作研究方法,提出了工作研究 2.0 的初步框架。该框架在传统工作研究的基础上增加了信息研究和与信息相关的工作测量,给出了利用该框架进行信息问题研究的工具和基本原则。

# 第3章

# 制造系统中的信息场：概念、测度与应用

随着工业互联网、信息物理系统以及数字孪生技术的兴起，制造企业开始了数字化转型，从而越来越依赖来自车间的可靠信息。这些信息记录了车间的当前状态，是生产控制决策的基础和依据。随着信息数量的增多，工人需要花费大量的时间和精力去处理与分析相关数据，这增加了相关人员的认知负荷。因此，信息的质量成为一个关键要素。为了确保足够的信息质量，Busert 和 Fay(2020)介绍了一种称为"以信息质量为中心的生产过程控制价值流图"的六阶段方法。它基于价值流映射(VSM)并扩展了价值流分析(VSA)的一部分，以获取价值流设计(VSD)中所需的相关信息。Lewin(2017)认为传统的价值流方法缺乏将工业 4.0 时代的复杂制造系统和数据流可视化的能力。Meudt(2017)等开发了价值流映射(VSM)4.0，引入一种客观且易于理解的方法来分析和可视化价值流的当前状态，尤其是在信息流方面。它在记录、转换、处理、分析和优化信息过程中显示了信息流浪费，因此 VSM4.0 可用于消除信息流浪费，且可识别生产现场数字化的改进机会。Hartmann(2018)所提出的 VSM 4.0 是经典 VSM 的扩展。VSM 4.0 侧重于以精益制造方式重新设计标准流程，以及处理价值流(所谓的信息物流)所需的所有信息。在经典的 VSM 中，信息视图用于生产控制，然而，机器的运行程序、工人收到的指令或车间管理的信息都没有被分析，甚至没有被绘制出来。VSM 4.0 方法弥补了这一差距，并带来了对价值流信息的新理解。Molenda (2019)等进一步发展了价值流图 4.0，提出了信息价值增值过程定性分析方法，并对信息过程进行了更深入的评估。Molenda 提出了一种用于制造企业信息流程可视化、分析和评估的新方法——"VAAIP"。

上述已有的工作，无论是对认知负荷的分析，还是解决方案都为在生产制造领域降低工人所承担的认知负荷提供了重要见解，但却缺乏对生产制造现场认知负荷进行统一描述的方法。

众所周知，在物理学中，一切负荷和运动都可以用"场"的概念进行统一描述，如电磁场、引力场和费米场。显然如果能够使用"场"的概念对认知负荷进行描述，对于认识制造系统中的认知负荷具有重要的理论和现实意义。那么如何借助"场"的概念对制造系统中的认知负荷进行统一描述呢？为回答这一问题，类比物理场，我们自然想到"信息场"的概念，Sergey(2018)将信息场分为自然和人工两类。自

然信息场反映了周围世界客观存在的属性。人工信息场是人工创建的模型,例如互联网是一个包含由人工智能处理事实数据的全球人工大脑。Victor (2014)认为"信息场"是一个笼统的概念,属于交叉学科研究范畴,没有一个明确的定义。因此,在研究某一学科领域时,需要明确信息场的类型和定义。物理场的场作用是通过力或负荷体现出来的,如在重力场中工作需要克服重力负荷,而消耗卡路里。而在电磁场中工作时,人承受来自电磁辐射的作用,这种作用随着与电磁场中心的距离增加而递减。

除了上述对电磁场的模拟外,早在 1997 年 Sundresh 教授通过对热机原理的模拟提出了信息引擎的概念,并给出了信息需求、信息生成效率、信息利用率、信息系统效率的定量描述方法。

Durugbo(2009)等则提出一种利用信息动力引擎提高信息流动效率的方法,他们的研究表明：①生产-服务系统(PSS)信息流可以用信息引擎进行表征；②使用信息引擎可以测量 PSS 中信息流的效率；③该引擎可作为一种工具,为提高 PSS 的信息流效率提出建议。

信息引擎模型表示了如何将原始数据转换为目标程序可以有效使用的信息过程,就像热力学引擎将热能转化为机械能一样,主要涉及能量转换以及转换效率的问题。信息引擎模型是信息流价值的表征方法之一。信息引擎模型成功地使用物理学概念解读信息的流动与转化效率问题。然而 Sundresh(2016)教授提出的信息引擎对热机的模拟存在如下不足,热机原理主要描述了压力与体积、温度和熵之间的关系,描述的是热能与机械能之间的转换及转换效率,是状态函数之间的关系,而 Sundresh 教授定义的信息需求是过程函数,而不是系统的状态函数,与表示热力学过程的 $T$-$S$ 图并不具有对应关系。

基于上述认识,本章旨在类比物理场的负荷作用特性,构建制造系统中信息场的定性描述框架与定量测度模型,使用"场"的概念测度制造系统中的认知负荷,为在制造系统中建立可视化信息场奠定理论基础。本章的重点是概念而不是数学的严谨性。

# 3.1 制造系统信息场的分析框架

## 3.1.1 制造系统信息场的概念框架

Abram S. 认为：信息与数据不同,同样的数据可以为了满足不同类型的用户需求而表现为不同的形式。而信息被理解为是一种在特定文脉关系中可以被感知的数据或知识。"场"可以被理解为与特定用户群相关的所有环境因素的综合代表或代理(Wang,2011)。在本章中,我们将探讨制造系统中信息场的概念。这里,我们将工厂定义为本研究的信息空间,这个空间由人工的信息环境和自然的信息环境组成。人工信息环境由生产输入要素、输出要素、内联网（intranet）和互联网（internet）组成。在此环境中，通过人流、物流、资金流、信息流以及能源流的交互作用构成了生产活动的整体。同时，我们将加工车间生产活动的信息空间限定在其物理空间内，由嵌入其中的若干以工作站为中心的信息场组成。

我们假设具有负荷作用特征的制造系统信息场特性如下：第一，在信息场中是与制造系统相关的所有因素的不确定性和工作任务的复杂性导致了认知负荷，并消耗能量；第二，认知负荷与完成任务所需信息范围内制造系统所能够提供的信息的契合状态有关；第三，信息场的场作用随着管理颗粒度的增加而增加，因此我们将管理颗粒度等价为物理场中的距离作用。同时借鉴亚当·斯密在道德情操论中的观点，本章认为人所受到的认知负荷与"共情"状态紧密相关。在生产现场存在两种共情：一是合作者之间对任务信息理解的一致度情况；二是进入现场任务状态的人对现场人造物所提供的信息与人造物设计者所要传递信息理解的一致度情况。按照斯密的观点：共情可以释放负荷，使工作变得容易。基于上述假设和认识，本章定义制造系统的信息场为：分布在制造系统三维空间中、位置（$x$、$y$、$z$）处，所有信息元素组成的向量称为信息场。在制造系统信息场中，不考虑具体任务和人时，其场作用特征反映的是系统所有元素的不确定性状态，面对具体任务和人时，场的作用体现为任务复杂性及其完成任务所需认知负荷。依据上述定义，本章以现场管理为中心定义工作站的信息场如下。

生产车间工作站的信息场如图 3-1 所示，以位置（$x$、$y$、$z$）处的工作站为中心的信息场综合考虑人、机、料、法、环五大生产活动管理要素，这五个要素构成了信息场的信息向量。在不考虑具体任务时，其场作用特征反映的是人、机、料、法、环、测等信息元素表征的系统状态面对具体任务时，因在不同位置（$x$、$y$、$z$）处，管理颗

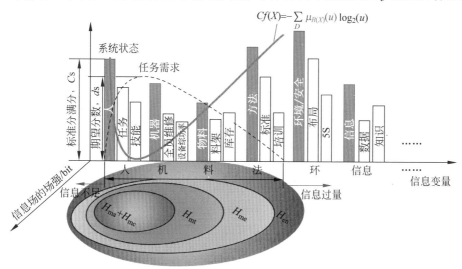

图 3-1　以现场管理为中心的信息场模型框架示意图

粒度存在差异，信息需求也不一样。我们定义按此信息不确定性增加计量的信息熵为认知负荷，其大小与任务的信息需求和生产管理系统所能够提供的信息的一致度有关。

各个工作站之间还会进行必要的信息交互，此外，这些工作站还会跟横向价值链和纵向价值链上的相关部门进行信息交互。根据熵增定律，制造系统在无外界干预的情况下，会向着越来越无序的方向发展。为了抑制这种熵增趋势，制造系统需要不断与外界进行物质、能量和信息的交换，从而使生产过程始终处于一种高效和有序的状态。例如，通过聘请咨询团队进行精益改善等方式引入负熵流，降低生产系统的信息不确定性，从而降低企业决策者、管理者和操作者的认知负荷。

## 3.1.2　制造系统信息场分析的测度框架

1948 年，数学家香农在题为《通讯的数学理论》的论文中指出："信息是用来消除随机不确定性的东西，创建一切宇宙万物的最基本单位是信息。"基于香农的观点，制造系统信息场的场强应该反映制造系统管理要素的不确定状态。因此，本章使用制造系统管理要素（信源）的信息熵描述制造系统信息场的场强。这样描述的好处在于制造系统复杂性和任务复杂性都是用熵描述的，而认知负荷与信息熵具有等价性。因此，在面对具体任务时，任务信息需求空间内的熵在一定程度上反映了完成任务所需承受的认知负荷。

本章是从宏观系统状态的评价和微观信息变量的评价两个方面展开的，并使用熵的概念将它们统一在一个框架之中。与传统熵使用概率平均不同，本章使用模糊加权的方法构建熵的数学表达式。

模糊性与类别的层次有关，即模糊度。用模糊度度量的不确定度是指某一分类的隶属度等级。尽管这种不确定性出现在认知过程的各个层面，但人们有能力理解和利用模糊和不精确的概念，这些概念很难在传统科学思维的框架内进行分析。因此，人类行为中隐含的模糊和不精确的意识应该是任何人类因素/人体工程学研究的基础。根据 Zadeh（1965）的模糊集理论，允许解释和操作不精确（模糊）的信息，识别和评估由于模糊性（除了随机性）而产生的不确定性。语言表征是模糊集理论中最重要的概念之一，它使用一个语言变量，其值不是数字，而是自然（或人工）语言的单词（或句子）（Zadeh 1975）。语言值被解释为基础变量值上的模糊限制的标签。用一致性函数来表征基础变量值的模糊约束。每个这样的函数与基础变量的每个值在区间[0,1]中关联一个数字，表示与模糊约束的一致性。语言变量的典型值由主要术语（如"low"或"average"）组成，模糊限制语"very"或"more or less"；模糊连接词"and"，"or"，以及否定词"not"。在上下文相关的情况下，模糊限制语、连接词和否定词被用作操作数（主要术语）的修饰词。本章将信息变量视为语言变量，并使用 Zadeh（1965）的模糊集理论定义制造系统信息场的场作用特征如下。

一个信息变量由一个三重组 $[X,U,R(X,u)]$ 所表征，其中 $X$ 是信息变量的名称，$U$ 是位置 $(x,y,z)$ 处的信息空间，$u$ 是 $U$ 的信息元素的通名，而 $R(X,u)$ 是 $U$ 的一个评价子集，它表达 $X$ 加之于 $u$ 值的一个评价限制，无限制的信息变量 $u$ 构成 $X$ 的基础变量。

$X$ 的赋值方程形式为

$$X = u : R(X) \tag{3-1}$$

式(3-1)表达在评价 $R(X)$ 之下，把值 $u$ 赋予 $X$，这个方程的满足程度将被称为 $u$ 与 $R(X)$ 的一致性，并记为

$$\mu_{R(X)}(u), \quad u \in U \tag{3-2}$$

这里 $\mu_{R(X)}(u)$ 是在评价 $R(X)$ 中 $u$ 的资格等级。那么定义管理要素的信息场场作用贡献值为

$$H(X) = -\mu_{R(X)}(u)\log_2 u \tag{3-3}$$

式中：$u$ 是归一化的评价得分，$u = \dfrac{g}{G_s}$，也是任务的信息需求与系统在位置 $(x,y,z)$ 处信息供给的满足程度，$G_s$ 是评价标准，也是完成任务所需信息（面向标准状态总可用信息的评价）的理想值；$g$ 是关于管理要素不确定状态的评价得分，表示当前系统可提供信息的状态，也可称其为 $G$ 的微观态。定义位置 $(x,y,z)$ 处的信息场作用向量为

$$\left\{\sum H(X)/X\right\}, \quad X = u : R(X), \quad u \in U \tag{3-4}$$

建立在上述信息空间 $U$ 上的若干子集构成了不同的管理颗粒度，设某一管理颗粒度上的信息需求区间为 $D$，不同信息需求区间上信息不确定状态的叠加态构成了信息场的强度。因此，将某一管理颗粒度上的制造系统信息场的强度定义为：制造系统对管理颗粒度的需求与系统当前状态的偏差程度的度量，用式(3-5)表示

$$Cf(X) = -\sum_D \mu_{R(X)}(u)\log_2(u) \tag{3-5}$$

前述信息场的强度描述的是系统的状态，在有任务需求时，这种状态将转化为信息负荷或认知负荷，这里不加区分统称为认知负荷。这一负荷与两个因素有关，一个因素是所需信息区间 $D$，无任务时称之为管理颗粒度；另一个是完成任务所需信息的满足程度 $u$，信息不足和信息过量的 $u$ 的对数式(3-5)的值都大于信息需求与系统可提供信息高度一致时的对数值，如图 3-1 所示。因此，式(3-5)很好地表达了完成某一任务所需付出认知负荷的实际情况。

### 3.1.3　信息场场作用的物理解释

在物理学中，温度描述了系统的状态，熵反映了系统的混乱程度；类似地，在信息研究中我们定义在某一个信息空间中，系统的评价（成熟度）等级描述了系统的状态，熵反映了系统信息的不确定程度。信息学是信息的数学物理。

$$pU = RG \qquad (3\text{-}6)$$

式中：$p$ 代表认知负荷或压力，$U$ 是系统的信息空间，$G$ 是系统的状态水平，$R$ 是系数，它解释了压力与信息空间的相互作用是如何产生系统的状态水平 $G$。

信息学第一定律告诉我们"消失"的能量以信息量变化的形式出现。信息势能，它是相对于任意参考等级（标准）定义的；这引入了一个任意常数 $R$，所以系统的势能不是唯一定义的。简而言之，信息传递时才有意义，而等级（成绩分数）是一种系统状态。只有两个系统等级（成绩）不同时，才有可能进行信息传递，这通常被称为信息学（热力学）第零定律。

熵就像信息量，它是根据系统状态等级的变化来定义的，而不是系统状态等级本身假设信息（流）从某种初始状态变为一种新的状态，这个状态与人的认知有关，那么这两种状态的熵差就是"信息量除以成绩等级（与认知水平有关）"的总变化量。对式(3-3)微分可得熵 $H$ 的变化，如式(3-7)所示

$$dH = dq/G \qquad (3\text{-}7)$$

式中：熵变（$dH$）就是单位成绩变化的信息（热）量变化（$dq$）。按照 Sundresh 对信息需求的定义，可将信息量的变化定义为信息需求的变化。信息需求与应用程序有关。对某一信息 $x$ 的需求定义为

$$\boldsymbol{Q} = \boldsymbol{P}(\overline{\boldsymbol{m}})^{-1} \qquad (3\text{-}8)$$

式中：$Q$ 表示信息需求，$\overline{m}$ 表示没有信息 $m$，$P$ 表示没有信息 $m$ 进行正确决策的概率。

有了熵的定义，信息学第二定律就非常简单了。它表明，在任何信息学过程中，孤立系统的熵总是增大的，符号表示为 $dH \geqslant 0$。

图 3-2 描述了在制造系统生命周期里信息场或系统状态的变化规律。从状态

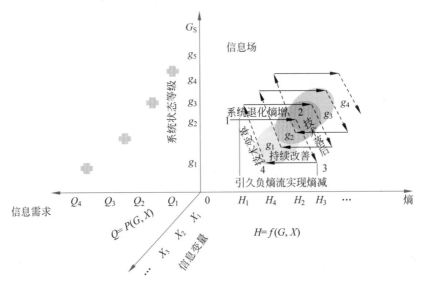

图 3-2　信息场的物理解释

1 到状态 2,表示随着时间的推移,系统状态自然退化导致熵增。从状态 2 到状态 3,熵增到一定程度,由于技术落后系统降级。从状态 3 到状态 4,系统通过改善和导入负熵流使系统状态得到明显改善,实现熵减。从状态 4 到状态 1,通过新技术或新的管理理念的引入使系统升级到更高成熟度运营。

## 3.2　现场管理应遵循的信息原则

车间现场管理要求员工能够持续监控各种指标,快速识别问题,并对车间状态的波动做出快速反应,这就需要在所有层级上提供关于车间现状的实时信息。

生产车间现场管理的参与者涉及各个层面,从微观到宏观分为班组长、工长和经理,关注范围分别集中在工作站、车间和工厂三个层面。生产现场的运维与人、机、料、法、环/安、测等生产现场管理要素的状态紧密相关。经文献研究和现场调研,本章给出了生产现场运维所关注的管理要素(表 3-1)和生产现场运维状态评价标准(表 3-2)。依据这些管理要素和评价标准可以对现场运维状态进行评价,并据此构建前述制造系统信息场模型。

表 3-1　生产现场运维所关注的管理要素

| 管 理 要 素 | 定　　义 | 与生产运维紧密相关的信息 |
|---|---|---|
| 人 | "人"主要是指与制造产品相关的人员 | 任务明确性:是否有与生产需求相符的生产任务? 是否有任务分配方案? 任务分配是否均衡 |
| | | 技能状态:工人是否掌握技能? 对于技能标准的理解和执行怎么样? 技能标准变化后,是否可以快速掌握新标准要求? 工人是不是多能工 |
| | | 意识:是否具有质量意识、标准意识和持续改善意识 |
| 机 | "机"主要指制造产品所用的设备、工装(模具、夹具、工位器具、检具、刀具、量具、辅具、钳工工具等) | TPM 情况:点检是否执行正确? 是否有定期保养? 保养工作是否到位? 是否全员参与生产维护 |
| | | 设备综合效率(OEE):实际生产能力相对于理论产能的比例是多少 |
| | | 工装的应用情况:周转车防磕碰情况如何? 转运车使用率如何? 工装的适用性如何 |
| 料 | "料"主要是指制造过程中所使用和产生的物质 | 料架状态:产品是否有精益料架和专用器具盛放? 料架是否符合工效学? 料架是否遵循低成本、自动化原则 |
| | | 来料状态:来料是否正确? 来料品质是否合格? 来料数量是否正确? 来料及时性如何 |
| | | 库存状态:库存如何处理? 存放位置是否合理? 呆滞品是否有标志 |

续表

| 管理要素 | 定　义 | 与生产运维紧密相关的信息 |
|---|---|---|
| 法 | "法"主要指制造产品的操作方法 | 流程/标准：是否有标准化操作指导书？指导书是否描述清晰、易懂？标准作业指导书更新是否及时？流程控制情况（是否有软件控制）如何 |
| | | 制度：是否有相应的现场管理制度？是否有监督机制？是否有自主改善制度 |
| | | 培训：是否定期组织培训？培训内容是否得当 |
| 环 | "环"主要指产品制造过程所处的环境 | 环境要素：是否提供了合适的设备运行温度、湿度、照度、噪声和空间等？是否有监督和控制机制 |
| | | 场地布局：布局是否避免了物流路线交叉和迂回？是否采用精益布局 |
| | | 5S：是否做到了整理、整顿、清扫、清除、素养？5S成熟度如何 |

表 3-2　生产现场运维状态评价标准

| 管理要素 | 维　度 | 评分：1～5 | | | | |
|---|---|---|---|---|---|---|
| | | 1 | 2 | 3 | 4 | 5 |
| 人 | 任务明确性 | 没有任务分配方案，工人根据偏好选择生产任务 | 有任务分配方案，但是工人不严格执行生产方案 | 有任务分配方案，工人严格按照方案进行生产，但是不均衡 | 有分配方案，工人严格按照方案进行生产，并进行了任务均衡 | 有均衡的任务分配方案，并根据实际情况进行动态调整，持续改善 |
| | 技能状态 | 无法独立完成生产任务，并且没有指导 | 技能稍有不足，可以独立完成生产任务，偶尔有指导 | 基本具备完成生产任务的技能，定期进行指导 | 具备完成任务的技能，定期进行指导，并对结果进行统计 | 熟练完成任务，随时跟踪分析，动态指导，并持续改善 |
| | 意识 | 没有操作标准，生产人员凭借经验进行生产 | 有操作标准，但是操作生产人员没有标准意识 | 有操作标准，并且操作生产人员有标准意识 | 生产人员按照标准进行生产，并控制质量 | 生产人员按照标准进行生产，质量控制，并持续改善 |

| 管理要素 | 维　度 | 评分：1～5 | | | | |
|---|---|---|---|---|---|---|
| | | 1 | 2 | 3 | 4 | 5 |
| 机 | TPM 情况 | 没有机器检测，操作员没有维护意识，认为设备检测是维修工的任务 | 操作员有设备维护意识，但主要依靠维修工 | 操作员主动进行设备维护，但是缺乏维护标准 | 操作员主动进行设备维护，有合理的维护标准 | 操作员主动进行设备维护，有合理的维护标准，全员参与生产维护，并持续改善 |
| | 设备综合效率(ζ) | ζ<40% | 40%≤ζ<60% | 60%≤ζ<70% | 70%≤ζ<80% | ζ≥80% |
| | 工装的应用情况 | 没有相关的工装，生产质量难以保证 | 有一定的工装，但是难以使用 | 有一定的工装，并恰当使用 | 有一定的工装，且恰当使用，并对其进行维护 | 工装能够根据生产任务进行持续改善 |
| 料 | 料架状态 | 物料随意摆放在地面，工人需要频繁弯腰拿取物料 | 物料摆放在一些容器中，但是没有专用容器，工人有时需要弯腰或抬头拿取物料 | 物料摆放在专用料架上，工人基本不需要弯腰拿取物料，但有些物料不在最佳抓取范围 | 工人根据自己的实际需求使用精益管(lean pipe)制作精益料架 | 工人制作精益料架，并采用低成本、自动化技术 |
| | 来料状态 | 质量差，存在大量不合格品，来料不及时 | 次品较多，合格品和次品摆放在特定区域，但没有专用容器 | 次品较少，有自检环节，对缺陷品有记录，有专用容器 | 次品较少，详细分析缺陷原因，采取品控措施 | 来料符合6σ要求，对缺陷进行及时纠正，并持续改善 |
| | 库存状态 | 库存没有分类，随意摆放，没有管理标准 | 库存分类，但是分类不合理 | 库存分类合理 | 库存遵循三定原则管理，但是处理不及时 | 库存遵循三定原则管理，及时处理，并持续改善 |

续表

| 管理要素 | 维度 | 评分：1~5 | | | | |
|---|---|---|---|---|---|---|
| | | 1 | 2 | 3 | 4 | 5 |
| 法 | 流程/标准 | 没有作业指导书，甚至操作每件产品时采用的方法都不一样 | 有作业指导书，但是不标准 | 有标准作业指导书，但是难以理解 | 标准作业指导书清晰易懂，并对其进行了统计 | SOP 清晰易懂，更新及时且动态调整，并持续改善 |
| | 制度 | 没有相关的规章制度 | 有规章制度，但是不合适 | 有合适的规章制度，但是不监督执行 | 有合适的规章制度，工人严格执行，并有相应的奖惩机制 | 有合适的规章制度，工人严格执行，有相应的预防措施，并持续改善 |
| | 培训 | 没有培训 | 偶尔有培训 | 培训内容不合理 | 培训内容合理，但过于基础 | 培训内容合理，并持续改善 |
| 环 | 环境因素 | 严重影响人、机器和物料，难以进行生产操作 | 存在多个影响因素，导致产品质量极不稳定 | 大部分时间没有影响因素，但存在波动性 | 环境状况恒定，能够满足生产所需的要求 | 环境状况能够根据生产所需进行持续改善 |
| | 场地布局 | 设备随机布置 | 设备按照工艺相关性布置 | 根据物流量最小原则布置 | 柔性布置 | 精益，可重构布置，并持续改善 |
| | 工作场所管理/5S | 摆放了大量废弃物，杂乱无章 | 对废弃物进行处理，并进行定名、定量、定位 | 完成定名、定量、定位，并清除工作场所内的污染物 | 制度化、规范化，维持成果 | 按规定行事，执行5S，养成良好的工作习惯，并持续改善 |

依据运维任务所涉及的管理要素不同，可以绘制生产现场以工作站为中心的信息场。这个信息场随管理颗粒度的变化而变化，这个信息场的变化反映了管理

要素不确定性状态的变化,当需要在这个环境中执行任务时,任务的信息需求与现场环境能够提供的信息状态的契合度就反映了完成该任务所要承受的认知负荷。为了减少完成任务所需要的认知负荷,需要对生产车间信息场所涉及的管理要素进行优化和改善。为此,本章给出生产车间现场管理要素优化所应遵循的信息原则和改善流程如下。

现场管理要素优化所应遵循的信息原则是:

(1) 信息场场强值取小原则。就工作站而言,工作站信息场的场强小者为优。场作用特征值小意味该工作站各个要素信息的不确定性就小,工人完成同样任务所需付出的认知负荷就小,因此,工作站设计改善应遵循信息场场强值取小原则。

(2) 不同工作站信息场场强均衡原则。就生产线而言,各工作站信息场场强分布均衡为优。因为,如果各个工作站信息场场强大小不一,表明各个工作站的精益成熟度或任务复杂度存在差别,不利于生产线平衡,存在管理漏洞。因此在进行生产线规划时,需要对各个工作站的信息场场强进行分析,以实现生产线各个工作站信息场场强值的均衡。依据信息原则进行现场改善的步骤如图 3-3 所示:

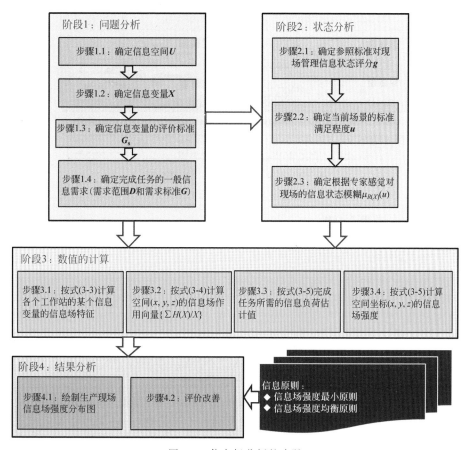

图 3-3　信息场分析的步骤

## 3.3 案例研究

本节以某工程机械企业的零部件生产车间为例来阐释信息场模型的应用。该车间采用单元式柔性生产方式,主要生产减速机、卷扬机和分配器三种产品。该生产车间的详细布局及物流路线如图 3-4 所示。该车间共有 5 个机加工作站,分别标记为 S1～S5,主要负责完成 6 种自产件的生产任务,各个工作站分别由 2～3 台数控设备组成,操作者主要负责装卸工件、设置机器和异常处理等任务。工作站 S6 和 S7 为手工装配工作站,负责减速机、卷扬机和分配器三种产品的组装任务。工作站 S8 为自动化涂装工作站。

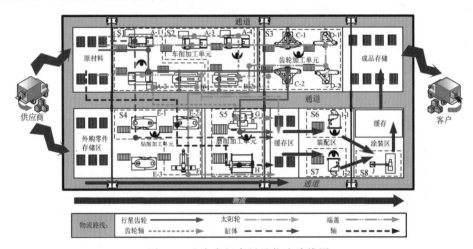

图 3-4 生产车间布局及物流路线图

### 3.3.1 模型构建

如表 3-1 所示,现场管理所涉及的人、机、料、法、环这五个信息变量的定义与生产运维紧密相关。根据这些定义设置生产现场运维状态的评价标准如表 3-2 所示,将现场管理运维状态分为 5 级。根据各个信息状态的评价指标和评判准则,对生产现场的运维状态进行评价。评价结果如表 3-3 所示。设位置 $(x, y, z)$ 处以现场管理为论域的信息空间 $U$ 为

$$U = \{X_1 / 人, X_2 / 机, X_3 / 料, X_4 / 法, X_5 / 环\}$$

由式(3-4)知信息空间 $U$ 上的信息场作用向量为

$$\{H(X_1)/X_1 + H(X_2)/X_2 + H(X_3)/X_3 + H(X_4)/X_4 + H(X_5)/X_5\}$$

如图 3-5 所示,现场管理的信息场涉及两种不确定性,一种描述了实际状态与评价标准之间符合程度的不确定性,另一种来源于人们对某一信息变量的主观模糊评价,反映了评价者的经验、个人倾向等因素,是一种因人而异的不确定性。

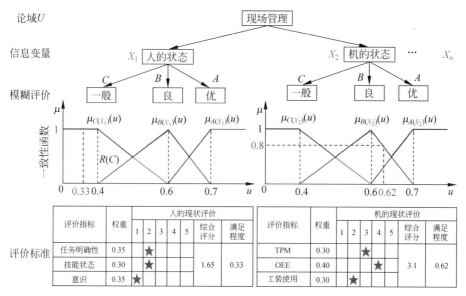

图 3-5　信息状态不确定性分析图

这里客观评价按照表 3-2 中的 5 分制进行,而模糊评价取三级分别是{一般($C$)、良($B$)、优($A$)},即 $R = \{C, B, A\}$,设备管理要素对评语集的一致性函数分别为

(1) 关于模糊限制"一般"的隶属函数,在不失一般性的基础上设为

$$\mu_{C(X)}(u) = \begin{cases} 1 & u \leqslant 0.4 \\ \dfrac{0.6 - u}{0.6 - 0.4} & 0.4 < u \leqslant 0.6 \\ 0 & \text{其他} \end{cases} \tag{3-9}$$

(2) 关于模糊限制"良"的隶属函数,在不失一般性的基础上设为

$$\mu_{B(X)}(u) = \begin{cases} \dfrac{u - 0.4}{0.6 - 0.4} & 0.4 < u \leqslant 0.6 \\ 1 & u = 0.6 \\ \dfrac{0.7 - u}{0.7 - 0.6} & 0.6 < u \leqslant 0.7 \\ 0 & \text{其他} \end{cases} \tag{3-10}$$

(3) 关于模糊限制"优"的隶属函数,在不失一般性的基础上设为

$$\mu_{A(X)}(u) = \begin{cases} \dfrac{u - 0.6}{0.7 - 0.6} & 0.6 \leqslant u < 0.7 \\ 1 & u \geqslant 0.7 \\ 0 & \text{其他} \end{cases} \tag{3-11}$$

表 3-3　工作站 S1 信息场特性分析表

| 管理要素 | 评价指标 | 权重 | 单项评分 | 综合评分 | 标准分 | 标准满足程度 | 一致性等级 | 一致性数值 | 管理要素信息场作用贡献值 | 管理颗粒度不同时信息场场强 累加值信息场累积方向 | 需求满足程度 | 管理要素认知负荷贡献值 | 需求信息区间不同时认知负荷评价值 累加值累积方向 |
|---|---|---|---|---|---|---|---|---|---|---|---|---|---|
| 人 | 任务明确性 | 0.35 | 2 | 1.65 | 5 | 0.33 | 一般 | 1 | 1.60 | 1.60 | 0.41 | 1.29 | 1.29 |
| | 技能状态 | 0.30 | 2 | | | | | | | | | | | |
| | 意识 | 0.35 | 1 | | | | | | | | | | | |
| 机 | TPM情况 | 0.30 | 3 | 3.1 | | 0.62 | 良 | 0.80 | 0.55 | 2.15 | 0.78 | 0.28 | 1.57 |
| | 设备综合效率(OEE) | 0.40 | 4 | | | | | | | | | | | |
| | 工装治具 | 0.30 | 2 | | | | | | | | | | | |
| 料 | 料架状态 | 0.34 | 3 | 3 | | 0.60 | 良 | 1 | 0.74 | 2.89 | 0.75 | 0.42 | 1.99 |
| | 来料状态 | 0.33 | 4 | | | | | | | | | | | |
| | 库存状态 | 0.33 | 2 | | | | | | | | | | | |

需求分场 4

续表

| 管理要素 | 评价指标 | 权重 | 单项评分 | 综合评分 | 标准分 | 标准满足程度 | 一致性 等级 | 一致性 数值 | 管理要素信息场场作用贡献值 | 管理颗粒度不同时信息场场强 累加值 | 管理颗粒度不同时信息场场强 累积方向 | 需求分 | 需求满足程度 | 管理要素认知负荷贡献值 | 需求信息区间不同时认知负荷评价值 累加值 | 需求信息区间不同时认知负荷评价值 累积方向 |
|---|---|---|---|---|---|---|---|---|---|---|---|---|---|---|---|---|
| 法 | 流程/标准 | 0.40 | 3 | 2.72 | 5 | 0.54 | 良 | 0.70 | 0.64 | 3.53 | | 4 | 0.68 | 0.39 | 2.38 | |
| | 制度 | 0.32 | 3 | | | | | | | | | | | | | |
| | 培训 | 0.28 | 2 | | | | | | | | | | | | | |
| 环 | 环境因素 | 0.34 | 2 | 2.66 | | 0.53 | 良 | 0.65 | 0.60 | 4.13 | | | 0.67 | 0.38 | 2.76 | |
| | 场地布局 | 0.33 | 3 | | | | | | | | | | | | | |
| | 工作场所管理/5S | 0.33 | 3 | | | | | | | | | | | | | |

### 3.3.2 各个工作站信息场的场强

以工作站 S1 为例，请各个层次专家（管理人员、咨询专家、班组长）对人、机、料、法、环这五个要素按照表 3-2 给出的标准进行评估，评估结果如图 3-6 所示。同理，依据表 3-3 各要素在综合评价中的权值，可求得各个工作站各个要素的综合评价得分如表 3-4 所示。

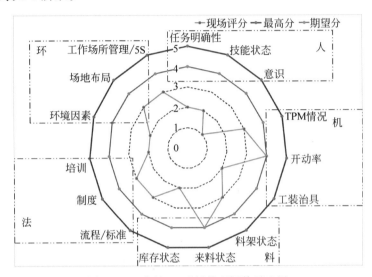

图 3-6    工作站 S1 现场管理评估雷达图

表 3-4    各工作站各个要素综合评分表

| 工作站名称 | 综合评分 | | | | |
|---|---|---|---|---|---|
| | 人 | 机 | 料 | 法 | 环 |
| S1 | 1.65 | 3.10 | 3 | 2.72 | 2.66 |
| S2 | 1.65 | 2.40 | 3 | 2.72 | 2.66 |
| S3 | 2 | 3.10 | 2.67 | 2.72 | 3 |
| S4 | 1.65 | 3.10 | 3 | 2.40 | 2.33 |
| S5 | 1.65 | 2.70 | 2.67 | 2.72 | 2.66 |
| S6 | 2 | 1.60 | 3 | 2.72 | 2.66 |
| S7 | 1.65 | 2 | 3 | 3 | 2.66 |
| S8 | 2.65 | 3.80 | 3.33 | 3 | 3.67 |

#### 1. 信息场的场强计算过程

依据图 3-6 和式（3-3）及式（3-9）～式（3-11）计算"人"的信息场场作用贡献值如下：

① 综合评分：$g = 0.35 \times 2 + 0.30 \times 2 + 0.35 \times 1 = 1.65$。

② 标准满足程度：$u = g / G_s = 1.65/5 = 0.33$。

③ 一致度：$\mu_{C(X_1)}(0.33) = 1, \mu_{B(X_1)}(0.33) = 0, \mu_{A(X_1)}(0.33) = 0$。

④ 信息场场作用特征：按照一致度取大原则计算"人"的信息场场作用贡献值如下

$$H(X_1) = -\mu_{C(X_1)}(0.33) \times \log_2 0.33 = 1 \times 1.60 = 1.60 \text{bit}$$

同理，可求得其他管理要素的信息场场作用贡献值如表 3-5 所示，按照式(3-4)求得工作站 S1 的现场管理信息空间内信息场的场作用向量如下

$$\{H(X_1)/X_1 + H(X_2)/X_2 + H(X_3)/X_3 + H(X_4)/X_4 + H(X_5)/X_5\}$$

$$= \{1.60/ 人 + 0.55/ 机 + 0.74/ 料 + 0.64/ 法 + 0.60/ 环\}$$

按式(3-5)，工作站 S1 的信息场的强度为

$$Cf_{S1} = -\sum_D \mu_{R(X)}(u) \log_2(u)$$

$$= -[1 \times \log_2(0.33) + 0.80 \times \log_2(0.62) + 1 \times \log_2(0.60) + 0.70 \times$$

$$\log_2(0.54) + 0.65 \times \log_2(0.53)] = 4.13 \text{bit}$$

同理，依据在工作站 S1 中管理任务的颗粒度不同，求得工作站 S1 中的信息场的场强，如表 3-3 所示。

其他工作站的信息场场强的求解过程同上，结果如表 3-5 所示。

**2．认知负荷的测度**

在本案例的现场管理与改善中，假设完成某一任务所需信息区间为

$$D(X) = \{X_1/ 人, X_2/ 机, X_3/ 料, X_4/ 法, X_5/ 环\}$$

按照表 3-2 的评分标准，假设现有总可用信息的状态评价 4 分就足以完成该任务，即完成任务的需求分为 4，$u - g/4$，按照式(3-5)计算在工作站 S1 中完成该任务所需认知负荷评价值为

$$Cf_{S1} = -\sum_D \mu_{R(X)}(u) \log_2(u)$$

$$= -[1 \times \log_2(0.41) + 0.80 \times \log_2(0.78) + 1 \times \log_2(0.75) + 0.70 \times$$

$$\log_2(0.68) + 0.65 \times \log_2(0.67)] = 2.76 \text{bit}$$

依据在工作站 S1 中完成任务所需的信息区间不同求得工作站 S1 中的认知负荷评价值，如表 3-3 所示。

同理，可求得在其他各工作站中完成任务所需认知负荷评价值，如表 3-6 所示。

对比表 3-5 和表 3-6 发现，在同一工作站内部，评价指标标准越高，所需的认知负荷越大。但是，因为一般任务需求标准分低于评价标准分，例如在本案例中评价标准分为 5，而完成任务的需求分为 4，所以，管理人员面对的认知负荷低于信息场

的场强。

前面的生产现场评分和评级为信息场的场强分析提供了基础数据,并将实际信息场场强值的分布区间进行四等分,从小到大依次为 A、B、C、D 四级,并依次使用蓝、绿、黄、红四种颜色的渐变色表示不同工作站之间信息场的场强之间的差异。工作站的实际信息场场强值越大,则表明完成该任务的信息需求与期望水平差距越大,系统处于不确定状态的程度越明显,这可提醒管理者应该优先对这个工作站进行改善。

本章将有任务需求时认知负荷评价值划分为:A 级对应区间为[1,2];B 级对应区间为(2,3];C 级对应区间为(3,4];D 级对应区间为(4,5]。定义信息场颜色特征如表 3-6 所示,图 3-7 为根据本章案例的信息状态绘制的生产车间信息场场强等高线分布图。该图也反映了制造系统信息场在空间上的分布。

表 3-5　无任务需求时信息场的场强

| 工作站名称 | 管理要素的场强贡献值/bit | | | | | 信息场的场强/bit | 等级 |
|---|---|---|---|---|---|---|---|
| | 人 | 机 | 料 | 法 | 环 | | |
| S1 | 1.60 | 0.55 | 0.74 | 0.64 | 0.60 | 4.13 | C |
| S2 | 1.60 | 0.62 | 0.74 | 0.64 | 0.60 | 4.20 | C |
| S3 | 1.32 | 0.55 | 0.60 | 0.64 | 0.74 | 3.85 | C |
| S4 | 1.60 | 0.55 | 0.74 | 0.64 | 0.71 | 4.24 | C |
| S5 | 1.60 | 0.62 | 0.60 | 0.64 | 0.60 | 4.06 | C |
| S6 | 1.32 | 1.64 | 0.74 | 0.62 | 0.60 | 4.92 | D |
| S7 | 1.60 | 1.32 | 0.74 | 0.74 | 0.71 | 5.11 | D |
| S8 | 0.60 | 0.40 | 0.35 | 0.74 | 0.45 | 2.54 | B |

表 3-6　有任务需求时认知负荷评价值

| 工作站名称 | 管理要素的认知负荷贡献值/bit | | | | | 认知负荷评价值 |
|---|---|---|---|---|---|---|
| | 人 | 机 | 料 | 法 | 环 | |
| S1 | 1.29 | 0.28 | 0.42 | 0.39 | 0.38 | 2.76 |
| S2 | 1.29 | 0.44 | 0.42 | 0.39 | 0.38 | 2.85 |
| S3 | 1 | 0.28 | 0.38 | 0.39 | 0.42 | 2.47 |
| S4 | 1.29 | 0.28 | 0.42 | 0.44 | 0.58 | 2.92 |
| S5 | 1.29 | 0.40 | 0.38 | 0.39 | 0.38 | 2.84 |
| S6 | 1 | 1.32 | 0.42 | 0.39 | 0.38 | 3.51 |
| S7 | 1.29 | 1 | 0.42 | 0.42 | 0.51 | 3.64 |
| S8 | 0.39 | 0.07 | 0.16 | 0.42 | 0.12 | 1.16 |

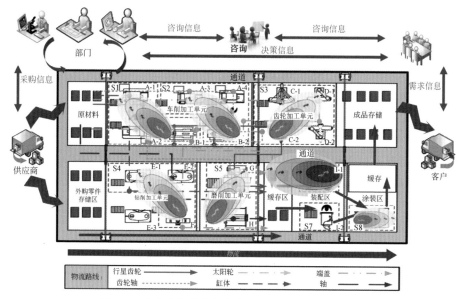

图 3-7　生产车间信息场场作用特征值等高线分布图

### 3.3.3　制造系统信息场分析

**1. 车间、生产线、工作站三个层面的信息场分析**

（1）同一工作站内部不同管理要素之间信息场场作用贡献值的对比。对表 3-3 进行分析可以发现哪一影响因素的不确定性最大。在单一工作站内部，人、机、料、法、环这五个因素的信息不确定程度存在差异，由此产生的信息场场作用贡献值也存在差异，例如，S1 所在行的数据，显然与"人"相关的信息场场作用贡献值最大，这表明应重点关注人的状态，分析其不确定性产生的原因，消除不确定性。

（2）同类生产线不同工作站之间信息场场作用特征值的对比。根据表 3-5 的第 2～6 列发现，虽然工作站 S1～S5 同属于机加生产线，但是这些工作站之间的信息场场作用特征值同样存在差异。尤其是工作站 S1 和 S2 的生产设备相同，生产类型也相似，但是两者的多个信息变量的场特征值不同。例如，表 3-5 中，"机"这一信息变量，工作站 S1 和 S2 的信息场场强值相差较大。生产现场调研发现，S1 工作站的操作者生产维护较好，从而设备开动率较高，因此，与 S2 工作站相比，S1 工作站的不确定性较低。

（3）生产车间内部不同类生产线之间信息场场作用特征的对比。根据表 3-5 各个工作站的信息场场强可以看出：每类生产线内部各个工作站之间的信息场特性相似，不同种生产线之间差异较大。现场调研表明：装配生产线（S6，S7）为手工装配线，精密设备和仪器较少，主要涉及工装管理、人与方法的管理，所以与人、法相关的信息场场强贡献值最高，不确定性最大。而涂装工作站（S8）由自动化设备组成,具有自动数据采集和分析功能,有详细的操作指南和规范,因此信息场特征值最小。

由图 3-7 可见整个车间信息场场强分布情况,其中 S8 涂装工作站的信息场覆盖面积最小,信息场场强最小,而手工装配区域 S6、S7 的信息场场强最大,信息量最多,需要重点关注。

### 2. 从管理要素的角度对信息场进行分析

(1) 依据对"人"这一要素的分析可知,任务分配显著影响其信息场场作用贡献值,因此需要通过人机协作分析,确定最优的人机配比和任务分配方案。此外,还可以通过心理咨询以及职业培训等手段使工人处于最佳工作状态,并培养工人的质量意识和标准意识,推动可持续发展,从而进一步降低信息场场作用贡献值。

(2) 依据对"机"这一要素的分析发现,维护和保养及时及恰当的设备所具有的信息熵较小。因此,可以通过制定规范的设备维保制度,并通过大数据和数字孪生技术等进行预测性维护,降低机器的异常停机概率,减小相关信息场场作用贡献值。

(3) 依据对"料"这一要素的分析发现,精益生产所倡导的 just-in-time(即时)思想可以有效降低与物料相关的信息场强度。因此,可以采取适当措施,加强供应链管理,从而提高原料的供应及时率和准确率。此外,还可以通过精益料架设计,改善物料摆放工效学特性,进一步降低相关信息场场作用贡献值,提升信息的可使用性。

(4) 依据对"法"这一要素的分析发现,制定准确的生产作业指导书和应急预案,以及通过配置数字辅助系统以及时、准确地更新相关文档,可以显著降低相关信息场场作用贡献值。

(5) 依据对"环"这一要素的分析发现,及时消除对操作者、机器以及材料影响的不利环境因素,可以有效降低相关信息场强度,提高生产效率和安全性。例如,通过亮度调节,使工作站 S1 的作业区域始终处于最佳照明状态。此外,还可以根据实际情况提升现场 5S 成熟度,降低现场信息不确定性,减小信息场场作用贡献值。

## 3.3.4 学术贡献、限制和实际意义

### 1. 贡献

首先,本章提出了制造系统信息场的场强定量测度方法。现有方法主要是在哲学层面(Sergey,2018)、信息内容及其传递方面的研究[Zhang(2004)],并未阐明信息场的场作用特性,本章方法阐明了信息场的场作用特性,给出了信息场的可视化等高线表达方法。利用本章提出的信息场模型对制造系统进行分析具有以下优势:

(1) 定量化。传统信息场分析都是定性的分析,而本章所建立的生产车间信

息场模型综合了人、机、料、法、环五个影响因素,通过信息场模型将这些影响因素统一为信息场场强值,给出了信息场场作用的定量表达,为制造系统的状态评价提供了定量工具。

(2) 系统性、层次性和可视化。按照管理颗粒度和信息场场作用特征值的大小,以人-机为核心,沿着料、法和环境方向使用等高线与颜色的渐变逐层可视化地再现了制造系统管理要素的不确定状态,具有系统、层次分明和可视化的特性。

其次,本章的研究结果拓展了物-场模型的适用范围。物-场模型是 TRIZ 理论中的一种重要的问题描述和分析工具,用以建立与已存在的系统或新技术系统问题相联系的功能模型。按照 TRIZ 理论,系统的作用就是实现某种功能,理想的功能是场 field(F)通过物质 substance2(S2)作用于 substance1(S1),并改变 S1。然而这一模型却不适合离散制造系统的分析与开发,因为设备与设备、工作站与工作站之间是靠信息场联系起来的,而信息场不具有物理场的场作用特征,因此无法使用物-场模型分析离散制造系统的结构功能。本章的研究给出了信息场场作用的定性与定量分析方法,使物-场模型及其一般解法应用于离散制造系统的改善和开发成为可能。

### 2. 限制

值得说明的是,首先,本章定义的信息场场作用特征值与认知负荷相关,但不等价。这不影响我们将本章定义的信息场场作用特征值视为认知负荷的参考值。在宏观上,信息场场作用特征值反映了不同管理颗粒度的信息需求与管理信息空间所提供的信息状态的差异不确定性。在微观上,该定义兼顾了人们对某一管理要素的模糊认知的不确定性,因此按照香农对信息的定义,在逻辑上可认为信息场场作用特征值与认知负荷等价。其次,对于信息场的可视化描述在于想象,与其他物理场的描述不同,例如物理空间上物理场的作用与距离有关,在使用等高线描述场的作用时,"距离"这一驱动因素确实存在;而本章定义在管理信息空间上的信息场的场作用时,距离被想象为管理颗粒度,信息场的场作用等高线是建立在虚拟距离——管理颗粒度基础上的,其合理性有待形成共识。但是,无论如何本章使信息场的定量化描述成为可能。

### 3. 现实意义

本章提出的方法具有普适性,可以广泛应用于制造业的管理实践中。尽管本章的研究是以离散制造业为背景开展的,并且案例局限于工作站或车间管理,限于篇幅没有讨论工厂和供应链级别的案例,但由我们给出的制造系统信息场的定义及其场作用特征值的确定方法可知,本章研究结果完全可以应用于对工厂和供应链的分析与改善。如我们可以分别定义以精益成熟度评价为中心的信息场和建立在供应链视角上的信息场模型如下。

(1) 以精益成熟度评价为中心的信息场。与以现场管理为中心定义的信息场不同,从精益成熟度评价的视角定义信息场,其场域信息空间取自精益成熟度模型,因为这一模型从企业管理的各个方面描述了企业的经营状态。在不考虑具体任务时,信息场场作用特征值反映的是企业当前精益管理的成熟度;面对具体任务时,信息场特征值反映的是完成任务所需承担的认知负荷,其大小与任务的信息需求(ID)和生产现场精益化程度(信息供给)的一致度有关。

(2) 建立在供应链视角上的信息场模型。供应链信息场是以供应链模型为基础建立的,其信息场场作用特征值反映的是计划、资源、制造、交付等供应链管理要素的不确定状态,与供应链的成熟度相关。面对具体任务时,其信息场场作用特征值反映的是完成任务所需的认知负荷,其大小与任务的信息需求和供应链系统提供的状态信息相互作用时的一致度有关。

## 3.4　本章小结

本章系统地定义了制造系统信息场的概念,提出了信息场的定性与定量分析框架模型,阐述了制造系统信息场的时空演化规律,并从现场管理的角度给出了信息场场作用特征值的确定方法。按照管理颗粒度和信息需求空间的变化实现了制造系统信息场的可视化。本章阐明了在信息场框架下对制造系统进行改善和优化所应遵循的信息原则与改善流程,该框架对塑造制造业车间未来的工作空间具有巨大的理论支撑潜力。本章所提供的信息场场作用定量测度评价方法为现场管理精益成熟度的预测提供了途径,为丰富工业工程学科理论体系,拓展精益生产方法使其适合工业 4.0 时代制造业发展的需要奠定了理论基础。案例研究表明,本章提出的信息场分析模型和方法对生产现场管理改善具有良好的指导价值。

# 第 4 章

# 信息流价值的定性分析与定量测度

## 4.1 信息流理论概述

### 4.1.1 信息及信息流的概念

制造是需求和效益驱动的社会性人为产出活动,是一种信息密集的生产活动。没有信息就不可能进行制造活动。信息流的定义依赖于信息的定义,信息的概念十分广泛,各个领域专家从不同角度对信息的定义主要有:

与"信息"对应的英文单词是"information",《柯林斯高阶英汉双解词典》中的英文解释是"Information about someone or something consists of facts about them"。而在汉语词典中的意思是"消息、音讯"。

在通信工程领域中,香农在 1948 年《通讯的数学理论》一文中将信息定义为"信息是用来消除随机不确定性的东西";在控制论中,维纳则将信息定义为:"信息是人们在适应外部世界,并使这种适应反作用于外部世界的过程中,同外部世界进行互相交换的内容和名称。"他还认为信息就是信息,不是物质也不是能量。他们二人所定义的信息,被人们视为经典性定义并加以引用。

信息不断地产生和被利用,从产生到利用这一过程就可以被视为"流",称为信息流。信息流有广义和狭义两种定义。广义是指在空间和时间上向同一方向运动过程中的一组信息,它们有共同的信源和信息的接收者,即由一个信源向信息接收者传递的全部信息的集合。狭义是指信息的传递运动,这种传递运动是在现代信息技术研究、发展和应用的过程中,按照一定要求通过一定渠道进行的。

信息流根据其使用的情境可以有几个定义。它是口头、书面、记录和计算机数据的总和,可以视而不见,但在大多数情况下,它是可视的(Thomas 1993;Muller et al. 2017)。根据应用领域的不同,信息流可以被认为是一组数据语义(Lee,1999),它也可以是需要现代组织和计算机系统之间协同的不同类型的流的一部分(Mentzas 等,2001),根据 Lueg(2001)的研究,信息流也可以被视为一种信号。在现代组织中,信息流也被视为公司过程和产品开发的重要组成部分(Eppinger,2001)。信息流也可以定义为人与计算机系统之间的交互(Hinton,2002)。从重要性的角度来看,信息流就像氧气对人一样(Al-Hakim,2008)。信息流也可以被视为数据和文档来描述生产与生产过程控制之间,公司的参与者与服务之间的通信(Erlach,2010；Koch,2011；Durugbo 等,2013；Razzak 等,2018)。信息流可以看作是工作团队之间共享的信息交流(Stapel,2012)。最后,根据 Sundram(2020)等的说法,作为通信的信息是信息技术的一部分。信息流的不同定义使我们了解了信息流的特征。

### 4.1.2 制造企业信息流的分类

对于制造企业来说,大多数信息流都是以文本格式(电子文档)呈现,报告数据通常以表格形式提供,技术信息(图纸)和决策信息通常以图形和图表的形式提供。大多数信息流涵盖了一个企业的多个部门。通常信息流可分为如下两类:

(1) 根据流的方向进行分类。

(2) 根据流的使用或形成(处理)的性质进行分类。

信息流的移动方向形成了一种流拓扑,并指向参与信息处理(存储、传输)的企业部门或特定专家。此分类中的信息分为输入流(入站)和输出流(出站)。

输入和输出信息通常是面向与外部环境交互的操作信息。从这个角度来看,它可以被视为外部流动。使用它的部门包括办公室、法律、财务和经济部门,以及一些处理采购和销售的生产部门。这类信息除了具有及时性要求外,还具有高度的重要性,需要通过对多个部门的监测和协调,并及时传递给外部环境。

对于外部和内部信息来说,另一个移动的特征是其横向(在同一层级部门之间的信息流)和纵向(不同层级组织间的信息流)的移动。

根据发生时间和使用频率,信息流分定期、周期性、业务性、长期、在线和离线信息流。这类信息流的主要功能要求是处理和创建文件(例如,定期报告)的效率和及时性,以及文档的高度初始准备程度(使用不同的表单和模板)。

根据流的使用性质进行的分类主要是指内部信息流动。

内部信息流在分类上可以大致分为 3 种类型:管理信息、技术信息和工艺信息。

管理信息是企业中最重要的信息,几乎涵盖了企业的所有部门。如果我们从信息流分类的角度来看管理信息,根据信息的公开程度和重要性分为秘密的和公开的信息;根据信息的作用分为管理信息,与生产职能有关的综合信息,与物流和生产系统有关的投入和产出信息;根据发生时间和使用周期分为常规(周期)和项目的信息。管理信息具有相关(重要)性和及时性的特点。

技术信息是指所制造的产品在设计、制造和运营中使用的信息。如果我们从信息流的分类角度考虑技术信息,根据信息的公开程度和重要性分为秘密的、普通的和挂号的信息;根据信息的重要性分为为标准性和参考性、辅助性的信息;根据信息的作用分为与生产功能有关的是基础性的信息,与物流和生产系统有关的是投入性信息；根据发生时间和使用周期分为定期性的信息。

技术信息是由一组专家创建,通常持续很长时间。对于技术信息,其质量比创建效率更重要。通常,在修改产品时对信息所做的更改本质上是复杂的,这种修改将导致许多信息和片段的更改。

工艺信息是用于组织新产品或提高生产力和生产质量的信息。从信息流分类的角度考虑工艺信息,根据信息的公开程度和重要性分为秘密和挂号信息；根据信息的重要性分为财务信息、统计分析信息和辅助分析信息；根据信息的作用分为与生产功能有关的是关键信息,与物流和生产系统有关的是投入和产出信息；根据发生时间和使用周期分为定期性与不定期性信息。

## 4.1.3　信息流的特征

信息流的特征可以从信息流所代表的信息共享媒介的维度、反映信息流动态的参数、决定信息流流通程度的方向(信息的类别)、反映信息流对产品或客户的直接影响的类型以及信息流的质量等五个方面进行表征。

### 1. 信息流的维度

信息流本身具有共享性,信息拥有者在传播信息时,并未对信息独占,接收者可以共享此信息,这个过程就是信息流的共享(Lee,1999)。信息流的维度可以被认为是能够访问信息、交换信息和使信息可见(Demiris,2008)。文献中信息流的维度作为信息共享的媒介。可以有多种媒体用于共享信息,例如书面信息、非真实电子信息、实时电子信息以及涉及物联网的数字信息(Tomanek,2017)。信息流不仅可以通过维度来表征,而且可以通过动力学参数来表征。

### 2. 信息流的参数

当信息处于运动状态时,可以用四个参数来表征：第一个参数是信息节点密度,它描述了信息流的复杂性；第二个参数是信息速度,它描述了信息的传播速度；第三个参数是信息黏度,它是节点上信息冲突的程度,也可以称为矛盾信息的存在；第四个参数是信息波动性,它描述了信息的不确定性(在纸上)或延迟信息。信息流还可以通过确定它在公司中可能的应用类别来表征,作者将其称为信息类别。

### 3. 信息流的方向

信息流还可以根据传输方向进行表征。向下的信息,该信息被描述为高层管理人员及其合作者与员工共享的信息。向上的信息,员工向上与最高管理层交换信息。水平共享信息,信息在相同类别的部门中存在的参与者之间传播。最终,当不同公司的经理之间进行跨职能沟通时,信息流的方向也可以视为对角线(Forza和 Salvador,2001；Global,2019)。为了表征信息流,还可以考虑共享信息的类型。

### 4. 信息流的类型

根据公司的活动,信息流可以分成两种类型,第一种为直接信息,是由生产过程中生产产品（与制造或维护相关的信息）或服务所需要的每条信息组成。而第二种为间接信息，是由与未来市场和客户有关的信息组成（Al-Hakim，2008）。

### 5. 信息流的质量

信息流的质量对其接收和解释有很大的影响，这就是为什么质量差的信息流可能对公司有害（Kehoe，1992）。信息流可以具有以下特点：透明度、粒度和及时性。透明度描述的是员工理解交付给他们的信息的能力，粒度指的是信息的细节程度，及时性描述的是在需要时信息的可用性（Durugbo，2013；Tomanek 和 Schroder，2017）。信息流的第四个质量是信息流成本，信息流成本是指在产品制造过程中信息输入或输出的成本，研究者一直只关注与交付给客户的产品相关的信息成本。

## 4.1.4　信息流的浪费

信息流的浪费是文献中广泛讨论的话题。最早的浪费观念是由丰田生产方式创始人大野耐一率先提出的"七大浪费"（Koch，2011）。它包括生产过剩、等待、搬运、额外加工、不必要库存、不必要动作和不良品，其具体定义如表 4-1 所示，其主要应用在生产现场改善中。

表 4-1　大野耐一的浪费定义（Koch，2011）

| 浪 费 名 称 | 定 义 |
| --- | --- |
| 生产过剩 | 发生在本应停止的流程却继续进行，导致产品过剩、产品过早生产和库存增加 |
| 等待 | 有时被称为排队，发生在下游流程，由于上游活动未按时交付而处于不活动的状态 |
| 搬运 | 物料的不必要移动，例如，从一个工序运输到另一个工序的在制品 |
| 额外加工 | 由于缺陷、生产过剩或库存过剩而发生的额外操作，例如，返工、再加工或搬运 |
| 不必要库存 | 完成当前客户订单不直接需要的所有库存。库存包括原材料、在制品和产成品 |
| 不必要动作 | 员工和设备为适应低效布局、缺陷、再加工、生产过剩或库存过剩而采取的额外措施 |
| 不良品 | 成品或服务不符合规范或客户期望，从而导致客户不满 |

在此之后，很多学者根据自身研究背景对信息流中的浪费进行了定义。Hicks（2007）将信息管理中的浪费描述为："由于未向信息消费者立即提供足够数量的适当、准确和最新信息，而产生的额外行动和不行动所带来的浪费。"Hicks 仅仅定义了四种类型的浪费，包括失败需求、不确定需求、流量过剩和有缺陷的流程四种浪费。这四种浪费对应传统浪费中的额外加工、等待、生产过剩和缺陷四种浪费，而对于没有提及的另外三种传统浪费 Hicks 认为信息管理系统无法识别。

Meudt（2016）等回顾了有关"信息流浪费"在车间信息管理背景下的文献。他们分析了 11 种浪费定义的文献来源，发现有大约一半的文献直接使用大野耐一的原始定义，而对于另一半考虑到信息作为无形产品的特点，则是参考了大野耐一关于浪费的原始定义。Meudt 等在此基础上提出了分析信息流数据浪费的方法，它包括数据生成和传输、数据处理和存储以及数据使用三个阶段，每个阶段又分为多个部分，可以循环地对信息流数据浪费进行分析，如图 4-1 所示。

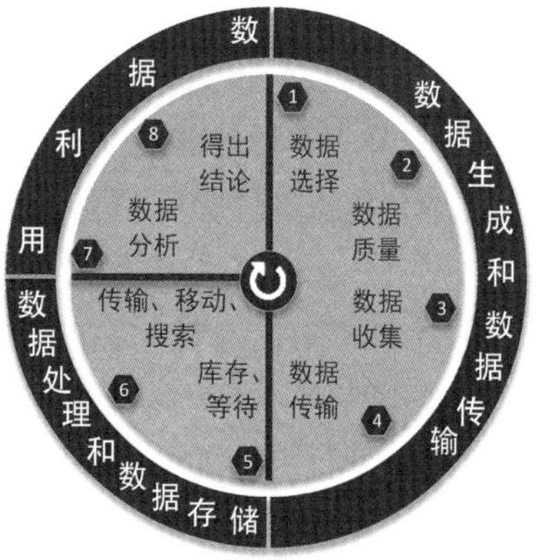

图 4-1　信息流数据浪费的循环图分析

　　其中，数据生产和传输包括数据选择、数据质量、数据收集和数据传输四个部分。数据选择是指对要收集的数据进行特定的选择，要选择客户所需要的数据；数据质量是指根据数据的内容、意义、来源、用途和一致性，对过程中的每种情况进行评估；数据收集是指自动化程度，包括完全自动化、半自动化和手动三种；数据传输是指所有参与数据传输的媒介和系统。数据处理和存储包括两个部分，其中，一部分是等待和库存，另一部分是转移和搜索。等待和库存是指数据的实时可用性，其中，等待是指信息在系统中的延迟时间，而库存是指系统中未处理的数据。转移和搜索是指信息流通过复杂和部分不增值的转移路线、人工干预或搜索造成的手工活动，信息不是实时可用的，特别是当信息写在纸上时。数据利用包括数据分析和决策支持两个部分，数据分析是指将得到的数据结合企业实际情况进一步寻找、分析需要改善的流程；决策支持是指用数据分析的结果来为决策提供支持，使流程改善能更好地进行。

　　Verhagen(2015)等对信息流浪费的定义是由非生产性行为和低质量可交付成果造成的浪费，并在 Hicks 的四种浪费基础上，结合大野耐一的原始定义，重新定义了信息流浪费，如表 4-2 所示。

表 4-2　Verhagen(2015)等对信息流浪费的定义

| 浪费名称 | 定义 |
| --- | --- |
| 生产过剩 | 创造过多信息所需的时间和资源；<br>在创造不必要的细节和准确度上花费的时间与资源 |
| 等待 | 已创建并等待应用的信息所导致的交付周期增加；<br>流程参与者等待输入信息的创建和共享所导致的交付周期增加 |
| 加工 | 将信息转换为所需格式所需的时间和资源；<br>在信息不可用时，创建变通方法所需的时间和资源 |
| 不良品 | 核实和更正所提供信息所需的时间和资源；<br>查找缺失信息所需的时间和资源 |
| 搬运 | 从多个信源提取信息、转化并加载到另一个信息系统所需的时间和资源；<br>使用人工、传统邮件或电子邮件传递信息所需的时间和资源 |

续表

| 浪 费 名 称 | 定　　义 |
| --- | --- |
| 库存 | 存放和维护冗余信息(即信息过多和过时信息)所需的时间和资源；<br>用于冗余信源的资源 |
| 动作 | 由于缺乏合作或实时访问而在移动信息上花费的时间和资源；<br>纸质信息数字化所花费的时间和资源 |

　　Roh(2019)等结合前文所述的观点和实际生产中所遇到的信息流浪费情况，重新定义了信息流的七种浪费，如表 4-3 所示。

表 4-3　Roh(2019)等对信息流浪费的定义

| 浪 费 名 称 | 定　　义 |
| --- | --- |
| 生产过剩 | 生产过剩是指产生和提供太多不相关的信息和数据 |
| (不必要)动作 | 不必要的动作是指员工或信息系统搜索信息的过程，需要将来自不同系统的信息组合起来 |
| 搬运 | 搬运是指信息在不同介质之间的传输过程，如果不通过直接路径传输，可能会造成浪费 |
| 等待 | 等待是指接收相关信息所浪费的时间，例如从服务器下载的时间 |
| 额外加工 | 额外加工是指不必要的(手动)信息编辑 |
| (不必要)库存 | 不必要库存是指保存未使用的、不需要的数据，并以不同的形式或介质保存，例如，纸张和服务器 |
| 不良品 | 信息流中的不良品可以被解释为不正确、不可理解或不完整的信息传输 |

# 4.2　信息流的表征工具

　　信息流的分析、改善是决定信息被有效利用的关键，优秀的表征工具可以对信息流进行更加有效的分析和改善。选用合理的信息流表征工具往往是信息流分析的第一步，而信息流表征工具一般可以归类为三种类型：图像(pictorial)、矩阵(matrix)和图表(graph)，如表 4-4 所示。

表 4-4　信息流表征工具类型

| 类　　型 | 解　　释 | 描　　述 |
| --- | --- | --- |
| 图像 | 丰富的图片 | 使用各种图形、符号和文本的非正式表达 |
| 矩阵 | 设计结构矩阵 | 信息流的依赖性、独立性、相互依赖性和制约性的紧凑表示 |
| | 模式矩阵 | 在同时和依次连接的业务元素之间的紧凑表示 |

| 类　　型 | 解　　释 | 描　　述 |
|---|---|---|
| 图表 | 结构分析 | 通过流程图(信息流图、逻辑图和事件驱动流程链)、实体关系图、可靠性框图、层次结构加输入-过程-输出图、Petri 网、集成定义方法以及统一建模语言用例、角色活动图和协作图等工具,使用一组标准基元来说明信息流的形式表示 |
| | 网络分析 | 社交网络、任务网络和信息流子网络等组织网络的节点和链接的正式表示 |

信息流表征工具较多,但 Hungerford(2004)等断言,与基于文本(句子)的表示法相比,图表推理更适合解决系统中日益复杂的问题。因此,本章从图表类型中选择其中几种信息流表征工具进行分析和改善,着重对比研究设计结构矩阵、数据流程图、输入-过程-输出图、信息价值流映射 4.0 和可视化、分析与评估信息流方法共五类信息流表征工具。其中,设计结构矩阵虽然不属于图表类信息流表征工具,但其能对信息流的依赖性和制约性进行很好的表征,所以,将设计结构矩阵也纳入信息流分析的范围。

## 4.2.1　设计结构矩阵介绍

设计结构矩阵(design structure matrix,DSM),也称解决问题矩阵、依赖结构矩阵和设计优先矩阵,是一个紧凑、目视化、通用的基于矩阵的框架,可显示系统各组件之间的关系,用于系统分解和集成的图形与数值分析。

Syed 和 Berman(2007)将设计结构矩阵(DSM)方法的历史追溯到早期的概念,如矩阵数学、网络优先图、网络关系图和接口对接口(N 到 N 或 N2)。DSM 目前的形式是由 Steward(1981)开发的一种系统设计、开发和操作中"分析信息流"的工具。在一个 DSM 中,用矩阵的行列元素表示过程中的任务;用矩阵的非对角线单元来表示对应的行列元素之间的联系;用矩阵单元相对于对角线的上下位置来描述对应的行列元素之间联系的方向,在对角线下方表示关系信息的发布是正向的,在对角线的上方表示关系信息的反馈是反向的。

DSM 为一个具有 N 行和 N 列的矩阵,以四种形式表示系统的功能和过程:顺序、并发、耦合和条件。这种表示可以用来描述不同类型的系统和组织之间的信息流。这些系统和组织类型可以包含系统的组件、参数或资源、开发阶段和成员在组织中的位置或职责等形式元素。

根据应用领域的不同,DSM 模型图基于静态或基于时间可以分为四个应用领域(汤延孝,2006),各个应用领域的定义如下。

基于组件或架构的 DSM:用于基于组件和(或)子系统及其关系的系统架构建模。

基于团队或组织的 DSM:用于基于人和(或)小组及其交互对组织结构建模。

　　基于活动或计划的 DSM：用于基于活动及其信息流和其他依赖关系对流程和活动网络进行建模。

　　基于参数(或低级调度)的 DSM：用于设计决策与参数、方程系统、子程序参数交换等之间的低级关系建模。

　　设计结构矩阵根据标记单元的属性分为二进制设计结构矩阵和数字结构矩阵(如图 4-2 所示)。二进制设计结构矩阵通常涉及标记("X"或"●")，而数字设计结构矩阵可用于指示重复元素的重要性或概率。在设计结构矩阵示例图中，系统元素或组件沿阴影对角线表示。非对角线 X 标记和数字值表示依赖性，即一个元素对另一个元素的依赖。

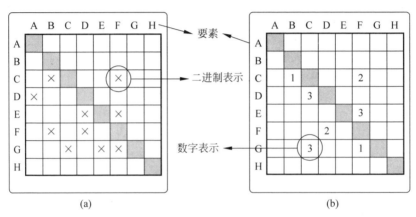

图 4-2　基于属性分类的设计结构矩阵(Sharif,2007)

(a) 二进制 DSM；(b) 数字 DSM

　　使用 DSM 方法进行聚类的原理是：依据不同的需求标准，对 DSM 模型中各行列元素之间的相互联系进行聚类运算和择优，从而得到面向不同标准的模块。利用表征工具对这些具有强内部关系的模块进行信息流建模，然后应用于目视化管理，使得目视化更加清晰、合理。

　　设计结构矩阵的主要优点是能简洁明了地表征信息的输入与输出关系。同时，在数据量不大时，可以灵活地变换行列来快速找到各项之间的依赖关系，对于只有输入或者只有输出的事件，可以将其变换至行首和列尾，具有信息流改善结果易于观察的优点，也能帮助工程师识别和关注关键问题。除此之外，设计结构矩阵的变形较多，支持持续学习、发展和创新。

　　设计结构矩阵的主要缺点是当数据量过多或不易提取时，难以寻找输入与输出关系。而得到的输入与输出关系中有缺失的输入或输出，会导致信息流中断，无法完整地表征信息流。同时，一旦数据量过大，输入与输出关系较多，需要耗费大量的时间做后续的整理，导致无法快速地得出结果，所得到的结果无法表示输入或输出自身的任务。除此以外，设计结构矩阵不包括任务工期、时间线或任务工期的估计值，无法有效地表征需要时间和时长约束的信息流。

## 4.2.2　数据流图介绍

数据流图(data flow diagrams,DFD)是一种非常流行的图解模型,用于描述各种组织之间的信息交换(Yassine,2007),在 20 世纪 70 年代末被开发出来,作为分析连续信息流的工具。DFD 被定义为自动、半自动或手动系统的"网络表示"。DFD 描述了信息在系统中的逻辑或物理流动。逻辑视图描述信息流的预期发生方式,而物理视图指的是实际发生的情况。在某些情况下,物理视图和逻辑视图可能是相同的。

虽然 DFD 中使用的符号种类繁多,但大多数作者使用一种符号表示 DFD,它涉及四个关键特征:过程、外部实体、数据存储和数据流,如图 4-3(a)所示。

DFD 的设计一般有两个方案[见图 4-3(b)、(c)]。第一种方案是膨胀扩展方法,它应用一个单独的 DFD,该 DFD 被迭代地扩展,直到整个系统被全面建模;第二种方案是爆炸扩展方法,最初创建一幅图,此图称为基础 DFD,然后分解基础DFD 中的系统来给出 DFD 的详细流程。在操作完这两步之后,将构造多个 DFD,每个连续的模型都是从父图或前一幅图中的单个活动步骤派生出来直至整个系统建模完毕,就如同爆炸一般。

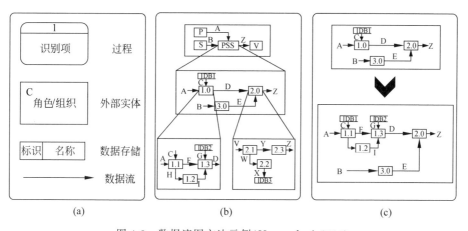

图 4-3　数据流图方法示例(Hungerford,2004)

数据流图主要优点是能做到很好地表征按顺序表示的信息流,且易于维护。如果有较为全面的调研资料,数据流图的应用将变得容易,也能对需要特殊关注的领域进行单独表征。

数据流图主要缺点是在表征企业的大型系统时,表征起来会变得麻烦且难以理解。同时,随着所要表征的信息流内容的增加,整体数据流图的绘制难度也在加大。除此之外,数据流图与设计结构矩阵类似,也会忽略与时间相关的事件或事件驱动的过程,同样无法对需要有时间和时长约束的信息流进行表征。

### 4.2.3 输入-过程-输出图介绍

层次结构加上输入-过程-输出(hierarchy plus input-process-output,HIPO)技术是由 IBM 的系统开发部门在 20 世纪 70 年代后期开发的(Du,2000)。它为系统、程序和过程的文档提供图表与文本表示。HIPO 技术有两个主要组成部分：目录列表可视化(visual table of contents,VTOC)和输入-过程-输出(input-process-output,IPO)图,如图 4-4 所示。

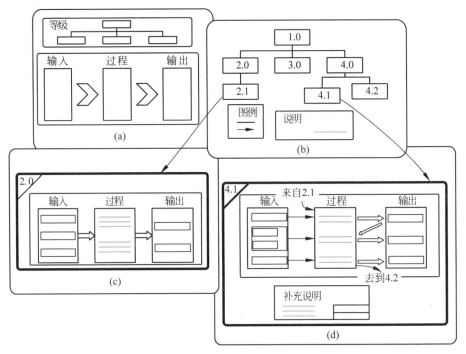

图 4-4  层次结构加上输入-过程-输出(HIPO)技术和输入-过程-输出(IPO)图(Stay,1976)

(a) HIPO；(b) 目录列表可视化；(c) 输入-过程-输出(概述)；(d) 输入-过程-输出(细节)

VTOC 表示为一个图表,显示系统的功能或程序模块是如何以树形格式分解的。它提供对程序、系统或过程的自上而下的分析,由三个主要部分组成,如图 4-4(b)所示。层次结构图包含一系列编号和命名框,它们与 IPO 图相对应,从左到右读取。VTOC 中还可能包括每个功能的图例和可选说明。

IPO 图是在 VTOC 构建后开发的。它们通过封装在系统中的过程,以输入和输出的方式描述 VTOC 的功能(或模块)。IPO 图以伪代码的形式呈现,显示本地或功能性的信息流,为每个功能(或模块)开发一个页面。每页 IPO 图包含三个主块,分别为输入、过程和输出,如图 4-4(c)所示。而图 4-4(d)表示的是显示模块使用(输入)的内容,由模块进行处理后,所更改或写入(输出)的字段。

输入-过程-输出图的主要优点是对于具有分层结构的流程,能很好地完成对信息流的表征。同时,因其能确定从输入到输出的整个过程,因此,能为系统设计完成后直接提供现成的文档,并能对其中的过程进行较为明确的定义,为设计人员节省了重新书写文档的时间。

输入-过程-输出图的主要缺点是在对大型系统进行表征时,因系统层级较多,输入-过程-输出图变得混乱且难以解释。同时,因其对每个信息流模块都使用了一个新的界面,而不考虑模块的大小,表征后的结果可能变得异常庞大,进而难以有效地维护。因此,无法在工业界广泛使用。

### 4.2.4　信息价值流映射 4.0

价值流来源于精益生产,精益生产基于标准化流程,发现异常、解决问题和持续改进,以减少浪费活动并实现更高水平流动。在价值流中,物料流总是与信息流相连,例如生产计划或评估性能信息。通常使用不同的 IT 系统甚至纸张来存储信息。传统的价值流图以物料流分析为主,而对信息流的分析较少,在工业 4.0 的背景下,物流过程高度自动化,各级生产人员的主要工作是对信息流的管理,以及对数据和信息的运用,而数据和信息在使用过程中会存在一定的浪费,识别并杜绝这些信息浪费对实现工业 4.0 时代下的精益生产具有重要的意义。

Meudt(2017)等提出了价值流映射 4.0,通过价值流映射来有效地识别信息流中的浪费。价值流映射 4.0 方法可以直观地表示数据收集的种类、信息的处理、存储介质、关键绩效指标(扩展符号如图 4-5 所示)和收集信息的使用情况。价值流映射 4.0 还允许使用三个定义良好的关键性能系数(数据可用性、数据使用情况、数字化率)对信息流程进行定量分析。价值流映射 4.0 通过下述六个步骤进行绘制:第一,执行经典的价值流映射;第二,列出了存储介质,如纸张、员工和企业资

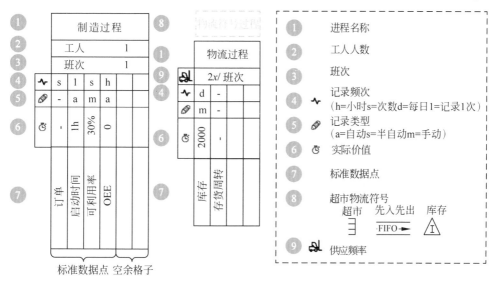

图 4-5　价值流映射 4.0 扩展符号

源计划（ERP）系统等；第三,在精益管理方法中列出了所需信息的用途；第四,将信息流的方向用连线标记；第五,记录信息流数据浪费；第六,通过效益成本分析比较映射的潜力,得到经优化的业务流程,如图 4-6 所示。

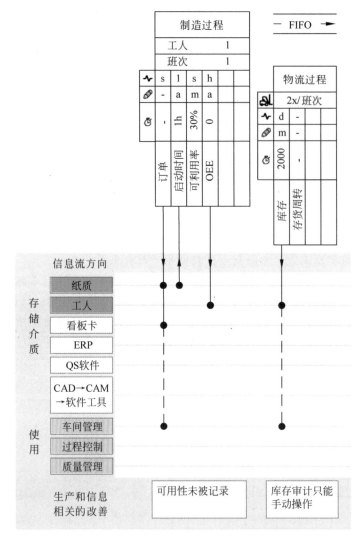

图 4-6　价值流映射 4.0 信息流表征工具示例

　　价值流映射 4.0 的优点是适用于信息流的顺序表征,尤其适用于对生产线中信息流的表征。同时,价值流映射 4.0 本身是基于经典的价值流图分析方法创建而成,是工业 4.0 时代下,价值流图的新应用,其内核仍然是消除浪费,只是将浪费的视角转移到了信息与数据浪费上,为车间数字化改进提供了新的思路。

　　价值流映射 4.0 的缺点是没有给出获取信息流的具体方法,只给出了所映射信息流的结果。此外,所映射的信息流维度较少,缺少信息流的参与主体和信息传输的目的地等维度。而且,价值流映射 4.0 只能对信息流进行分析,得知哪个环节可能存在问题,但没有对该环节如何进行改善提供方法。

## 4.2.5　可视化、分析和评估信息流的方法

Molenda(2019)等对 Meudt(2017)的价值流映射 4.0 进行改进,提出可视化、分析和评估信息流(visualizing, analyzing and assessing information processes, VAAIP)的方法。他们认为制造型企业的生产是由几个过程组成的,这些过程可以被划分为具体执行的任务,而在执行这些任务时,所进行的信息处理都需要四个关键要素:至少需要两个参与者、参与者必须使用相同的传输介质、拥有信息来源或者去处的存储介质以及信息处理可能有的特定目的。同时,针对每项任务都有输入与输出两条信息流,信息流上的信息处理方向用箭头表示,其中,指向任务的箭头意味着任务需要特定信息才能执行,反之,则代表信息是任务的结果,如图 4-7 所示。同时,通过定量分析的方式对可视化后的信息流进行分析,并依此来评估信息流的透明度,为后续的改善提供建议。

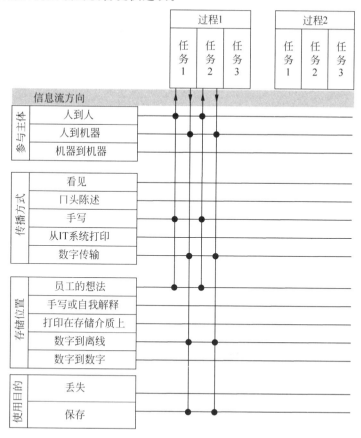

图 4-7　可视化、分析和评估信息流表征工具示例

可视化、分析和评估信息流表征工具实际上是价值流映射 4.0 信息流表征工具的改善版，此工具的优点是能将制造型企业的生产过程分为几个过程进行表征，同时，又将过程进一步划分为具体任务，可为每个任务的信息流表征提供依据，其还能表征信息流的输入与输出关系，可以较为清晰地判断出是否有缺失和冗余的信息。

可视化、分析和评估信息流表征工具的缺点是无法对要求有时间约束的任务进行表征。同时，其输入与输出关系并不能直接反映输入来源于哪里以及输出去往哪里。其虽然能表征过程中所需执行的每个任务，但无法对任务的详细执行信息进行表征。

## 4.3　信息流表征工具与表征所应遵循的原则

由前述可知，现有的信息流表征工具，虽然都可以将信息流进行顺序的表示，但都存在任务时间与时长无法约束、展示信息维度较单一和信息流表征不全面等问题。为了改善上述问题，并考虑到由于信息技术和智能设备的引入，无纸化信息记录成为可能这一事实，作者构建了新的面向生产车间现场的信息流表征工具。该工具的使用分为三个阶段，第一阶段为信息流的可视化，第二阶段为信息流的分析，第三阶段为信息流的改善。

### 4.3.1　信息流的可视化

在制造型企业车间现场执行任务中，通常按照岗位来分配任务，每个岗位有其专属的任务，车间现场操作工人会根据班长的安排找到今日自身岗位的任务。因此，在信息流价值表征工具中，结合 VAAIP 表征工具的优点，根据文献与调研资料对信息流表征方法进行改进如下。

首先，梳理车间现场各个岗位的信息（如图 4-8，①），并将所要执行的任务进行分类后表征到符合条件的岗位旁，同时，标好任务自身的序号为后续信息流的改善做准备（如图 4-8，②）。虽然车间现场的任务没有固定的完成顺序，但是需要在规定时间内完成操作。因此，任务需要对时间和时长进行约束。同时，应重视执行任务中的具体信息是什么。所以，在 VAAIP 信息流表征工具的基础上，应补充时间约束和任务内容这两个关键要素。因此，作者认为一个完整的信息流需要包括以下六个关键要素（如图 4-8，③～⑧）：

（1）要创建一个信息流程，至少需要两个参与主体，即信源和信宿。

（2）要实现信息传递，就必须使用相同的传输媒介，即传输方式。

（3）要清楚信息来源于哪些存储位置，又流向哪些存储位置，即存储位置。

（4）要了解信息存在的特定目的是什么，即使用目的。

（5）要确定是需要实时处理、延时处理还是定时处理此条信息，即时间约束。

（6）要完成一个信息流程，需要清楚有哪些信息需要处理，即任务内容。

在经改进的信息流价值表征工具中依然用直线来表示信息流（如图 4-8，⑨）。在信息流上，会有方向箭头和信息来源。其中，如果箭头指向任务，则表示该任务需要特定信息才能执行；如果箭头远离任务，则表示任务的结果信息。同时，借鉴设计结构矩阵和输入-过程-输出图的优点，采用字母 I 代表输入（import），字母 E 代表输出（export），字母后所跟的数字代表其来源或者去往的任务序号（如图 4-8，⑩）。据此可清晰看出任务信息的具体来源以及去向。如来源或者去向并不在当前表征的任务中，则用数字 0 来代替，在后续的分析中寻找其具体来源及去向。

在表征过程中，对于同一个任务可能有多条信息流。而信息流在传递过程中，应该具有反馈机制，以形成一个有效的封闭式循环，来实现信息的发送和反馈，从而达到信息流的连续流动。为检视信息流的流动性需要分析每个关键要素，其具体分析过程如下。

（1）参与主体。在生产车间现场这个环境中，人、机器和安东系统这三种参与主体占大部分，除此以外还有看板和计算机等次要参与主体。所以，为方便信息流表征，将看板、计算机等次要参与主体定义为介质，所代表的参与主体可根据现场终端的变化灵活改变。在生产现场所执行的任务中，大部分与安东系统相关，通常由安东系统提醒开始执行任务，对于某些任务则是以安东系统恢复正常状态为结束。因此，参与主体由人、机器、介质和安东系统（下文简称"安东"）组成。通过现场实地调研和访谈可知，参与主体的组合一般有人到人、人到机器、机器到人、人到介质、安东到人和介质到人这六项。因此，参与主体主要包括人到人、人到机器、机器到人、人到介质、安东到人和介质到人共六项（如图 4-8，⑪）。

（2）传播方式。在制造车间现场环境中，信息的传播方式主要有：用眼睛去观察，用嘴去阐述，用手去操作，用打印机进行打印，以及在计算机或其他智能设备中进行填写或者下载。总结起来就是观察、口述、手动、打印和系统。作者认为，生产现场的对讲机，应该算是一种口头阐述的特殊表现形式，它只是加快了口述信息的传播速率，并没有实际改变口述这个既有事实，所以在此并不作为单独的传播方式，而是将其并入口述这一部分中去。因此，传播方式主要包括观察、口述、手动、打印和系统共五项（如图 4-8，⑫）。

（3）存储位置。在制造车间现场环境中的存储位置，主要从工人本身的主观想法和自我行动，以及非工人本身的人造物品两个方面来讨论。人造物品主要包括表格和工厂现有的数字化存储系统，其中表格的存储方式在现场中有两种，一种是固定在设备或者其他工位上的固定式表格，另一种是跟随工人的移动式表格。而对于数字化存储系统，目前它的主要存储方式为 Excel 电子表格和企业管理系统中的数据库储存。因此，存储位置主要包括想法、行动、固定表格、移动表格和数据库共五项（如图 4-8，⑬）。

（4）使用目的。在制造车间现场环境中，记录信息的主要方式通常是纸质记

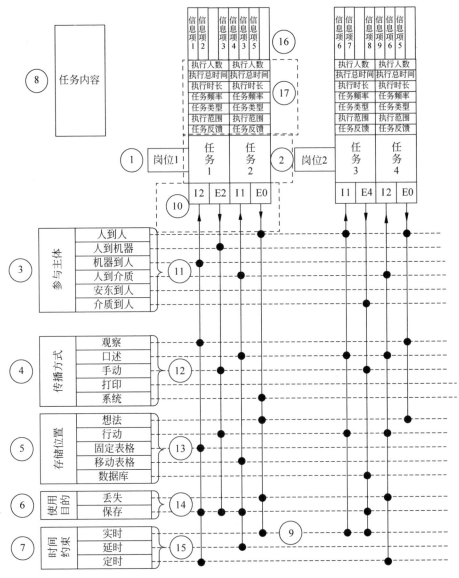

图 4-8　信息流价值表征工具示例

录,将所填写的检测数据或者执行任务的相关信息填写至指定表格中,其目的是为后续需要的信息查询、优化和调整工作做准备。存在的主要问题是部分任务没有表格,而有表格记录的任务中有些也不能进行信息的查询、优化和调整。这种任务虽然有表格记录,但所记录的信息无法使用,与没有表格任务的最终呈现结果是相同的,都无法完成后续信息查询、优化和调整,记录信息的目的就会丢失。相反,如果能方便后续信息查询、优化和调整,就实现了保存记录信息的目的。因此,使用目的主要包括目的丢失和目的保存两项(如图 4-8,⑭)。

（5）时间约束。在制造车间现场环境中，一般任务所具有的时间约束包括实时、延时和定时三种。其中实时任务的特征是，不得延误，需立即进行操作。而延时任务的特征是完成不连续，会出现中断和等待等现象。最后，定时任务主要是每日或者每周必做的有周期性质的任务，其执行时间是固定的，应按照其时间要求完成任务。因此，时间约束主要包括实时、延时和定时三项（如图 4-8，⑮）。

（6）任务内容。任务内容信息包括两项，一项是属性信息，另一项则是执行信息。每个任务都具有其特殊性，无法做共性的总结。在执行某些任务过程中所需要的信息众多，一般采用执行任务后所需记录的表格为主要信息来源，并结合车间现场各岗位的访谈资料，对执行任务的信息进行表征，此时，信息流在各个任务之间进行传递，执行任务的工人也进行信息流的传递。同时，不仅要关注任务的执行信息，还应关注任务本身所具有的属性信息，这些属性信息能很好地约束任务。例如，任务所需人数、执行时长和执行频次等相关信息。对所执行任务的具体工作进行个性化的表征，为数字化转型中所引入的信息技术提供任务的约束条件。因此，任务内容关键要素为任务执行中所需执行信息项和约束任务的属性信息项。由于任务执行信息项数量较大，不便于在同一视图中表示，故将任务内容关键要素与前五个关键要素分开表示，将任务内容关键要素展示在信息流表征模型的上部，将另外五个关键要素展示在信息流模型的下部，同时任务内容关键要素主要是对任务执行中所需填写信息项（如图 4-8，⑯）和任务属性信息项（如图 4-8，⑰）进行表征。

统计各个任务的输入与输出情况，明确各个任务中缺失和冗余的无价值信息流。在进行信息流可视化后，输入（字母 I）和输出（字母 E）的信息数量可能不一致。产生这一问题的原因有两个方面，一方面是信源（或信宿）没有在信息可视化中得到体现，即信源（或信宿）并不是来源于目前已经可视化的任务；另一方面是某些任务中存在信源（或信宿）丢失情况，即信息流发生了中断。这两方面都被视为信息流的浪费。

要解决这一问题，第一，要在信息流表征中，对输入与输出后带有数字 0 的信源（或信宿）进行分析，弄清任务具体的信息来源，明确信息流的价值，并形成未识别信源与信宿记录表；第二，如果发现信源（或信宿）可通过创建新的任务进行补充，则应创建新的任务来完善信息流（或信宿），使信息流（或信宿）拥有价值，新的任务应具有表征信息最基本的信息项（如开始时间、结束时间、工作内容和执行人）；第三，如果是缺失输入或者输出的情况导致信源（或信宿）缺失，则此任务信息流发生了中断，需要补充任务信息使信息流连续，所补充的任务信息必须带有基本信息项，同时也可视具体情况对信息项进行完善；第四，对无法进行补充的信源（或信宿），做好详细的记录为后续的改善做足准备。

除此以外，当发现信息输入与输出不统一是由于出现重复信源（或信宿）时，应该对具有多个输入或输出的任务进行分析，通过访谈来了解所输入或输出的信息是否是同一信息，结合具体情况进行取舍，消除无价值的重复信源（或信宿）。因

此,针对信息流分析与表征中存在的实际问题,作者提出以下两条信息流表征原则:

(1) 信源与信宿完整无冗余原则。在信息流表征中,如果输入与输出数量不一致,则要从信源(或信宿)是否来自目前已经可视化的任务和信源(或信宿)是否缺失或重复两个方面进行判断,弥补缺失信源(或信宿),删除冗余信源(或信宿),使信源与信宿完整。

(2) 信息流连续无中断原则。在信息流表征中,如果信源(或信宿)没有来自目前已经可视化的任务,则要从能否创建新的任务来使该信息流连续的角度进行思考。不能通过创建新任务来解决的信息流中断问题,要进行详细的记录,为后续的改善提供依据。

## 4.3.2 基于信息流可视化原则的改善

信息流的改善是对无价值的信息流进行改善,对增值的信息流进行保留的过程。无价值的信息流主要表现为两个方面,一方面为信息流中的浪费,包括重复、冗余、不足和错误的信息流,因此,在信息流改善过程中应予以删除和补充。另一方面是因为手动录入信息过程中会增加信息的不确定性,所以,在信息流改善过程中应规范信息录入条目,减少手动录入的信息,采用全自动或半自动的录入方式进行,或者将信息内容转换为规范化或默认的信息条目,通过选择以减少信息操作浪费。下文将详细介绍这两种信息流改善方法。

### 1. 信息流浪费的改善

首先,根据前述信息流表征原则对车间现场任务信息流的“参与主体”“传播方式”“存储位置”“使用目的”“时间约束”五个关键要素进行分析,改善信息流使信源和信宿都能完整无冗余,同时保证信息流连续无中断。其次,对第六个关键要素“任务内容”进行分析,对正常信息项进行保留,对重复、冗余、不足和错误的无价值信息项进行改善,其中,重复信息项是将信息流中具有多个输入或输出的任务与任务要求进行对比,对重复出现的信息项,冗余、不足和不规范的信息项,根据任务要求进行改善。根据任务的期望对任务的信源与信宿进行分析,寻找任务之间可能存在的联系以及能否实现任务所希望达到的期望。同时采用四种不同的符号来表示重复、冗余、不足和错误的信息项,使其能在信息流表征工具中被清晰地表征,以便于后续改善评价的统计分析,如图 4-9 所示。

下面详细介绍正常、重复、冗余、不足和错误信息项,以及信息流的信源与信宿分析的具体含义。

(1) 正常信息项是指该信息项无浪费情况,且无须再做改善。为便于在优化中识别,采用“圆形”来代表正常信息项。

(2) 重复信息项是指该信息项在两个或两个任务中同时出现且表征为同一个信息。为便于在改善中识别,采用“正方形”来代表重复信息项,表示其保留一份信

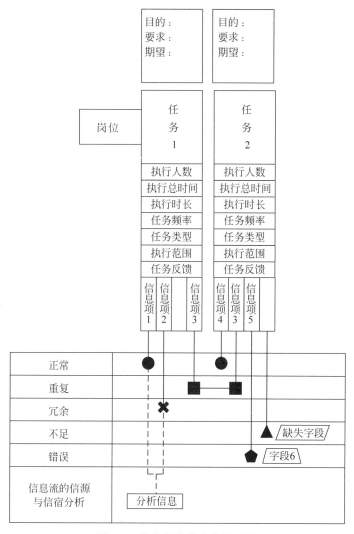

图 4-9　信息流浪费改善的示例

息项即可。

　　通过对多输入或多输出任务与任务要求的对比,对重复的信息项进行改善。其中,重复又分为两种情况,第一种情况是指重复任务均为车间现场操作工人所执行的任务,且出现重复信息填写现象,此时,只需填写其中一个任务的信息项,将其他相同信息项删除,只展示一次即可,而对具有同样表征方法的信息项则可以采用数字化技术进行自动复制完成填写,使相同的填写项无须做二次填写;第二种情况是指重复任务中有车间现场管理看板的展示信息或者向上级部门汇报的信息,与第一种情况相同的是仍然只填写一次相同信息。但是,由于重复信息在不同的应用背景下所代表的含义并不相同,因此,不能选择删除重复项而是对重复项进行保留，方便其在特定的应用场景中发挥作用。

（3）冗余信息项是指该信息项在其所属任务场景中是无用的多余信息项。为便于在改善中识别，采用"叉号"来代表冗余信息项，表示其需要删除。与重复改善不同的是冗余改善是对同一个任务进行的改善，一般分为两种情况。第一种情况是在执行任务时，针对同一任务所填写的信息项所代表的含义是无用的，无须进行填写，可以将此信息项删除；第二种情况是在表征任务时，同一任务虽然名称不同，但其表征的信息是完全相同的，是属于同一信息的重复表征，因此，只保留一个信息即可。冗余改善与重复改善的操作类似，但是冗余改善针对的是同一任务而不是多个任务。

（4）不足信息项是指该信息项在任务中应该进行的结构化填写，却因多方面原因未能体现，即为结构化不完整的信息项。采用"三角形"代表不足信息项，同时因为不足信息项需要进行添加，所以在符号旁还需要补充不足信息项的名称。通过与任务要求进行对比，将不足的信息项进行补充。同时，在对多级信息进行记录时，为了方便记录而进行了删减，只保留一级的信息项，对于这一类信息项需要进行补充，达到任务的要求。这虽然能在填写时减少一部分工作量，却为后期的查询过程带来信息不清的问题，需要用结构化的信息进行补充。同时针对没有结构化信息的任务，应对基本任务信息进行个性化的添加，例如，任务开始时间、任务结束时间、工作内容和任务执行人等基础信息，为后续的问题追踪提供信息储备。

（5）错误信息项是指该信息项在当前任务中的表达有误。为便于在改善中识别，采用"五边形"代表错误信息项。又因需要对错误的信息项进行改善，同样需要对正确信息进行展示，所以在符号旁边提供了补充正确信息项名称功能。目前大多数生产车间现场所采用的是纸质存储介质，为了便于操作工人手动记录，对存在多级记录的信息，采取折中方式只记录其中一级的信息，这导致在后期查询中无法做到精准定位，也会在此过程中出现错误表述，需要通过与任务要求进行对比，对错误表述的信息进行更改。还有的错误原因是在版本更新中，未能及时更改信息项名称，如表达的是相同的信息，却由于在版本更新中采用了不同的名称而导致误解。

（6）信源与信宿分析是根据任务期望结合信息技术来合理分析能否达成任务期望，也是验证上述五种信息项是否正确的一道程序。并能从全局角度出发，重新审视所表征的信息流，发现由相似信息项所组成的任务。同时，将相似任务进行合理的拆分和合并，使任务的信息表达更加完整且无冗余，以实现信息流增值。在分析过程中，采用虚线来标记，并将分析的结果进行表征。

## 2. 信息流录入方式的改善

在工业 4.0 的背景下，引入先进的智能信息化终端设备更好地服务于车间现场的操作工人是大势所趋。当前尚有一些本应该进行自动化录入的信息项却由于技术原因无法进行自动化填写。在数字化转型的过程中，可以结合信息技术的引入对信息流录入方式进行改善。

信息流价值表征工具明确了信息的可选择录入方式为默认、全自动、半自动和手动四种,如图 4-10 所示。信息的录入端是信息流的起点,在起点就将信息录入错误,必然导致信息流整体的错误,并影响团队之间的高效沟通。因此,应避免手动的信息录入方式,尽量采取默认、全自动或者半自动的信息录入方式,以减少信息的不确定性。

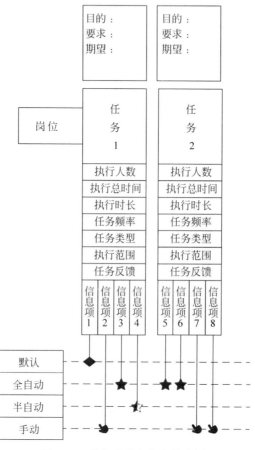

图 4-10　信息流录入方式的示例

(1) 默认录入方式是指不进行任何操作就能产生所需信息的录入方式。一般默认信息可以是智能设备内部自有组件可自动完成的信息,例如,时间、序号和信息填写人等可通过数字化技术自动生成的信息。同时,任务中的固定信息也可以作为默认信息,与智能设备本身存在的信息相比,区别是提前将需要默认的信息进行录入,然后在固定位置进行展示,不再需要重复填写。

由默认填写方式得到的信息仅仅是展示信息,如执行任务时页面元素过多造成操作工人信息超载时,则可以将此类信息进行隐藏,在后续的记录和查询工作中再次显示。因此,需针对此类录入方式做好识别工作,以减少操作工人不必要的信息填写。

（2）全自动录入方式是指只需操作一步即可完成信息录入工作的录入方式，通常是指该信息项可以使用扫码或语音等功能完成信息的录入，无须进行过多的思考和选择，只需进行一步操作就可完成。在条件允许的情况下，应尽可能地使用全自动录入方式以减少操作者的信息加工负荷，同时也能杜绝信息的输入错误。

（3）半自动录入方式是指需要选择并带有部分思考的录入方式，通常是指操作工人需要从几个备选信息项中选择其中一个操作，信息加工负荷会随着选择数量的增加而增大。它比全自动多了一步操作，即选择。这种录入方式需要考虑选择哪一个选项符合任务要求，是任务结果有多个备选项时采取的一种录入方式。这种录入方式不用手动输入，而是通过选择来实现信息的操作。在批量上传 PDF时，选择目标文件也属于这一录入方式。因此，针对此类录入方式，应尽可能地使用，以降低使用者的信息加工负荷，并能减少信息的输入错误。

（4）手动录入方式是指需要自行思考并通过书写或通过键盘进行信息填写的录入方式。本身没有相对固定的备选信息项，带有一定的随机性，需要进行手动输入来描述任务完成情况。在此类录入方式中，因为是通过书写或键盘进行信息录入，故可附以图片或视频来补充信息。这种方式的信息加工负荷较高，操作较为复杂，应尽量避免。

### 4.3.3　信息流表征工具的比较

表 4-5 比较了设计结构矩阵，数据流图，输入-过程-输出图，价值流映射 4.0，可视化、分析和评估信息流方法，作者提出的信息流价值表征工具。上述六种信息流表征工具的对比维度来源于其各自的优缺点，从表 4-5 中可以看出，本章所构建的信息流价值表征工具可以实现对比的九个维度，而其他五种信息流表征工具都存在部分维度无法实现的问题。例如，设计结构矩阵，数据流图，输入-过程-输出图，可视化、分析和评估信息流方法都无法实现对时间的约束。这表明作者所构建的信息流表征工具保留了其他五种信息流表征工具的优点并弥补了它们的不足。

表 4-5　信息流表征工具的比较

| 维度 | 设计结构矩阵 | 数据流图 | 输入-过程-输出图 | 价值流映射 4.0 | 可视化、分析和评估信息流方法 | 信息流价值表征工具 |
|---|---|---|---|---|---|---|
| 顺序表示 | 已实现 | 已实现 | 已实现 | 已实现 | 已实现 | 已实现 |
| 非顺序表示 | 已实现 | 未实现 | 未实现 | 未实现 | 未实现 | 已实现 |
| 任务间输入与输出表示 | 已实现 | 已实现 | 已实现 | 未实现 | 未实现 | 已实现 |
| 时间的约束 | 未实现 | 未实现 | 未实现 | 已实现 | 未实现 | 已实现 |
| 易于维护 | 已实现 | 已实现 | 部分实现 | 部分实现 | 已实现 | 已实现 |

| 维度 | 设计结构矩阵 | 数据流图 | 输入-过程-输出图 | 价值流映射 4.0 | 可视化、分析和评估信息流方法 | 信息流价值表征工具 |
|------|------|------|------|------|------|------|
| 易于表征 | 已实现 | 部分实现 | 部分实现 | 已实现 | 已实现 | 已实现 |
| 任务具体信息 | 未实现 | 部分实现 | 已实现 | 部分实现 | 未实现 | 已实现 |
| 可对信息流进行改善 | 已实现 | 未实现 | 未实现 | 部分实现 | 部分实现 | 已实现 |
| 工业界应用 | 已实现 | 未实现 | 未实现 | 已实现 | 已实现 | 已实现 |

## 4.4　案例研究

A 公司成立于 2004 年，是一个集铸造、机械加工、组装和试验于一体的发动机专业生产厂，近年该公司实施自动化改造，将机加生产线从原来的手工生产全部转换为自动化生产，现场生产任务从过去的上下载操作转化为信息加工操作。但在生产现场其现有的信息加工仍然采用手工填写于纸质介质的方式，其主要的信息加工工作有两个，一个是现场工单的制作，另一个是生产看板的制作。整体信息加工工作效率不高。其中，就看板维护这项工作而言，每天至少需要 2 个小时的时间来进行维护。而其余任务依然采用较为原始的纸质书写方式。在记录完成后，无法进行快速查询。一旦发生生产信息填写错误，修改过程也会导致信息出现一定程度的错乱。为此，A 公司希望通过对车间现场的信息进行分析与改善，消除信息浪费，提高信息加工的工作效率，最终为企业提高经济、品牌和社会效益。

### 4.4.1　案例的信息流分析与表征

本章以 A 公司缸盖车间终检岗位为例进行案例研究，终检岗位的主要生产任务包括完成品检查、溢出品入库、先行品投入和手修品处理四项。完成品检查任务是针对今日所生产的工件，完成所有任务后，在发往组装线之前，进行的最后一次检查工作，并进行标记和记录。溢出品入库任务是由于某种情况，组装线不需要继续组装，将已经生产的工件入库保存。先行品投入任务是从库房中取出所保存的工件，为组装线提供工件。手修品处理任务是对工件出现的细微问题进行修理。同时，根据其调研结果，明确各个任务的具体目的、要求和期望，并在后续的信息流改善中体现。

#### 1. 信息流的可视化表征

通过现场调研可知缸盖车间终检岗位各个任务的信息加工情况如表 4-6 所

示。依据表 4-6 所汇总的各个任务的输入与输出信息,运用信息流价值表征工具对终检岗位的信息流进行可视化表征,如图 4-11 所示。

表 4-6　终检岗位各个任务的信息加工情况汇总

| 任务名称与流程 | 任 务 操 作 | 信 息 加 工 |
|---|---|---|
| 完成品检查 ⬇ | 工件到达检查点,采用目视观察,并运用检具进行翻转仔细查看,检查该工件是否存在问题 | 将结果手写到固定在岗位上的纸质检查表中 |
| | 超出组装线需求的工件进行溢出品入库 | — |
| | — | 对出现问题的工件进行手修处理,手修成功后供给组装线,手修失败需在不良记录表中记录 |
| 溢出品入库 ⬇ | 要入库的工件经过完成品检查后,手动放入箱中 | 将放入箱中工件的具体位置记录在岗位上的表格中,每放一件记录一件 |
| | 全部装箱后,呼叫物流组运送工件箱到仓库 | 将运走加工件的时间以及装箱数量等信息记录在岗位纸质表格中,为后续加工件出库的"先入先出"原则提供依据,在物流组到达后进行记录 |
| 先行品投入 ⬇ | 查看溢出品入库记录信息,本着"先入先出"原则,确认所出工件 | |
| | 呼叫物流组运送工件箱,物流组尽快送达工件箱 | 工件箱到位后,记录时间等相关信息,按照组装线需要,将加工件传递给组装线 |
| 手修品处理 ⬇ | 检查出有问题加工件,自行处理,自行处理成功,送入组装线,自行处理失败,转由他人处理 | |
| | 不能自行处理,将由他人处理,联系班长,做统一不良处理 | 由班长带来不良记录表,对 LC 不良、加工不良或者材料不良进行记录并带走不良工件,放入指定地点 |

## 2. 信息流的分析

完成信息流的可视化后,紧接着需要对终检岗位的信息流进行分析,由图 4-11 可知输入信源共有 7 个,输出信宿也有 7 个,虽然输入与输出相同,但由图 4-11 可直接看出存在编号为 0 的任务。因此,按照信息流分析中的信息流连续无中断原则进行判断,寻找编号为 0 的任务,明确其出处以判断是否为中断信息流。由图 4-11 可见,输入与输出到 0 的信源,即来源于没有可视化的任务。存在这种情况的任务有完成品检查、溢出品入库和先行品投入三项任务。那么,具体未知信源都来源于哪些任务或者哪些渠道见表 4-7。

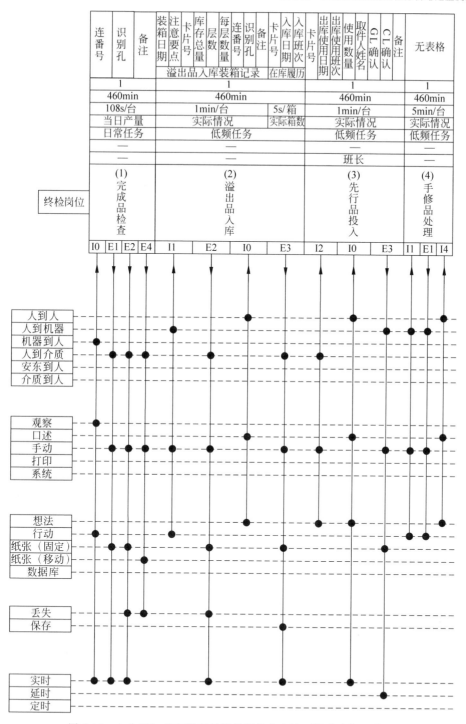

图 4-11　A 公司缸盖车间现场终检岗位信息流可视化表征示意图

注：①同一个任务如果有多于 1 个的存储位置就是冗余；②每一个任务只能有 2 条信息流，一进一出，如果多于 2 条为冗余。

表 4-7　缸盖车间现场未知信源或信宿汇总

| 序　　号 | 信息传递方向 | 任务名称 | 未知信源或信宿出处 |
|---|---|---|---|
| 1 | 输入 | 完成品检查 | 自动化生产线<br>自动推出所需检查完成品 |
| 2 | 输入 | 溢出品入库 | 物流班组运输入库工件 |
| 3 | 输入 | 先行品投入 | 物流班组运输出库工件 |

从表 4-7 可以看出，全部未知信源均不是来自已经可视化的任务。按照信息流连续无中断原则确认是否有可以通过创建新的任务来完善信息流连续性的可能。从表 4-7 可知，未知信源出自自动化生产线和物流班组，这表明未知信源来源于非缸盖车间，缸盖车间无信息流中断情况。为此，将表 4-7 中记录进行保存为后续的改善做支撑。同时，因未知信源来自 A 公司的设备和其他部门，而信息流可视化的表征只针对缸盖车间，为此，不再进一步对未知信源进行信息流可视化，仍用数字 0 代指。

除去未知信源或信宿后，得到完全属于系统内的输入信源 4 个，输出信宿 7 个，二者数目出现了不同。根据信源与信宿完整无冗余原则可知，可从信源（或信宿）是否缺失或者重复这一角度继续分析。而信息流可视化表征图中并无明显缺失项，那么就需要关注可能出现的重复信息项。因此，应分析有多个输入或输出的任务，从图 4-11 中可以看出，拥有多个输入与输出的任务是完成品检查、溢出品入库、先行品投入，其详细内容如表 4-8 所示。

需要在接下来的信息流改善中着重讨论这 3 项任务，通过再次进行访谈来确认其是否为相同信息，对于相同信息要进行合并或者删除。

表 4-8　终检岗位的多输入与多输出任务汇总

| 任务序号 | 方　　向 | 任务名称 | 来源或去向（任务序号） |
|---|---|---|---|
| 1 | 输出 | 完成品检查 | 1,2,4 |
| 2 | 输入 | 溢出品入库 | 1,0 |
| 2 | 输出 | 溢出品入库 | 2,3 |
| 3 | 输入 | 先行品投入 | 2,0 |
| 4 | 输入 | 手修品处理 | 1,4 |

经过信息流分析可知，目前 A 公司缸盖车间现场信息流的问题主要是输入信源和输出信宿的重复，对车间现场无法在信息流可视化表征中进一步体现的信源和信宿进行记录，为后续的改善提供支撑。

## 4.4.2　信息流的改善

首先，对信息流分析中发现的信息流重复任务进行改善。通过对车间现场工作人员的第二轮访谈来了解任务中重复输出的是否为相同信息，从访谈结果可知多输入任务均不存在相同信息，而多输出任务中存在相同信息，如表 4-9 所示。其中,在完成品检查任务中出现的相同信息为加工件基本信息,在溢出品入库任务中出现的相同信息为入库基本信息。

表 4-9　缸盖车间现场多输出任务相同信息汇总

| 任务序号 | 任务名称 | 输出去向(任务序号) | 相同信息(任务序号) |
|---|---|---|---|
| 1 | 完成品检查 | 1,2,4 | 1,2,4 |
| 2 | 溢出品入库 | 2,3 | 2,3 |

其次,对终检岗位信息流进行改善。终检岗位的工作只在一个固定工作站进行,且检查方式以目视为主。根据信息流价值表征工具中的信息流改善方法,对终检岗位信息流进行改善,如图 4-12 所示。

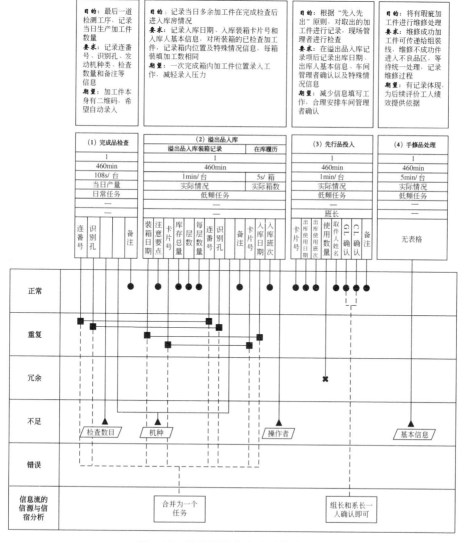

图 4-12　终检岗位信息流改善过程图

由图 4-12 可见,与终检岗位相关的信息流中存在重复、冗余和不足这三类需要改善的问题。

### 1. 重复类问题

通过图 4-11 可见有多个输入或输出的任务项,结果如表 4-9 所示。通过查看完成品检查和溢出品入库这两个任务,其中,溢出品入库装箱表格有连番号与识别孔两个重复项,重复原因是溢出品入库存在相同信息项(见图 4-12)。第二个重复来自溢出品入库任务内两张表格的重复填写,重复内容为装箱日期和入库日期这两个信息项,日期为相同信息项,只需判定其是否为同一日期即可,根据任务要求可知,所有完成装箱的完成品均会当班入库,因此,二者为同一信息。改善方案是只需要保留一个任务的信息项即可,无须二次填写。

### 2. 冗余类问题

通过对比图 4-12 中的任务目的、要求和期望与可视化信息项可知,只有先行品投入任务有冗余,冗余项为使用数量,因在溢出品入库信息中已经明确了装箱数量,故无须在出库信息中再赘述使用数量。因此,改善方案为删除该信息项。

### 3. 不足类问题

通过图 4-12 中任务目的、要求和期望与可视化信息项进行对比,可见完成品检查、溢出品入库和手修品处理这三个任务中存在不足。完成品检查任务信息应有检查数量,而目前表格中未有体现,因此,缺少检查数目的信息项。同时,要求中提到的发动机种类信息在可视化信息表征中并不存在,因此,还缺少了发动机种类的选择信息项,为方便记忆将发动机种类简称为“机种”。同时,有关完成品检查数量信息项在可视化表征中并不存在,需要补充此信息项。改善方案为增加机种和检查数量这两个信息项。根据溢出品入库目的可知,溢出品入库装箱记录时记录的是完成品的基础信息,按前述需要进行合并处理,机种信息项也做同样处理,故只需保留一个即可。而溢出品入库要求中有对特殊情况的记录,而可视化信息项中并没有对应信息项,因此,改善方案需要添加备注信息项来满足任务要求。手修品处理任务是无表格状态,根据任务要求和期望,需记录已维修成功的完成品的基本情况,所以需要将完成品的基本信息和修复工作内容记录下来,包括处理者、开始时间、结束时间和工作内容等。改善方案为添加任务基本信息：处理者、开始时间、工作内容和结束时间等。

### 4．信息流的信源与信宿分析

依据图 4-12 中对各个任务期望的描述,完成品检查和溢出品入库任务,希望减少信息的填写,又因完成品检查与溢出品入库所填信息重复,所以,可以将这两个任务进行合并处理,通过软件操作将一次记录的信息自动存储在多个任务中。在先行品投入任务中,期望可以对管理者的确认这一工作进行合理的安排,而不是每次都由车间现场的两名管理人员进行确认。因此,改善方案为只需一名车间管理者确认,无须另一名管理者进行再确认,这可减少管理者的任务量,也增强了管理者的责任意识。

根据前述改善方案,给出了终检岗位信息流改善结果如图 4-13 所示。其中,将深色背景信息项设置为按键,以起到信息转换作用。整体改善后的结果,是将溢出品入库与完成品检查两项任务合并,进行信息的同步填写工作,从而达到减少信息重复填写的任务期望。同时,针对先行品投入的确认环节,只需一人确认就可完成整个任务的确认,也可采用电子签名的方式,省去了每次都签一次姓名的重复录入问题,减少了管理人员的工作量。

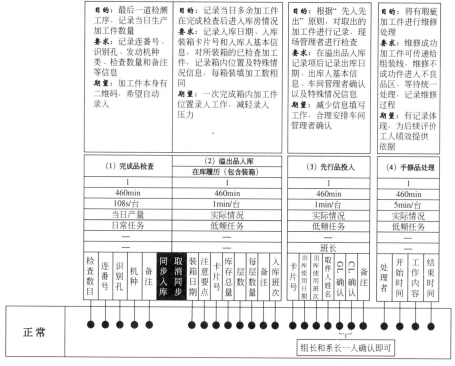

图 4-13　终检岗位信息流改善结果图

在改善前，由于车间现场中大部分工作都采取手动记录的方式，只需找出哪些信息项是默认信息项，其余自然就是手动书写的信息项。由图 4-14 可以看出，终检岗位没有默认信息项，手动录入信息项有 23 个。因此，依据终检岗位信息流改善结果，结合任务期望并依据现有信息技术条件，对信息流录入方式进行改善，结果如图 4-15 所示。改善后的终检岗位信息流录入方式无须操作的默认信息项有 10 个。需要全自动录入的信息项有 4 个。而需要半自动录入的信息项有 5 个，均为在已有备选项上进行手动选取。手动录入的信息项减少到 6 个。其中，深色背景信息项代表按钮，为后期引入的信息化技术提供借鉴，可根据实际情况进行调整，最终目的是减少信息重复填写。

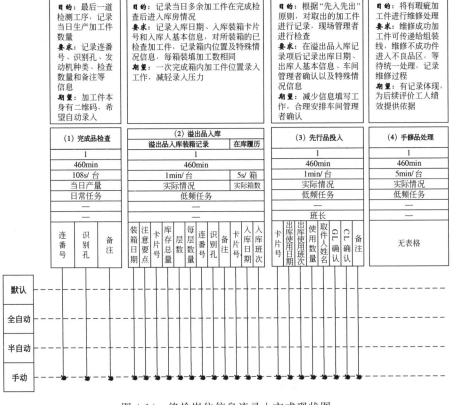

图 4-14　终检岗位信息流录入方式现状图

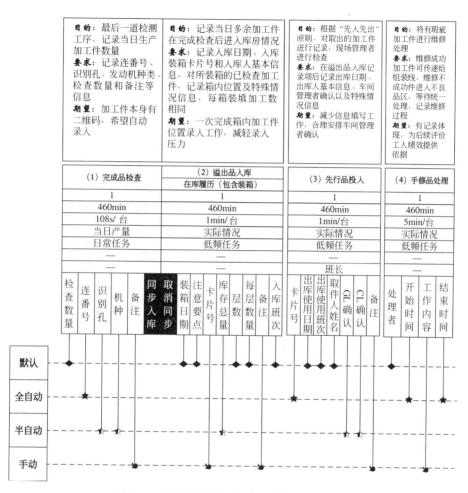

图 4-15　终检岗位信息流录入方式改善结果图

### 4.4.3　现场信息流改善后的可视化表征与改善效果评价

图 4-16 是上述对信息流的六个关键要素进行改善后的可视化表征结果。从图 4-16 中可以看出,信息流数量与改善前相比有所降低,同时可见,改善后的信源与信宿符合本章所提出的信源与信宿完整无冗余的信息流表征原则,而对于所执行任务的具体内容,全部任务都以结构化信息项进行记录,符合信息流的连续不中断的表征原则。

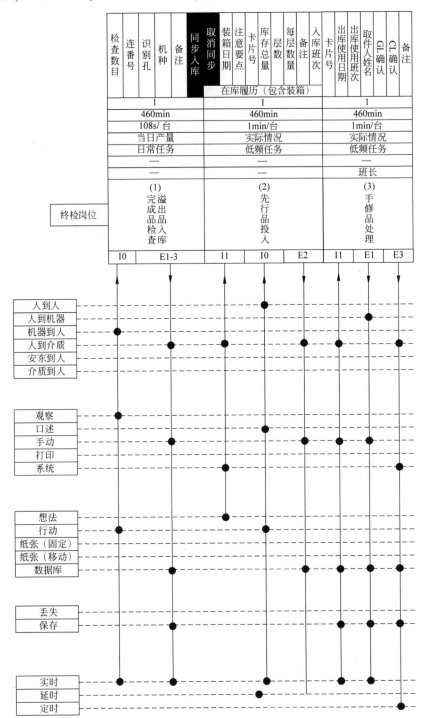

图 4-16　改善后 A 公司缸盖车间现场终检岗位信息流可视化表征示意图

注：①同一个任务如果有多于 1 个的存储位置，就是冗余；②每一个任务只能有 2 条信息流，
一进一出，如果多于 2 条为冗余。

## 4.5　本章小结

　　本章所构建的信息流表征工具是对价值流映射 4.0 与可视化、分析和评估信息流方法的改进。首先，保留了后者的整体表征方式，但对其各个具体部分重新进行了改善，使信息流可视化表征得更完整和直观；其次，通过对可视化后的信息流进行分析，寻找其产生无价值信息流的原因，提出了两条信息流表征所应遵循的基本原则，为信息流的改善提供了基准；最后，对任务内容从五个方面进行改善与验证，为未来的数字化转型指明了改善方向。案例研究表明：使用本章给出的信息流价值表征工具对 A 公司缸盖车间现场信息流进行分析与改善，效果明显，分析与改善使信息加工所用工时降低了 2.5%，纸张数量降低了 40%，任务填写项数量降低了 34.8%，整体改善有效。

# 第 5 章

# 信息流价值的定量评价方法

在工业 4.0 的背景下,信息技术不断应用于车间现场。将信息无处不在的车间现场流程进行高效组织和协调,消除无价值的信息流程,使得信息在部门内和部门间进行实时共享,是信息流改善的主要目标。目前,文献中介绍的对信息流进行分析、评价的方法主要有:价值流映射 4.0,可视化、分析和评估信息流的方法[2],以及信息流映射方法[3]。

这三种信息流评价方法分别从信息流数据浪费、信息流透明度和信息流浪费三个角度对信息流进行评价,下面分别予以介绍。

## 5.1　基于数据的信息流浪费的定量评价方法

该评价方法来源于价值流映射 4.0 信息流表征工具,是基于信息流数据浪费的定量评价方法。该方法从数据可用性、数据使用情况和数字化率三个维度来评价信息流(Meudt,2017)。

(1) 数据可用性(data availability,DA)指标,用来确定需要改进的流程,其目标是关注信息流程中的一组关键绩效指标点,将得到的关键绩效指标点的数量与指标点的总数相除得到数据可用性,如式(5-1)所示

$$A_{\mathrm{d}} = \frac{x_{\mathrm{dp}}}{x_{\mathrm{pdp}}} \times 100\%$$ (5-1)

式中:$A_{\mathrm{d}}$ 为数据可用性;$x_{\mathrm{dp}}$ 为关键绩效指标点的数量;$x_{\mathrm{pdp}}$ 为指标点总数。

关键绩效指标是公司为特定流程定义的绩效指标(例如,铣削、车削或装配流程需要不同的关键绩效指标)。仅将属于关键绩效指标的数据点纳入计算,以避免误用。

(2) 数据使用情况(data usage,DU)指标,用以衡量数据使用情况,是指数据点的使用数量除以计划使用数据点的总数,如式(5-2)所示

$$U_{\mathrm{d}} = \frac{x_{\mathrm{du}}}{x_{\mathrm{pdu}}} \times 100\%$$ (5-2)

式中:$U_{\mathrm{d}}$ 为数据使用情况;$x_{\mathrm{du}}$ 为数据点使用数量;$x_{\mathrm{pdu}}$ 为计划使用数量点总数。

数据使用情况旨在将所有计划和收集的数据用于持续改进流程或决策。如果

数据点被多次使用，则只需计算为一次，以避免由于多次使用而对数据使用情况进行错误解释。

（3）数字化率（digitalisation rate，DR），是指已经信息化的数据点数量在数据点总数中的占比，如式（5-3）所示

$$R_d = \frac{x_{dd}}{x_{ad}} \times 100\%$$
(5-3)

因此，在信息流价值分析中，数字化率为所有需分析的数据点的数量（无纸张/员工媒介中断）被汇总并除以所收集的数据点的总数。低数字化率表明在数据生成和转换以及数据处理和存储中存在着浪费。

信息流数据浪费的评价方法的优点是表达公式简单易懂。在生产线信息流中，能快速找到与各工序相对应的关键绩效指标，并可通过数据可用性来判断管理人员对工作流程信息的了解程度。数字化率指标也可以清晰地判断当前流程的数据收集情况，为后续可能进行的信息化改造提供基础。

信息流数据浪费的评价方法的缺点是其数据使用情况指标不能很好地说明数据浪费情况，缺乏对没有使用的数据点来源进行详细的说明。同时，对信息流数据浪费的评价不全面，它只对数据浪费中的数据选择和数据收集两个方面进行评价，而缺乏对数据质量、数据传输和数据库存等方面的详细评价。

## 5.2　信息流透明度的定量评价方法

该评价方法来源于可视化、分析和评估信息流方法，是基于透明度的信息流评价方法，其透明度评价系数借鉴了信息流数据浪费。在此基础上该方法还从全局和局部两个方面对信息流进行评价。

信息流的全局透明度从两个方面进行评价。一方面是对有规则的信息流进行评价，即当两个以上的过程中有相似的信息流且每条信息流内各个关键要素的连接点都相同时的评价，例如，图 5-1 中的过程 1 和过程 2，这两个过程表示的是公司内部的标准信息处理流程。另一方面是对无规则的信息流进行评价。通过比较所有过程就可以发现公司内部的标准信息处理流程包含参与主体、传播方式、存储位置和使用目的。因此，透明度反映了一个标准化的信息处理方案，如果发现某个过程与标准化信息处理方案不同，则可以认为其是需要改善的过程。

（1）全局信息系数（global information index，GII）。为了对信息过程进行定量描述，定义了全局信息系数。Molenda（2019）等认为每个任务都应该至少有一条输入信息流和一条输出信息流。一方面，需要透明地阐明任务的执行过程；另一方面，需呈现任务的执行结果（例如，任务已按照特定规范过程成功执行）。在理想情况下，每一条信息流的每个关键要素中都应该有一个连接点。因此，每条信息流最多可以有四个连接点（每个关键要素一个连接点）。由于每个任务含有一进一

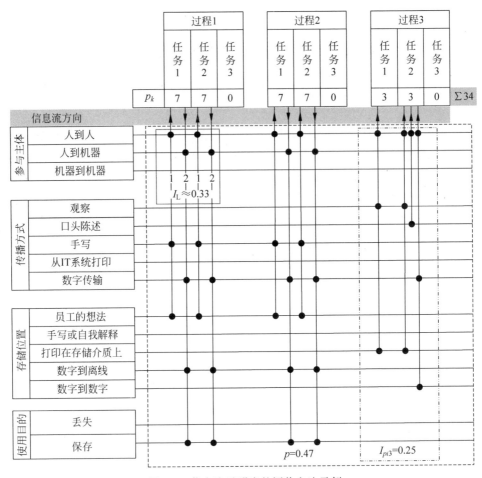

图 5-1　信息流透明度的评价方法示例

出两条信息流,因此每个任务最多可获得八个连接点。全部过程连接点的最大值（$p_{max}$）等于每个任务获得的最多连接点数（八个）乘上全部过程中的任务量 $a_t$,如式（5-4）所示

$$p_{max} = 8 \times a_t \tag{5-4}$$

但是,在实际情况中,并不能保证每个任务的每条信息流都在四个关键要素中存在连接点。因此,需要给出每个任务连接点的实际值,表示目前状态下各个任务的具体透明度情况,将其表示为 $p_k$（其中 $k$ 是任务的序号）。如果在同一个方向（输入或输出）上有多条信息流,例如,图 5-1 中的过程 3 下的任务 2,则只需统计关键要素连接点数量最少的信息流。据此给出全局信息系数计算公式如式（5-5）所示

$$p = \frac{\sum\limits_{k} p_k}{p_{max}} \tag{5-5}$$

式中：$p$ 代表公司内部透明度的全局信息系数，最大值为 1，表示信息流呈现最佳透明度；最小值为 0，表示没有透明度。

例如，在图 5-1 中，整个过程有 9 个任务，因此，$p_{max} = 8 \times 9 = 72$。将每个任务连接点数 $p_k$（如图 5-1 中任务框下方的数字）相加结果为 34，代入式(5-5)可得 $p = \dfrac{34}{72} \approx 0.47$。

（2）过程信息系数(processual information index，PII)是为了定量比较单个过程的透明度而定义的，计算公式如式(5-6)所示

$$I_{pi,m} = \frac{\sum\limits_{k=1}^{j} p_k}{I_{pi,max}} \tag{5-6}$$

式中：$I_{pi,m}$ 代表第 $m$ 个过程的透明度系数。最大值为 1，表示该过程信息流呈现最佳透明度；最小值为 0，表示无透明度。任务序号 $k$ 需要从任务 1 累加到该过程中最后一个任务，即过程中的全部任务量 $j$(amount of process tasks，APT)。其中，$I_{pi}$ 的最大值计算式(5-7)所示

$$I_{pi,max} = 8 \times j \tag{5-7}$$

例如，考虑图 5-1 中过程 3，其有三个任务，所以 $I_{pi,max} = 8 \times 3 = 24$，又因为过程 3 的 $p_k$ 之和为 6，得出 $I_{pi,3} = \dfrac{6}{24} = 0.25$。

为了分析局部透明度，需考虑信息流的冗余和缺失连接。如果有多于 2 条信息流连接同一任务，需判断是否有冗余的信息流，例如，图 5-1 中的过程 3 下的任务 2 在同一方向有 3 条信息流就属于这种情况，这些信息流可以只保留一条，而不会产生负面后果。而图 5-1 中的过程 3 下的任务 3 没有输入和输出信息流，这表明其缺少信息流，因此，任务 3 缺少透明度，在后续查询或者应用中就无法得知相应信息。

（3）局部信息系数(local information index，LII)的定义是针对每个关键要素中每个任务所展示出的信息流透明度。对四个关键要素(参与主体、传播方式、存储位置和使用目的)中的每个组成部分进行评级，如表 5-1～表 5-4 显示了四个关键要素中每个组成部分的评级情况。评级越高，可用性、传输可靠性和透明度就越好。

将每个观察到的关键要素中出现的每个任务的连接点按照其对应的评级相加，得出可达点(reached points，RP)数 $r_p$。如果同一任务的输入或输出同时存在多个连接点，则需选择对应评级最小的连接点。可达点数的最大值($r_{p,max}$)是每个关键要素(表 5-1～表 5-4)中的最大等级乘以全部任务量 $j$ 再乘以 2。因此，$I_L$ 计算如式(5-8)所示

$$I_{L,im} = \frac{r_p}{2 \times j \times q_{max}} \tag{5-8}$$

式中：$I_{L,im}$ 代表局部信息系数，$i$ 是单独一个关键要素的序号，$m$ 是过程序号；$q_{max}$ 是连接点最大等级。

例如，图 5-1 信息流透明度的评价方法示例过程 1 中，关键要素"who"的最大评级为 3（表 5-1 中机器到机器所对应的等级），此外，过程 1 中有三个任务，所以 $r_{p,max} = 2 \times 3 \times 3 = 18$，而过程 1 中任务 1 包含人到人和人到机器两个连接点，对应的等级分别是 1 和 2，任务 2 与任务 1 相同，因此，过程 1 的关键要素"参与主体"的可达点数 $r_p = 1 + 2 + 1 + 2 = 6$，代入式（5-8）中可得 $I_{L,11} = \frac{6}{18} \approx 0.33$。

表 5-1　参与主体的等级

| 沟通参与者 | 等　　级 |
| --- | --- |
| 人到人 | 1 |
| 人到机器 | 2 |
| 机器到机器 | 3 |

表 5-2　传播方式的等级

| 传　播　方　式 | 等　　级 |
| --- | --- |
| 观察 | 1 |
| 口头陈述 | 2 |
| 手写 | 3 |
| 从 IT 系统打印 | 4 |
| 数字传输 | 5 |

表 5-3　存储位置的等级

| 存　储　位　置 | 等　　级 |
| --- | --- |
| 员工的想法 | 1 |
| 手写在存储介质或进程上的自我解释 | 2 |
| 打印在存储介质上 | 3 |
| 数字到离线 | 4 |
| 数字到数字 | 5 |

表 5-4　使用目的的等级

| 使　用　目　的 | 等　　级 |
| --- | --- |
| 丢失 | 1 |
| 保存 | 2 |

信息流透明度评价方法的优点是分别从全局和局部两个方面对信息流透明度进行了评价，所提出的三个系数能够有效地展示企业生产流程中的信息处理的结构，为个性化改善提供了方向。

信息流透明度评价方法的缺点是所评价的维度较少,无法全面地评价车间现场的信息流。同时,该方法并未对过程中具体任务的执行信息进行评价,具体执行信息是指操作人员与任务之间的信息流,也同样需要进行评价。最后,该方法对所提出的关键要素每个部分的等级进行评价,没有给出具体的评级原因。

## 5.3 建立在精益基础上的信息流浪费定量评价方法

(1) 生产过剩的浪费。生产过剩的浪费是指产生和提供太多不相关的信息与数据。在此评价方法中,Roh(2019)等认为这种浪费不会被检测到。原因在于不需要传递的信息被传递了才能认为是信息流浪费,但车间现场中的纸质化记录方式无法观察到这一现象。而对于存储在计算机硬盘中的信息,只能看到其存储容量信息,无法检测到信息浪费。因此,这种浪费几乎不可能以系数的形式进行评估。

(2) 不必要动作的浪费。不必要动作的浪费是指员工或信息系统搜索信息的过程,需要将来自不同系统(或来源)的信息组合起来。Roh(2019)等采用两个评价系数来评价这种浪费,分别是自动化水平系数和中心性系数。自动化水平系数可以揭示自动化程度,它表示在员工或信息系统搜索信息的过程中,如果车间现场的信息操作实现完全自动化,则不存在不必要的操作浪费。而中心性系数则用来判断员工是否需要在多个系统中搜寻信息,如果员工只通过一个系统来搜寻信息,则不存在不必要的操作浪费。

① 自动化水平系数。自动化水平系数是指完全自动化的信息传输数量与信息传输总数的商,如式(5-9)所示

$$l_{a} = \frac{i_{a}}{i_{a} + i_{na}} = \frac{i_{a}}{i} \tag{5-9}$$

式中:$l_{a}$ 代表自动化水平系数,$i_{a}$ 是自动化信息传输的数量,$i_{na}$ 是非自动化信息传输的数量,$i_{a}$ 和 $i_{na}$ 之和是信息传输的总数 $i$。自动化水平系数值的范围从 0(无自动化)到 1(全自动化),它揭示了关于自动化程度的信息。

② 中心性系数。中心性系数是指传输到中央 IT 系统的信息数量与信息传输总数的商,如式(5-10)所示

$$l_{c} = \frac{i_{c}}{i} \tag{5-10}$$

式中:$l_{c}$ 代表中心性系数,$i_{c}$ 是向中央 IT 系统传输的信息数量,$i$ 是信息传输的总数。

建议选择 MES 层作为车间相关信息的中心实体,相应地,中心性系数值的范围从 0~1。它揭示了信息是否需要被搜索或者它是否能简单地在中央系统上可用。如果商等于 1,员工不需要搜索或合并来自不同系统的信息,因为所有信息都是集中可用的,即仅存在一个系统中。

（3）搬运的浪费。搬运的浪费是指信息在不同介质之间传输的过程中，如果不通过直接路径传输，可能会造成浪费。Roh（2019）等采用四个评价系数来评价这种浪费，分别是实时能力系数、自动化水平系数、中心性系数和媒介中断系数。就实时能力系数而言，如果信息传输是实时的，那么搬运同样是实时的，则不存在搬运浪费。同理，信息传输是完全自动化的，那么搬运同样是完全自动化的，则不存在搬运浪费。而中心性系数中，如果只通过同一个系统进行信息传输，则不存在搬运浪费。最后，在媒介中断系数中，如果不存在多个媒介间的信息传输，则不存在搬运浪费。

① 实时能力系数。实时能力系数是指实时信息传输的数量除以信息传输总数的商，如式（5-11）所示

$$l_r = 1 - \frac{i_{nr}}{i} \tag{5-11}$$

式中：$l_r$ 代表实时能力系数；$i_{nr}$ 是非实时信息传输的数量，$i$ 是信息传输的总数。

实时能力系数值的范围从 0～1，如果该值为 1，则所有信息传输都是实时的，值得注意的是信息传输可以自动化，而实时能力取决于许多其他因素。例如，考虑到自动化生产计划每 15 分钟更新和执行一次，而每秒都需要信息，则该过程不是实时的。

② 媒介中断系数。媒介中断系数是指从数字媒介向纸质媒介过渡和从口头媒介向纸质媒介过渡的信息传输数量的总和除以信息传输的总数，如式（5-12）所示

$$l_m = \frac{i_{d \to p} + i_{o \to p}}{i} \tag{5-12}$$

式中：$l_m$ 代表媒介中断系数；$i_{d \to p}$ 是从数字到纸质的信息传输数量；$i_{o \to p}$ 是从口头到纸质的信息传输数量，$i$ 是信息传输的总数。媒介中断系数值的范围从 0～1，如果该值为 0，则表明信息传输没有中断。

为了完整起见，从数字到口头和从口头到数字的过渡可以加到等式的分子上。然而，这种信息过渡在车间还没有被检测到。

（4）等待的浪费。等待的浪费是指接收相关信息所浪费的时间，例如从服务器下载信息的时间浪费。Roh（2019）等采用两个评价系数来评价这种浪费，分别是实时能力系数和媒介中断系数。如果信息是实时传输的，其实时能力系数等于 1，没有等待时间，则不存在等待的浪费。如果媒介中断系数为 0，则不存在媒介中断，因此不会发生额外转化的等待时间，则不存在等待的浪费。

（5）额外加工的浪费。额外加工的浪费是指信息流中的额外处理可以被解释为对信息的不必要的（手动）编辑，或者更确切地说是在不同媒介形式之间的转换。Roh（2019）等采用两个评价系数来评价这种浪费，分别是中心性系数和媒介中断系数。如果中心性系数的值等于 1，则表明信息被适当地传输，因此，不需要额外

的手动编辑(额外处理),例如,打印—编辑—扫描—上传。如果媒介中断系数等于0,则没有媒介中断发生,因此没有信息被不适当地额外处理,即被改变到不同的媒介,则不存在额外加工的浪费。

(6)不必要库存的浪费。不必要库存的浪费是指在不同形式的介质(例如纸张或服务器)上保存相同的信息,即冗余。Roh(2019)等采用中心性系数来评价这种浪费。如果中心性系数的值等于 1,信息被适当地传输到中央 IT 系统中并存储在那里。因此,不需要额外的存储,则不存在不必要库存的浪费。

(7)不良品的浪费。不良品的浪费是指信息流中的缺陷主要包括不正确、不可理解或不完整的信息传递。Roh(2019)等采用查询配额系数来评价这种浪费。如果查询配额系数等于 1,则对任何信息的传输都不需要查询,因此不存在缺陷,也就不存在不良品的浪费。

查询配额系数等于 1 减去需要查询的信息传输量与信息传输总量的商,如式(5-13)所示

$$l_q = 1 - \frac{i_q}{i} \tag{5-13}$$

式中:$l_q$ 代表查询配额系数;$i_q$ 是需要查询的信息传输数量;$i$ 是信息传输的总数。商的范围从 0 到 1,如果商等于 1,则对于任何信息传输都不需要查询,因此没有缺陷。

信息流浪费评价方法的优点是评价维度较为全面,模拟传统精益生产的"七大浪费"的观点,提出了"信息流的七大浪费"。同时,对信息流的浪费进行定量评价,提出了五种评价信息流的系数,并给出了每种系数的计算方法。

信息流浪费评价方法的缺点是所提出的"生产过剩浪费"没有给出具体的评价系数。此外,由于其是在传统"七大浪费"的基础上定义的,仍然采用"七大浪费"的专业术语,不能直观得到体现信息流的浪费,也会产生不必要的误解。虽然每种信息流浪费都有评价系数,但是,部分信息流浪费存在相同的评价系数,没有给出每种信息流浪费专属的评价系数。最后,评价系数的范围虽然相同,均为 0～1,但是最佳状态的趋向却不相同,有的是接近 1 为最佳,而有的则是接近 0 为最佳,没有进行统一的调整。

# 5.4　经过改善的信息流浪费和透明度的定量评价方法

为了更全面地对车间现场岗位任务的信息流进行评价,本章吸收了信息流数据浪费评价方法中评价系数和信息流透明度评价方法中全局与局部评价的思想,并结合信息流浪费评价方法中的"七大信息流浪费"进行多维度评价。同时,补充了信息流透明度中对各个关键要素每个部分等级评定的原因,也改进了信息流浪费评价方法中使用一种评价系数评价多种信息流浪费的不足,并分别统一了信息

流浪费系数和透明度系数呈现最佳状态的结果倾向（为便于理解，浪费系数结果 0 为最佳状态，透明度系数结果 1 为最佳状态）。并基于信息流价值表征工具，提出了采用多系数评估信息流浪费和具有时间约束的信息流透明度的定量评价方法。

该方法从信息流浪费中的非自动化录入信息的浪费、传输相同信息的浪费、无时间约束的浪费、冗余信息的浪费、存储位置冗余的浪费、缺陷信息的浪费及信息流透明度这七个维度对车间信息流进行评价。新的信息流浪费定量评价方法中的信息流，一方面指输入与输出到任务中的信息流，另一方面还指用于记录执行任务内容的信息项，这些信息项与工人之间形成了信息的流动，同样属于生产车间的信息流。

### 5.4.1　经过改善的信息流浪费的定量评价方法

（1）非自动化录入信息的浪费。非自动化录入信息的浪费是指可以运用现代科技手段来实现自动化录入信息或者增加默认信息项，无须工人进行填写来保证信息的录入速度和准确度，从而提升团队沟通的效率和准确度，但目前尚没有采取这两种方法来进行信息录入的浪费。采用非自动化系数（non automation index，NAI）进行评价，非自动化系数是指半自动化录入的信息项数量和手动录入的信息项数量总和除以信息项的总数，按式（5-14）计算

$$I_{na} = \frac{Q_{sa} + Q_m}{Q}, \quad I_{na} \in [0,1] \tag{5-14}$$

式中：$I_{na}$ 代表非自动化系数；$Q_{sa}$ 是半自动化录入的信息项数量；$Q_m$ 是手动录入的信息项数量，$Q$ 是信息项的总数。$I_{na}$ 的数值越接近 0，表明自动化水平越高，非自动化录入信息的浪费越少，沟通效率和准确度越高，反之亦然。

（2）传输相同信息的浪费。传输相同信息的浪费是指信息流通过任意媒介传输的是相同信息，形成无价值信息流的浪费。采用传输相同信息系数（transferring the same information index，TSII）进行评价，传输相同信息系数是指传输相同信息的信息流数量除以信息流的总数，按式（5-15）计算

$$I_{tsi} = \frac{Z_{si}}{Z}, \quad I_{tsi} \in [0,1] \tag{5-15}$$

式中：$I_{tsi}$ 代表传输相同信息系数；$Z_{si}$ 是传输相同信息的信息流数量；$Z$ 是信息流的总数。$I_{tsi}$ 的数值越接近 0，表明传输相同的信息越少，传输相同信息的浪费越少，反之亦然。

（3）无时间约束的浪费。无时间约束的浪费是指没有时间约束而造成任务执行时间的不确定性，从而导致沟通不畅的浪费。采用无时间约束系数（no time constraint index，NTCI）进行评价，无时间约束系数指不具有时间约束的信息流数量除以信息流的总数，按式（5-16）计算

$$I_{ntc} = \frac{Z_{ntc}}{Z}, \quad I_{ntc} \in [0,1] \tag{5-16}$$

式中：$I_{ntc}$ 代表无时间约束系数；$Z_{ntc}$ 是不具有时间约束的信息流数量；$Z$ 是信息流的总数。$I_{ntc}$ 的数值越接近 0，表明不具有时间约束的任务越少，无时间约束的浪费越少，反之亦然。

（4）冗余信息的浪费。冗余信息的浪费是指出现了不应该出现的信息项，即冗余信息的浪费。采用冗余信息系数（redundant information index，RII）进行评价，冗余信息系数是指冗余信息项的数量和重复信息项的数量之和除以信息项的总数，按式（5-17）计算

$$I_{ri} = \frac{Q_r + Q_{ie}}{Q}, \quad I_{ri} \in [0,1] \tag{5-17}$$

式中：$I_{ri}$ 代表冗余信息系数；$Q_r$ 是冗余信息项的数量；$Q_{ie}$ 是重复信息项的数量；$Q$ 是信息项的总数。$I_{ri}$ 的数值越接近 0，表明冗余信息越少，冗余信息的浪费越少，反之亦然。

（5）存储位置冗余的浪费。存储位置冗余的浪费是指信息流在输入或输出方向上只需拥有一个存储位置，当同一方向拥有多个存储位置时，多余的存储位置便形成了浪费。采用存储位置冗余系数（storage location redundancy index，SLRI）进行评价，存储位置冗余系数是指存储位置冗余信息流的数量除以信息流的总数，按式（5-18）计算

$$I_{slr} = \frac{Z_{slr}}{Z}, \quad I_{slr} \in [0,1] \tag{5-18}$$

式中：$I_{slr}$ 代表冗余存储位置系数；$Z_{slr}$ 是存储位置冗余信息流的数量；$Z$ 是信息流的总数。$I_{slr}$ 的数值越接近 0，表明存储位置冗余越少，存储位置冗余的浪费越少，反之亦然。

（6）缺陷信息的浪费。缺陷信息的浪费是指出现错误或者不足的信息流产生的浪费。使用缺陷信息系数（defect information index，DII）进行评价，缺陷信息系数是指错误和不足的信息项数量总和除以信息项的总数，按式（5-19）计算

$$I_{di} = \frac{Q_f + Q_l}{Q}, \quad I_{di} \in [0,1] \tag{5-19}$$

式中：$I_{di}$ 代表缺陷信息系数；$Q_f$ 是错误信息项的数量；$Q_l$ 是不足信息项的数量；$Q$ 是信息项的总数。$I_{di}$ 的数值越接近 0，表明缺陷信息项越少，缺陷信息的浪费越少，反之亦然。

## 5.4.2　经过改善的具有时间约束的信息流透明度定量评价方法

（1）全局透明度系数（global transparency index，GTI），用来评价整个生产车间现场任务信息流的透明度。按照信息流表征的信源与信宿完整无冗余原则，每一个任务最小完整无冗余的状态是具有一条输入信息流和一条输出信息流。其

中,输入信息流表明任务必须如何执行,而输出信息流是获得任务的执行结果,从而保证了信息流连续无中断流动。在最小完整无冗余的理想状态下,每一条信息流在每个关键要素中有一个节点(nodal point,NP)。因此,每条信息流最多可有五个节点(五个关键要素中都有一个节点,其中包括"时间约束"这个关键要素)。由两条信息流乘以最大五个节点,可以得出理想情况下两条信息流应具有 10 个节点。将这种情况命名为全局透明度系数的最大值,用 $I_{gt,max}$ 来表示。它等于整个流程中的任务量总数 $n$(number of tasks,NT)乘上实际节点数的最大值 10,如式(5-20)所示

$$I_{gt,max} = 10 \times n \qquad (5-20)$$

但是,在车间现场信息加工任务中,并不能保证每个任务的每条信息流都在五个关键要素中存在节点。因此,需要给出任务信息流的实际节点数,表示目前状态下各个任务的实际透明情况,将其表示为 $I_{gt,i}$(其中 $i$ 指单个任务的序号),同时考虑每个任务至少拥有两个方向的信息流,需将其汇总计算。如果在同一方向上有多条信息流,则选择拥有关键要素节点数量最少的信息流进行计算,因为,它能代表信息流的最低透明度水平。因此,生产车间现场全局透明度系数($I_{gt}$)的计算如式(5-21)所示

$$I_{gt} = \frac{\sum\limits_{i} I_{gt,i}}{I_{gt,max}}, \quad I_{gt} \in [0,1] \qquad (5-21)$$

式中: $I_{gt}$ 代表全局透明度系数,$i$ 是单个任务的序号,全局透明度系数的最大值为 1,表示信息流呈现最佳透明度,最小值为 0,表示无透明度。

(2) 岗位透明度系数(position transparency index,PTI),用来评价单一岗位的信息流透明度,该系数能表明岗位所执行任务的信息流状态,按式(5-22)计算

$$I_{pt,n} = \frac{\sum\limits_{s=1}^{q} I_{gt,s}}{I_{pt,max}} \qquad (5-22)$$

式中: $I_{pt,n}$ 代表岗位透明度系数;$n$ 表示该任务的岗位序号;$s$ 表示车间现场各个岗位下的任务编号(与任务自身的序号不同,是在单一岗位下从左至右按 $1,2,\cdots,q$ 对任务进行顺序编号),$q$ 表示该岗位的全部任务量(number of tasks for the position,NTP)。岗位透明度系数的最大值为 1,表示该岗位的任务信息流完全透明,最小值为 0,表示该岗位的任务信息流完全不透明,即岗位任务信息流缺失。此外,因为包含"时间约束"这一关键要素,因此,$I_{pt}$ 的最大值可按式(5-23)计算

$$I_{pt,max} = 10 \times q \qquad (5-23)$$

(3) 关键要素透明度系数(key element transparency index,KETI),是针对每个关键要素中每个岗位的全部任务所展示出的信息流局部透明度(其中 $k$ 指图 4-8 中③～⑦所代表的关键要素)。根据各个关键要素内每个组成部分造成信息不确定性的高低进行评级。其中,关键要素内每个组成部分造成信息不确定性越高评

级越低,反之评级越高。例如,在关键要素"参与主体"的评级中,通过人到人的信息流传递,人与人之间表达不准确而造成信息不确定性相较于其他表达方式高,而通过机器的信息流传递,则因其信息展示方式为文字,信息传递的不确定性随之降低。安东系统和介质都是由图片与文字组合进行信息传递,其信息传递的不确定性再次降低,由此来进行评级,人到人的评级最低,安东和介质与人的评级最高。表 5-5~表 5-9 显示了按这种思想对五个关键要素(如图 4-8 中③~⑦)所进行的评级,针对第六关键要素(如图 4-8 中⑧),因其没有共性的特点,故无法进行评级。其中,评级越高的信息流透明度就越好。

　　将每个关键要素中岗位的节点所代表的等级相加,得出每个关键要素岗位的实际节点等级(nodal point level,NPL)。如果岗位在单一任务中同一输入或输出方向上存在多个节点,则选择节点等级最低的那一个。基于最小完整无冗余的信息流表征原则,节点等级值的最大值($L_{np,max}$)为每个关键要素(表 5-5~表 5-9)等级最大值与任务数量 $m$ 相乘后再乘以 2,如式(5-24)所示

$$L_{kn,max} = 2 \times m \times l_{max} \tag{5-24}$$

式中:$L_{kn,max}$ 代表关键要素节点等级最大值,k 是关键要素的序号,n 是岗位序号,$m$ 是任务数量,$l_{max}$ 是关键要素等级最大值。

　　因此,$I_{k,kn}$ 的值可按式(5-25)计算

$$I_{k,kn} = \frac{L_{kn}}{L_{kn,max}}, \quad I_{k,kn} \in [0,1] \tag{5-25}$$

式中:$I_{k,kn}$ 代表关键要素透明度系数,k 是关键要素的序号,n 是岗位序号,$L_{kn}$ 是实际关键要素各岗位节点等级值之和,$L_{kn,max}$ 是理想状态下关键要素节点等级的最大值。

表 5-5　信息流参与主体评级

| 参 与 主 体 | 等　　　级 |
|:---:|:---:|
| 人到人 | 1 |
| 人到机器 | 2 |
| 机器到人 | 2 |
| 人到介质 | 3 |
| 安东到人 | 3 |
| 介质到人 | 3 |

表 5-6　信息流传播方式评级

| 传 播 方 式 | 等　　　级 |
|:---:|:---:|
| 观察 | 1 |
| 口述 | 2 |
| 手动 | 3 |
| 打印 | 4 |
| 系统 | 5 |

表 5-7　信息流存储位置评级

| 存 储 位 置 | 等　　级 |
|---|---|
| 想法 | 1 |
| 行动 | 2 |
| 固定表格 | 3 |
| 移动表格 | 4 |
| 数据库 | 5 |

表 5-8　信息流使用目的评级

| 使 用 目 的 | 等　　级 |
|---|---|
| 丢失 | 0 |
| 保存 | 1 |

表 5-9　信息流时间约束评级

| 时 间 约 束 | 等　　级 |
|---|---|
| 实时 | 1 |
| 延时 | 2 |
| 定时 | 3 |

## 5.5　信息流定量评价方法的比较

本章所提出的采用多系数评估信息流浪费和具有时间约束信息流透明度的定量评价方法，是从信息流浪费和信息流透明度两个角度进行评价的方法，因此，在对信息流定量评价方法进行比较时，也是从浪费和透明度这两个角度分别进行比较。

### 5.5.1　从浪费角度对信息流定量评价方法进行比较

这里给出的多系数评估信息流浪费的定量评价方法是对信息流数据浪费和信息流浪费定量评价方法的改善，因此，分别对信息流数据浪费和信息流浪费两个评价方法进行比较，如表 5-10 和表 5-11 所示。

（1）信息流数据浪费的定量评价方法与改善的信息流定量评价方法的比较

由表 5-10 可以看出，信息流数据浪费的定量评价方法无法对数据传输、库存、等待、转移和搜索进行评价。而改善的信息流定量评价方法，则使用传输相同信息系数对数据传输进行了评价，使用存储位置冗余系数和无时间约束系数分别对库存和等待进行了评价，使用冗余信息系数对转移和搜索进行了评价，弥补了信息流数据浪费的定量评价方法中评价维度的不足。

表 5-10　信息流数据浪费的定量评价方法与改善的信息流评价方法的比较

| 维　度 | 信息流数据浪费的定量评价方法 | 采用多系数评估信息流浪费的定量评价方法 |
|---|---|---|
| 数据选择 | 已实现 | 已实现 |
| 数据质量 | 已实现<br>（数据可用性、数字使用情况） | 已实现<br>（缺陷信息系数） |
| 数据收集 | 已实现<br>（数字化率） | 已实现<br>（非自动化系数） |
| 数据传输 | 未实现 | 已实现<br>（传输相同信息系数） |
| 库存和等待 | 未实现 | 已实现<br>（存储位置冗余系数和无时间约束系数） |
| 转移和搜索 | 未实现 | 已实现<br>（冗余信息系数） |
| 数据分析 | 部分实现 | 已实现 |
| 决策支持 | 部分实现 | 已实现 |

（2）信息流浪费的定量评价方法与改善的信息流浪费的定量评价方法的比较

通过表 5-11 可以看出，信息流浪费的定量评价方法评价维度的名称采用的是大野耐一先生的"生产现场七大浪费"的名称，在评价信息流中的浪费时，容易造成理解困难。因此，改善的信息流定量评价方法将这几种浪费进行了准确的表达，其中，关于"生产过剩浪费"改善的信息流评价方法也无法进行评价。同时，在信息流浪费的定量评价方法中存在一种评价系数重复评价多种浪费的问题。而改善的信息流定量评价方法则解决了这个问题，每个信息流浪费都有且只有一种评价系数进行评价，使评价过程更加清晰。

表 5-11　信息流浪费的定量评价方法与改善的信息流定量评价方法的比较

| 信息流浪费的定量评价方法 | | 采用多系数评估信息流浪费的定量评价方法 | |
|---|---|---|---|
| 维度 | 系数 | 维度 | 系数 |
| 生产过剩的浪费 | 未实现 | 生产过剩浪费 | 未实现 |
| 不必要动作的浪费 | 自动化水平系数、中心性系数 | 非自动化录入信息的浪费 | 非自动化系数 |
| 搬运的浪费 | 实时能力系数、自动化水平系数、中心性系数和媒介中断系数 | 传输相同信息的浪费 | 传输相同信息系数 |
| 等待的浪费 | 实时能力系数和媒介中断系数 | 无时间约束的浪费 | 无时间约束系数 |
| 额外加工的浪费 | 中心性系数和媒介中断系数 | 冗余信息的浪费 | 冗余信息系数 |
| 不必要库存的浪费 | 中心性系数 | 存储位置冗余的浪费 | 存储位置冗余系数 |
| 不良品的浪费 | 查询配额系数 | 缺陷信息的浪费 | 缺陷信息系数 |

### 5.5.2　从透明度角度对信息流定量评价方法进行比较

经改善的信息流定量评价方法是具有时间约束的信息流透明度的定量评价方法，同时，信息流透明度是在信息流数据浪费的基础上发展而来，因此，基于信息流数据浪费的八个维度进行比较，如表 5-12 所示。

通过表 5-12 可知，在信息流透明度的定量评价方法中无法对"数据收集"与"库存和等待"进行评价，而经改善的信息流定量评价方法通过"存储位置"、关键要素透明度系数对"数据收集"进行评价，同时，经改善的信息流定量评价方法通过"时间约束"这一关键要素透明度系数对"等待"进行评价，部分实现了对"库存和等待"的评价。因此，经改善的信息流定量评价方法仍优于信息流透明度的定量评价方法。

表 5-12　信息流透明度的定量评价方法与改善的信息流定量评价方法的比较

| 维　　度 | 信息流透明度的定量评价方法 | 具有时间约束的信息流透明度定量评价方法 |
|---|---|---|
| 数据选择 | 已实现 | 已实现 |
| 数据质量 | 已实现<br>（全局信息系数、过程信息系数） | 已实现<br>（全局透明度系数、岗位透明度系数） |
| 数据收集 | 未实现 | 已实现<br>（"存储位置"关键要素透明度系数） |
| 数据传输 | 已实现<br>（局部信息系数） | 已实现<br>（关键要素透明度系数） |
| 库存和等待 | 未实现 | 部分实现<br>（"时间约束"关键要素透明度系数） |
| 转移和搜索 | 未实现 | 未实现 |
| 数据分析 | 已实现 | 已实现 |
| 决策支持 | 部分实现 | 已实现 |

## 5.6　案例研究

案例来源于 A 公司缸盖车间终检岗位的信息流改善前后情况，利用信息流价值表征工具对车间现场信息流进行表征，其中改善前如图 4-11、图 4-12 和图 4-14 所示，改善后如图 4-13、图 4-15 和图 4-16 所示。而表 4-9 是缸盖车间现场多输出任务相同信息的汇总。

### 5.6.1　改善前信息流定量评价

#### 1. 采用多系数评估信息流浪费

（1）非自动化录入信息的浪费：使用非自动化系数对非自动化录入信息的浪

费进行评价。通过图 4-14 可知终检岗位信息流在改善前其非自动化录入的信息项有：半自动化录入的信息项数量（$Q_{sa}$）为 0，手动录入的信息项数量（$Q_{m}$）为 23，信息项总数（$Q$）为 23。代入式（5-14）中，可得非自动化系数 $I_{na} = \dfrac{0+23}{23} = 1$，即信息流改善前，非自动化系数的评价结果为 1。

（2）传输相同信息的浪费：使用传输相同信息系数对传输相同信息的浪费进行评价。由图 4-11 和表 4-9 可知，形成无价值信息流的任务有：完成品检查和溢出品入库任务。其中，在完成品检查任务中传输相同信息的信息流数量（$Z_{si}$）为 2，溢出品入库任务中传输相同信息的信息流数量（$Z_{si}$）为 1，信息流总数（$Z$）为 14。因此，传输相同信息的信息流共有 3 条，代入式（5-15）中，可得传输相同信息系数 $I_{tsi} = \dfrac{3}{14} \approx 0.21$，即信息流改善前，传输相同信息系数的评价结果约为 0.21。

（3）无时间约束的浪费：使用无时间约束系数对无时间约束的浪费进行评价。由图 4-11 可知，不具有时间约束的信息流为 7，而改善前车间现场终检岗位信息流总数（$Z$）为 14，代入式（5-16）中，可得无时间约束系数 $I_{ntc} = \dfrac{7}{14} = 0.50$，即信息流改善前，无时间约束系数的评价结果为 0.50。

（4）冗余信息的浪费：使用冗余信息系数对冗余信息的浪费进行评价。由图 4-12 可知，终检岗位信息流改善前信息项总数（$Q$）为 23 个，其中，冗余信息项（$Q_{r}$）为 1 个，重复信息项（$Q_{ie}$）为 4 个。代入式（5-17）中，可得冗余信息系数 $I_{ri} = \dfrac{1+4}{23} \approx 0.21$，即信息流改善前，冗余信息系数的评价结果约为 0.21。

（5）存储位置冗余的浪费：使用存储位置冗余系数对存储位置冗余的浪费进行评价。由图 4-11 可知，改善前终检岗位有 7 条存储位置冗余信息流（$Z_{slr}$），而改善前车间现场终检岗位信息流总数（$Z$）为 14，代入式（5-18）中，可得存储位置冗余系数 $I_{slr} = \dfrac{7}{14} = 0.50$，即信息流改善前，存储位置冗余系数的评价结果为 0.50。

（6）缺陷信息的浪费：使用缺陷信息系数对缺陷信息的浪费进行评价。由图 4-12 可以分别得知终检岗位在信息流改善前的信息项信息，包括错误信息项数量（$Q_{f}$）为 0 个、不足信息项数量（$Q_{l}$）为 4 个和信息项总数（$Q$）为 23 个。代入式（5-19）中，可得缺陷信息系数 $I_{di} = \dfrac{0+4}{23} \approx 0.17$，即信息流改善前，缺陷信息系数的评价结果约为 0.17。

### 2. 具有时间约束的信息流透明度的改善前评价

（1）全局透明度系数。首先计算各个任务的实际透明度系数 $I_{gt,i}$，由图 4-11 可知改善前各个任务的实际节点数，统计结果如表 5-13 所示。从表 5-13 中可以得出改善前现场有 4 项任务，代入式（5-20）中，可得全局透明度系数最大值 $I_{gt,max} =$

$10 \times 4 = 40$，而表 5-13 中的总节点数的和为 29，因此，代入式（5-21）中，可得全局透明度系数 $I_{gt} = \dfrac{29}{40} = 0.725$。

表 5-13　改善前各个任务的实际节点数

| 任 务 序 号 | 任 务 名 称 | 输入节点数 | 输出节点数 | 总 节 点 数 |
|---|---|---|---|---|
| 1 | 完成品检查 | 4 | 4 | 8 |
| 2 | 溢出品入库 | 3 | 5 | 8 |
| 3 | 先行品投入 | 3 | 4 | 7 |
| 4 | 手修品处理 | 3 | 3 | 6 |

（2）岗位透明度系数。岗位透明度系数用来评价单个岗位的信息流透明度，由表 5-13 可知，改善前终检岗位的任务数为 4。因此，根据式（5-23）可以得出改善前终检岗位的岗位透明度系数的最大值 $I_{pt,max} = 10 \times 4 = 40$。通过表 5-13 可知终检岗位 $\sum\limits_{s=1}^{4} I_{gt,s} = 29$，代入式（5-22）中，可得改善前终检岗位的 $I_{pt,1} = \dfrac{29}{40} = 0.725$。

（3）关键要素透明度系数。关键要素有信息流参与主体、传播方式、存储位置、使用目的、时间约束和任务内容六个部分。这里仅对前五个关键要素进行评级。

① 信息流改善前参与主体的评级情况如表 5-14 所示。通过前文的定义，可知关键要素参与主体实际节点等级最大值为 3，由表 5-13 可知终检岗位任务数量为 4。根据表 5-14 可知终检岗位的参与主体的各实际节点等级之和为 10，代入式（5-24）中，可得终检岗位参与主体的节点等级最大值 $L_{11,max} = 2 \times 4 \times 3 = 24$。因此，代入式（5-25）中，可得改善前信息流透明度评价结果 $I_{k,11} = \dfrac{10}{24} \approx 0.417$。

表 5-14　改善前各个任务参与主体的评级情况

| 任 务 序 号 | 任 务 名 称 | 输入等级 | 输出等级 | 实际节点等级 |
|---|---|---|---|---|
| 1 | 完成品检查 | 2 | 1 | 3 |
| 2 | 溢出品入库 | 1 | 1 | 2 |
| 3 | 先行品投入 | 1 | 1 | 2 |
| 4 | 手修品处理 | 1 | 2 | 3 |

② 信息流改善前传播方式的评级情况如表 5-15 所示。由表 5-15 可知关键要素传播方式实际节点等级最大值为 5，终检岗位传播方式的实际节点等级之和为 15，代入式（5-24）中，可得终检岗位的传播方式节点等级最大值 $L_{21,max} = 2 \times 4 \times 5 = 40$，代入式（5-25）中，可得改善前信息流评价结果 $I_{k,21} = \dfrac{15}{40} = 0.375$。

表 5-15　改善前各个任务传播方式的评级情况

| 任 务 序 号 | 任 务 名 称 | 输 入 等 级 | 输 出 等 级 | 实际节点等级 |
|:---:|:---:|:---:|:---:|:---:|
| 1 | 完成品检查 | 1 | 3 | 4 |
| 2 | 溢出品入库 | 2 | 1 | 3 |
| 3 | 先行品投入 | 2 | 1 | 3 |
| 4 | 手修品处理 | 2 | 3 | 5 |

③ 信息流改善前存储位置的评级情况如表 5-16 所示。由表 5-16 可见关键要素存储位置实际节点等级最大值为 5,终检岗位存储位置的实际节点等级之和为 16,代入式(5-24)中,可得终检岗位存储位置的节点等级最大值 $L_{31,max}=2\times4\times5=40$,代入式(5-25)中,可得改善前 $I_{k,31}=\dfrac{16}{40}=0.400$。

表 5-16　改善前各个任务存储位置的评级情况

| 任 务 序 号 | 任 务 名 称 | 输 入 等 级 | 输 出 等 级 | 实际节点等级 |
|:---:|:---:|:---:|:---:|:---:|
| 1 | 完成品检查 | 2 | 3 | 5 |
| 2 | 溢出品入库 | 1 | 3 | 4 |
| 3 | 先行品投入 | 1 | 3 | 4 |
| 4 | 手修品处理 | 2 | 1 | 3 |

④ 信息流改善前使用目的评级情况如表 5-17 所示。由表 5-17 可知关键要素使用目的实际节点等级最大值为 1,终检岗位的使用目的实际节点等级之和为 1,代入式(5-24)中,可得终检岗位使用目的节点等级最大值 $L_{41,max}=2\times4\times1=8$,代入式(5-25)中,可得改善前 $I_{k,41}=\dfrac{1}{8}=0.125$。

表 5-17　改善前各个任务使用目的评级情况

| 任 务 序 号 | 任 务 名 称 | 输 入 等 级 | 输 出 等 级 | 实际节点等级 |
|:---:|:---:|:---:|:---:|:---:|
| 1 | 完成品检查 | 0 | 0 | 0 |
| 2 | 溢出品入库 | 0 | 0 | 0 |
| 3 | 先行品投入 | 0 | 0 | 0 |
| 4 | 手修品处理 | 0 | 1 | 1 |

⑤ 信息流改善前时间约束评级情况如表 5-18 所示。由表 5-18 可知关键要素时间约束实际节点等级最大值为 2,终检岗位时间约束的实际节点等级之和为 4,代入式(5-24)中,可得终检岗位时间约束的节点等级最大值 $L_{51,max}=2\times4\times2=16$,代入式(5-25)中,可得改善前 $I_{k,51}=\dfrac{4}{16}\approx0.25$。

表 5-18　改善前各个任务时间约束的评级情况

| 任务序号 | 任务名称 | 输入等级 | 输出等级 | 实际节点等级 |
| --- | --- | --- | --- | --- |
| 1 | 完成品检查 | 1 | 0 | 1 |
| 2 | 溢出品入库 | 0 | 1 | 1 |
| 3 | 先行品投入 | 0 | 2 | 2 |
| 4 | 手修品处理 | 0 | 0 | 0 |

## 5.6.2　改善后信息流定量评价

### 1. 采用多系数评估信息流浪费

（1）非自动化录入信息的浪费。这里使用非自动化系数评估非自动化录入信息的浪费。由图 4-15 可知改善后终检岗位的半自动化录入的信息项数量（$Q_{sa}$）为 5，手动录入的信息项数量（$Q_m$）为 5，信息项总数（$Q$）为 24，代入式（5-14）中，可得非自动化系数 $I_{na} = \dfrac{5+5}{24} \approx 0.46$，即信息流改善后，非自动化系数的评估结果约为 0.46。

（2）传输相同信息的浪费。这里使用传输相同信息系数评估传输相同信息的浪费。通过图 4-16 可知，信息流改善后已不存在通过任意媒介传输相同的信息形成无价值信息流的任务，信息流的总数（$Z$）为 8。因此，传输相同信息的信息流数量（$Z_{si}$）为 0，代入式（5-15）中，可得传输相同信息系数 $I_{si} = \dfrac{0}{8} = 0$，即信息流改善后，传输相同信息系数的评价结果为 0。

（3）无时间约束的浪费。这里使用无时间约束系数评估无时间约束的浪费。通过图 4-16 可知，改善后不具有时间约束的信息流（$Z_{ntc}$）有 1 条，而车间现场信息流总数（$Z$）为 8，代入式（5-16）中，可得无时间约束系数 $I_{ntc} = \dfrac{1}{8} = 0.125$，即信息流改善后，无时间约束系数的评价结果为 0.125。

（4）冗余信息的浪费：这里使用冗余信息系数评估冗余信息的浪费。通过图 4-13 可知，改善后终检岗位信息流信息项总数为 24 个，其中，冗余信息项（$Q_r$）为 0 个，重复信息项（$Q_{ie}$）为 0 个，代入式（5-17）中，可得冗余信息系数 $I_{ri} = \dfrac{0+0}{24} = 0$，即信息流改善后，冗余信息系数的评价结果为 0。

（5）存储位置冗余的浪费：这里使用存储位置冗余系数评估存储位置冗余的浪费。由图 4-16 可知，改善后存储位置冗余信息流的数量（$Z_{rsl}$）为 1，代入式（5-18）中，可得存储位置冗余系数 $I_{slr} = \dfrac{1}{8} = 0.125$，即信息流改善后，存储位置冗余系数的评价结果为 0.125。

（6）缺陷信息的浪费：这里使用缺陷信息系数评估缺陷信息的浪费。通过

图 4-13 可以分别得知改善后终检岗位信息流的错误信息项数量($Q_f$)为 0,不足信息项数量($Q_l$)为 0,信息项总数($Q$)为 24,代入式(5-19)中,可得缺陷信息系数 $I_{di}=\dfrac{0+0}{24}=0$,即信息流改善后,缺陷信息系数的评价结果为 0。

### 2. 具有时间约束的信息流透明度的改善后评价

(1)全局透明度系数:计算各个任务的实际透明度系数 $I_{gt,i}$,通过对图 4-16 中每个任务的统计可得出改善后各个任务的节点数,结果如表 5-19 所示。由表 5-19 可见改善后现场有 3 项任务,代入式(5-20)中,可得全局透明度系数最大值 $I_{gt,max}=10\times3=30$,而表 5-19 中的实际节点数的和为 27,因此,代入式(5-21)中,可得全局透明度系数为 $\dfrac{27}{30}=0.900$。

表 5-19　改善后各个任务的实际节点数

| 任务序号 | 任务名称 | 输入节点数 | 输出节点数 | 实际节点数 |
|---|---|---|---|---|
| 1 | 完成品检查-溢出品入库 | 4 | 5 | 9 |
| 2 | 先行品投入 | 3 | 5 | 8 |
| 3 | 手修品处理 | 5 | 5 | 10 |

(2)岗位透明度系数:岗位透明度系数用来评价单个岗位的信息流透明度,车间生产现场目前的岗位有三种,分别是终检、品检和班长。根据图 4-16 可知,改善后终检岗位的任务数量为 3。因此,根据式(5-23),可以得出终检岗位改善后的 $I_{pt,max}=10\times3=30$。通过表 5-19 可知改善后终检岗位的实际节点数之和为 27,代入式(5-22)中,可得改善后终检岗位的岗位透明度系数 $I_{pt,1}=\dfrac{27}{30}=0.900$。

(3)关键要素的透明度系数($I_k$):关键要素有信息流参与主体、传播方式、存储位置、使用目的、时间约束和任务内容六个部分。这里仅对前五个关键要素进行评级。

① 信息流改善后参与主体的评级情况如表 5-20 所示。通过前文的定义,确定关键要素参与主体实际节点等级最大值为 3,结合图 4-16 可知终检岗位任务数量为 3,终检岗位的参与主体实际节点等级之和为 14,代入式(5-24)中,可得终检岗位参与主体的节点等级最大值 $L_{11,max}=2\times3\times3=18$,代入式(5-25)中,可得改善后信息流透明度评价结果 $I_{k,11}=\dfrac{14}{18}\approx0.778$。

表 5-20　改善后各个任务参与主体的评级情况

| 任务序号 | 任务名称 | 输入等级 | 输出等级 | 实际节点等级 |
|---|---|---|---|---|
| 1 | 完成品检查-溢出品入库 | 2 | 3 | 5 |
| 2 | 先行品投入 | 1 | 3 | 4 |
| 3 | 手修品处理 | 3 | 2 | 5 |

② 信息流改善后传播方式的评级情况如表 5-21 所示。由表 5-21 可知，关键要素传播方式实际节点等级最大值为 5，终检岗位传播方式的实际节点等级之和为 17，代入式（5-24）中，可得终检岗位传播方式的节点等级最大值 $L_{21,\max}=2\times3\times5=30$，代入式（5-25）中，可得改善后信息流透明度评价结果 $I_{k,21}=\dfrac{17}{30}\approx0.567$。

**表 5-21　改善后各个任务传播方式的评级情况**

| 任 务 序 号 | 任 务 名 称 | 输 入 等 级 | 输 出 等 级 | 实际节点等级 |
| --- | --- | --- | --- | --- |
| 1 | 完成品检查-溢出品入库 | 1 | 3 | 4 |
| 2 | 先行品投入 | 2 | 3 | 5 |
| 3 | 手修品处理 | 5 | 3 | 8 |

③ 信息流改善后存储位置的评级情况如表 5-22 所示。由表 5-22 可知，关键要素存储位置实际节点等级最大值为 5，终检岗位存储位置的实际节点等级之和为 23，代入式（5-24）中，可得终检岗位存储位置的节点等级最大值 $L_{31,\max}=2\times3\times5=30$，代入式（5-25）中，可得改善后信息流评价结果 $I_{k,31}=\dfrac{23}{30}\approx0.767$。

**表 5-22　改善后各个任务存储位置的评级情况**

| 任 务 序 号 | 任 务 名 称 | 输 入 等 级 | 输 出 等 级 | 实际节点等级 |
| --- | --- | --- | --- | --- |
| 1 | 完成品检查-溢出品入库 | 2 | 5 | 7 |
| 2 | 先行品投入 | 1 | 5 | 6 |
| 3 | 手修品处理 | 5 | 5 | 10 |

④ 信息流改善后使用目的评级情况如表 5-23 所示。由表 5-23 可知，关键要素使用目的实际节点等级最大值为 1，终检岗位使用目的实际节点等级之和为 4，代入式（5-24）中，可得终检岗位使用目的节点等级最大值 $L_{41,\max}=2\times3\times1=6$，代入式（5-25）中，可得改善后信息流评价结果 $I_{k,41}=\dfrac{4}{6}\approx0.667$。

**表 5-23　改善后各个任务使用目的评级情况**

| 任 务 序 号 | 任 务 名 称 | 输 入 等 级 | 输 出 等 级 | 实际节点等级 |
| --- | --- | --- | --- | --- |
| 1 | 完成品检查-溢出品入库 | 0 | 1 | 1 |
| 2 | 先行品投入 | 0 | 1 | 1 |
| 3 | 手修品处理 | 1 | 1 | 2 |

⑤ 信息流改善后时间约束的评级情况如表 5-24 所示。由表 5-24 可知，关键要素时间约束实际节点等级最大值为 3，终检岗位时间约束的实际节点等级之和为 8，代入式（5-24）中，可得终检岗位时间约束的节点等级最大值 $L_{51,\max}=2\times3\times3=18$，代入式（5-25）中，可得改善后信息流评价结果 $I_{k,51}=\dfrac{8}{18}\approx0.444$。

表 5-24　改善后各个任务时间约束的评级情况

| 任务序号 | 任务名称 | 输入等级 | 输出等级 | 实际节点等级 |
|---|---|---|---|---|
| 1 | 完成品检查-溢出品入库 | 1 | 1 | 2 |
| 2 | 先行品投入 | 0 | 2 | 2 |
| 3 | 手修品处理 | 1 | 3 | 4 |

## 5.6.3　改善前后信息流浪费对比

（1）采用多系数评估信息流浪费改善前后评价结果对比如表 5-25 所示。从表 5-25 可以看出非自动化录入信息的浪费和存储位置冗余的浪费的评价系数均下降。改善后非自动化系数比改善前降低了 54％,改善后无时间约束系数比改善前降低了 74％,改善后存储位置冗余系数比改善前降低了 74％,这表明信息流浪费减少,改善有效。而针对传输相同信息的浪费、冗余信息的浪费和缺陷信息的浪费,从表 5-25 中可以看出,改善后的系数均为 0,表明已经将现场的传输相同信息的浪费、冗余信息的浪费和缺陷信息的浪费完全消除,改善有效。

表 5-25　车间现场信息流改善前后浪费评价系数对比表

| 序号 | 浪费维度 | 评价系数名称 | 改善前 | 改善后 |
|---|---|---|---|---|
| 1 | 非自动化录入信息的浪费 | 非自动化系数 | 1.00 | 0.46 |
| 2 | 传输相同信息的浪费 | 传输相同信息系数 | 0.21 | 0 |
| 3 | 无时间约束的浪费 | 无时间约束系数 | 0.50 | 0.13 |
| 4 | 冗余信息的浪费 | 冗余信息系数 | 0.17 | 0 |
| 5 | 存储位置冗余的浪费 | 存储位置冗余系数 | 0.50 | 0.13 |
| 6 | 缺陷信息的浪费 | 缺陷信息系数 | 0.13 | 0 |

（2）具有时间约束的信息流透明度改善前后评价结果对比如表 5-26 所示。因为评级越高信息的可用性、传输可靠性和透明度等就越好,由表 5-26 可见,改善后的评级系数都高于改善前,表明改善有效。

表 5-26　车间现场信息流透明度改善前后评价系数对比表

| 序号 | 透明度维度 | 评价系数名称 | 改善前 | 改善后 |
|---|---|---|---|---|
| 1 | 全局评价 | 全局信息透明度系数 | 0.725 | 0.900 |
| 2 | 终检岗位评价 | 岗位透明度系数 | 0.725 | 0.900 |
| 3 | 终检岗位参与主体评价 | 关键要素透明度系数 | 0.416 | 0.778 |
| 4 | 终检岗位传播方式评价 | 关键要素透明度系数 | 0.375 | 0.567 |
| 5 | 终检岗位存储位置评价 | 关键要素透明度系数 | 0.400 | 0.767 |
| 6 | 终检岗位使用目的评价 | 关键要素透明度系数 | 0.125 | 0.667 |
| 7 | 终检岗位时间约束评价 | 关键要素透明度系数 | 0.250 | 0.444 |

（3）基于 A 公司缸盖车间现场信息流改善前后的工时长短、纸张数量和信息

填写项数量的变化,可从客观上评价车间现场信息流的改善结果。

由表 5-27 可见,在信息流改善前,A 公司缸盖车间现场终检岗位全部任务所用工时为每月 158 小时,而改善后工时为每月 150 小时,与改善前相比工时降低了 5.1％；缸盖车间现场终检岗位全部任务所用纸张数量在改善前为每月 50 张,而改善后为每月 30 张,纸张数量比改善前降低了 40％；信息填写项数量改善前约有 483 个,而改善后约有 315 个,改善后信息填写项比改善前降低了 34.8％。因此,使用本章所提出的信息流定量评价方法所得结果有效。

**表 5-27　A 公司缸盖车间现场改善前后客观要素汇总**

| 序　　号 | 客 观 要 素 | 改善前(月) | 改善后(月) | 改 善 效 果 |
|---|---|---|---|---|
| 1 | 任务工时/时 | 158 | 150 | 下降 5.1％ |
| 2 | 纸张数量/张 | 50 | 30 | 下降 40％ |
| 3 | 信息填写项/项 | 483 | 315 | 下降 34.8％ |

## 5.7　本章小结

本章首先从数据浪费、信息流透明度和信息流浪费三个角度的信息流定量评价方法进行介绍,并分析了三个信息流定量评价方法的优缺点。其次,根据前人提出的信息流定量评价方法,结合第 4 章提出的信息流价值表征工具,提出了新的信息流定量评价方法——采用多系数评估信息流浪费和具有时间约束的信息流透明度的定量评价方法,该评价方法专门为生产车间现场管理信息流评价而设计,分别从浪费和透明度两个角度对信息流的质量进行评价,其中,从浪费角度提出了六个评价系数,从透明度角度提出了三个评价系数。本章提出的方法能够从全局和局部评价信息流的透明度。同时,所用浪费名称和各个系数名称直观且易于理解,系数的最佳趋向相同,其中,浪费评价以趋向 0 为最佳,透明度角度以趋向 1 为最佳,最后,通过案例研究检验了本章所提方法的有效性。

# 第6章

# 信息引擎-场作用模型

## 6.1 基本概念

### 6.1.1 整合

当多个流程一起工作以产生单个产品(或服务)时,整合就产生了。Sundresh (1997)将这个概念更具体地定义为:当两个过程 $A$ 和 $B$(图 6-1)能够成功地协同完成一个全局任务 $T$ 时,就被称为相互整合。$A$ 和 $B$ 中的每一个都只有完成任务所需的部分信息,因此需要协作生成完成任务所需的全部信息,以连贯的可用形式完成任务。为达到此目的,$A$ 和 $B$ 相互沟通,这种沟通的程度代表了在两个过程的整体工作中所消耗的精力。消耗的全部精力一部分用于 $A$ 和 $B$ 之间的信息交流,另一部分用于 $A$ 和 $B$ 内部的计算。因此,任务 $T$ 的整体成功与否取决于 $A$ 和 $B$ 的计算复杂度,以及 $A$ 和 $B$ 之间的通信效率。上面的全局任务 $T$ 可能是一个纯粹的数值计算,也可能是一个新想法的产生,而这个新想法之前并不存在,可能在 $A$ 或 $B$ 中并不存在。下面给出了一些例子。

(1)两个软件模块以一种集成的方式一起工作来进行计算。每个大小合理的软件都有这样的情况。信息传递通常是通过使用共享资源(如寄存器、内存段或程序)的消息来完成的。通常,消息的大小和底层的子结构层越大,支持它所需的程序就越大,因此支持整合的复杂性也就越大(消息结构中的层数对消息解码效果有很大影响)。更大的消息传递意味着两个程序更紧密地耦合,而更小的消息传递意味着更大的自主权。在某些情况下,通过增加自主计算来减少耦合。这相当于让两个实体 $A$ 和 $B$ 各自变得更复杂,同时由于交互而降低复杂性。

(2)在各种个人或团队之间处理信息以共同完成给定任务的组织工作。这个设置与上面协同工作的软件模块惊人地相似。事实上,这证明了所提出的模型在涵盖各种各样的环境方面的优势。在一个组织中,团队或个人相互交换信息以完成共同的工作。

图 6-1 两个实体的协同工作

这些交流的简洁性凸显了该组织结构的严密性。在由人员和团队组成的网络中,在信息流中所花费的精力决定了组织决策支持环境的有效性。这在互联网中变得更加明显，在互联网中，一个团队甚至一个公司的不同部分可能在地理上是分离的，但却通过电子方式连接在一起。

（3）科研环境是两个实体系统的简单说明。发明可以被视为对 $A$-$B$ 系统中逻辑结构的识别，其中 $B$ 可能是一个人，而 $A$ 是一个与 $B$ 交互的自然过程。科学家 $B$ 从自然 $A$ 中不断学习的过程是一个信息引擎。两者合作的效率是由科学家发明的容易程度来衡量。这反过来又取决于科学家的知识库与自然提供的信息的匹配程度。这也意味着创新很可能会受到科学家所处知识环境的制约。

（4）人机界面，如飞机上飞行员和平视显示器之间的界面。显示器通过提示向飞行员传递某些信息，飞行员通过飞机控制器处理并返回某些信息。机器和人的共同任务是按要求对飞机进行定位以完成任务。两者协同工作的效率同样取决于信息在人机界面（显示屏和飞行控制界面）上传递的有效性。严格的时间限制使得交流至关重要。

（5）计算机辅助设计是人与机器结合工作的另一个例子。这里有两个计算过程，一个在计算机中，另一个在人脑中。这两个进程通过显示器、键盘、鼠标和数据板等交换信息。集成工作的目标是生成一个成功的工作设计。所花费的精力可以分为三个部分。一个是两个部分的计算，另一个是和信息交换。

为了研究这样的系统，Sundresh（1997）引入了信息引擎及其效率的概念。信息引擎在两个信源实体之间交互工作，以产生新的可用信息。设计一个好的信息引擎的目标是用最少的计算资源产生最多的可用信息。为使信息引擎可以被构造成跟踪信息熵的变化，Sundresh 期望通过信息熵和热力学熵之间的一些等价性，将信息引擎与热力学引擎进行比较，以跟踪信息熵的变化并可视化这些框架的应用。

### 6.1.2　信息熵与热力学熵

概率分布中的熵也被称为该分布的信息量。信息是根据某些事件发生的先验概率来定义的；此类事件的先验不确定性越大，如果此类事件发生，所获得的信息就越多。信息统计表明，度量值从零到无穷变化，并且度量值在独立事件之间是相加的。Hartleyr（1928）是第一个定义一个特定事件熵的人，但 Shannocn（1948）是第一个推导出在任何一组概率中测量熵的一般公式的人。

信息论和热力学中熵的概念是各自独立发展的，但现在人们发现熵源于统计集合的基本性质。Shannocn（1948）的信息理论认为信息是不确定性的减少，这反过来是基于一种纯粹的组合方式，从其中选择特定信息的可能集合的统计属性。集合中随机变量 $X$ 的值与结果的不确定性是由分布为 $P(X)$ 的随机变量 $X$ 的熵测量的，如式（6-1）所示

$$H(X) = \sum P(X)\log_2 \frac{1}{P(X)} = -\sum P(X)\log_2 P(X) \qquad (6\text{-}1)$$

式中：$H(X)$ 表示随机变量 $X$ 的熵；$P(X)$ 表示随机变量 $X$ 的概率分布。

热力学中的熵的概念比信息论中的熵的概念早得多。它起源于统计力学,在统计力学中,人们试图通过使用适当的统计平均值,利用微观领域的力学定律来导出热力学现象中的宏观行为。玻尔兹曼将熵 $S$ 与微观状态的数量 $W$ 联系起来,微观状态可以产生相同的宏观状态,如式(6-2)所示

$$S = K \lg W \tag{6-2}$$

式中：$K$ 是玻尔兹曼常数。

这个关系的基础是统计操作,隐藏或聚集微观运动以获得成为宏观行为的"粗粒度"视图。就像热力学使用"粗粒度"从微观行为推导出宏观行为一样,Shannocn 的信息理论在处理信息集合的统计特性时,信息的微观结构被抑制。这两种方法现在基本是等价的,无论是信息还是运动中的粒子,熵的概念被用来为集合中的无序分配一个度量。与上述熵的统计概念不同,Kolmogorov 引入了不基于其概率分布来描述一个对象或特定事件复杂性的概念。一个随机变量的 $K$ 复杂度的期望值近似等于香农熵。给定字符串 $x$ 的 $K$ 复杂度 $K(x)$ 被定义为所有可能计算机程序的最小长度,当在图灵机(概念上最简单的通用计算机)上执行时,将生成字符串 $x$。这也被称为算法复杂度、算法随机性、算法无序性、算法熵、算法信息等。W. H. Zurek(1989)结合算法复杂性和统计复杂性的概念,定义物理熵为两者之和,即物理熵 $S$ 被定义为

$$S_d = K(d) + H_d \tag{6-3}$$

式中：$d$ 表示收集到的数据,$K(d)$ 是收集到的数据中由可用数据最简洁描述 $d$ 给出的算法复杂性,$H_d$ 是与以 $d$ 为条件的数据集合相关的统计复杂性。可以观察到,随着测量结果收集的数据越来越多,条件概率发生变化,以减少统计复杂性 $H_d$。同时,增加的数据大小将倾向于增加 $K(d)$(除非在非典型情况下,数据是规则的而不是随机的,因此复杂性很小)。在大多数典型情况下,数据是随机的,$K(d)$ 与 $H_d$ 的和,即物理熵是恒定的。物理熵的概念在收集、分析和使用信息的系统中变得很有用。下面将要描述的信息引擎就属于这一类。

## 6.2 信息引擎

### 6.2.1 信息引擎的内涵

下面介绍由 Sundresh(1997)提出的一个对分析信息处理系统有用的模型,在这个模型中,不同实体的整合工作是寻求最优化的。这个模型展现了一种基于已知物理基本定律和广泛概括能力的稳健范式。Sundresh 认为整合工作是由 $A$ 和 $B$ 两个过程共同完成一项任务的协同工作。这两个过程相互传递信息,形成 Sundresh 所说的信息引擎,其目的是从 $a$ 和 $b$ 已经拥有的信息中生成一个新的直

接可用的信息。为了帮助实现这个引擎的机械化，Sundresh 定义了一些术语。

当 $A$ 和 $B$ 中的一个先验地拥有另一个完成任务所需要的信息时，$A$ 和 $B$ 之间就存在信息潜能。信息从高潜能位流向低潜能位。一个相对于另一个具有较高信息潜能的实体被称为能够满足另一个实体的信息需求。信息需求与应用程序有关。对某一信息 $x$ 的信息需求定义为

$$N = P^{-1}(\overline{m}) \tag{6-4}$$

式中：$N$ 表示信息需求，$\overline{m}$ 表示没有信息 $m$，$P$ 表示概率。

一个相关的概念是信息临界性。当没有信息 $m$ 的情况下，正确决策的概率几乎为零，而有信息 $m$ 的情况下，正确决策的概率几乎为 1 时，信息 $m$ 就显得至关重要。当一个信息传递过程在持续需要下进行时，我们称之为等信息传递过程。另一种看待这个问题的方式是，接收数据的实体其算法熵没有发生变化，如接收方不能直接利用数据。当熵为常数时，信息转换过程称为等熵过程。在此过程中，实体是完全隔离的，在转换过程中不会丢失或获得任何数据或信息。由信息引擎产生的可用信息的价值是所产生的算法信息增量和需求的减少表明了需求满足的程度。可用的信息直接驱动应用程序任务。

## 6.2.2　信息引擎的工作步骤

为了达到最优化，Sundresh(1997)使用热力学上效率最高的热机——卡诺循环来模拟信息引擎。将信息需求视为类似于温度，并保留熵的概念来表示无序，信息引擎可以被表示成图 6-2。该引擎在信源和信宿之间运行，引擎的信息需求与熵图被选择为一个矩形。就像在卡诺循环中一样，热机是由可逆过程组成的。这个引擎可以按照如下所述四个步骤工作。

步骤 1：引擎从 $a$ 点开始，$A$ 站是信源，$B$ 站是信息处理器。因此，$B$ 对 $A$ 信息的需求很高，在 $A$-$B$ 期间，$B$ 会得到 $A$ 的信息，同时保持一种持续的高需求状态。如果信息传递不是在不断需要的情况下进行的，其结果将是不可逆的，因此效率低下。结果的不可逆性可以从下面的论证中看出。假设在信息传递过程中需求增加，这意味着接收方为了完成需要完成的任务而提供的信息，在某种程度上比之前减少了。这又意味着在问题定义中不为人知的信息将被抹去或丢失给第三实体，因此这些信息将不可恢复。另外，假设需求在信息传递过程中减少。这意味着，接收方为完成需要完成的任务而提供的信息以某种方式增加了，而实际上并没有由源提供。这显然是不可能的，因为没有其他来源。

步骤 2：从 $A$ 收集到必要的信息后，$B$ 就在循环中的 $b$ 点，开始处理与要完成的任务相关的信息。在这部分循环中，$B$ 是隔离的，没有信息交换。$B$ 的物理熵在整个过程中保持恒定。然而，在信息处理过程中存在着一种信息转换，目的是在任务中利用信息。这类似于吸收现有信息。这个变换将香农熵转化为算法熵，保持和不变。在进行转换时，会出现一个点，即已准备好的转换产品与在任务中使用它

之间存在匹配。系统现在位于 $c$ 点,为下一步做好了准备。

步骤 3:在 $c$ 点,应用程序(任务)所需的信息已经准备好成为应用程序利用的算法或可用部分。结晶或分离使 $B$ 的熵下降,下降的量等于算法熵。剩余的统计混乱是不可用的,并返回到信宿。因为 $B$ 现在已经包含了算法部分的所有信息,它继续处于低需求状态,直到一个新的信息被确定为需要。$B$ 对压缩信息的分离必须在一个恒定的低需求下完成,因为在从 $c \sim d$ 的转换过程中,如果 $B$ 的需求偏离了恒定,这就意味着 $B$ 已经完成了一个低效的处理。

步骤 4:将压缩后的信息分开后,$B$ 需要等待 $A$ 和 $B$ 完成对账,并得到 $B$ 需要的信息。在这一点上,$B$ 的状态再次提高到高需求的状态,然后循环往复。$d \sim a$ 这条边是等熵的,因为在这条边中没有信息交换。

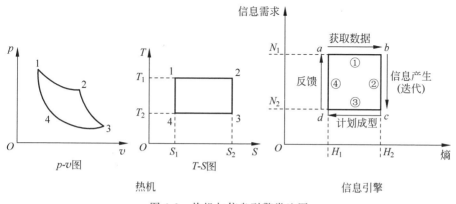

图 6-2 热机与信息引擎类比图

## 6.2.3 信息传输效率的定量评价

### 1. 效率(efficiency)

从信息引擎模型中产生了三个效率概念。

一是信息生成的效率(information generation efficiency,IGE),即算法生成的信息与总可用信息比率。这是用相应的熵表示的

$$e_g = (H_2 - H_1)/H_2 = 1 - H_1/H_2 \tag{6-5}$$

式中:$H_1$、$H_2$ 分别是状态 1 和状态 2 的熵。

二是信息利用效率(information utilization efficiency,IUE),它将满足需求的算法熵与初始需求进行比较。一条信息的利用或价值是信息内容及其需求的产物。如果对某种信息的需求很低,那么它被利用的概率也很低,反之亦然。因此,信息利用效率可以理解为信息利用指标。这可以表述如下

$$e_u = \frac{(H_2 - H_1)(N_1 - N_2)}{(H_2 - H_1)N_1} = 1 - \frac{N_2}{N_1} \tag{6-6}$$

式中:$N_1$、$N_2$ 分别是状态 1 和状态 2 的信息需求。

可以看出,上述信息利用效率的表达式与卡诺循环中热能到机械能转换的效率相似。

信息利用效率＝实际信息利用/所有可能利用的信息

＝满足需求 $X$ 的算法熵/满足初始需求 $X$ 的算法熵

三是信息系统效率(information system efficiency,ISE),即产生的信息价值与接收到的数据中总的最大信息价值之比。ISE 比较了实际的信息使用和可能的信息使用,表达式如下

$$e_s = \frac{(H_2 - H_1)(N_1 - N_2)}{H_2 N_1} \tag{6-7}$$

### 2. 信息匹配(information matching)

当发送者和消费者之间发生信息交易时,发送者需要花费一定的资源来调节和发送信息,而接收者或消费者需要花费一定的资源来接收和处理信息,以满足自己的需求。上面的理想循环告诉我们,发送方发送的信息必须响应接收方的需要,并且应该以这样一种形式,使接收方为产生有用的信息所需要进行的处理最小化。要丢弃的不可用数据的组件必须尽可能小。因此,发送者发送的信息必须与接收者的需要以及处理能力相匹配。发送方所提供数据的信息内容应能被接收方充分利用。

### 3. 需求与加工(need vs processing)

信息系统的运行依赖于两者,获取与应用需求相关的信息,并对其进行处理。交易数据的内容必须包含最需要的信息,以确保生成的算法信息能够最大化。数据的格式必须保证算法信息的生成消耗最少的资源,这是通过使 $H_1$ 不能被利用的无序量相对于开始接收的 $H_2$ 来说是小的来确保的。因此,信息生成效率取决于信息处理,而信息利用效率取决于应用需求。

## 6.3 工厂采购系统的信息研究

### 6.3.1 案例简介

工厂采购系统作为一个生产服务系统(product-service system,PSS)包含生产系统($P_1$)和服务系统($S_1$)。工厂采购系统提供的产品包括工厂正常运营所需各类零部件、原材料、装夹具、机床和劳保用品;工厂采购系统的服务包括备件查询、采购申请、备件采购、提供专业信息和指导服务。

该案例研究的对象是工厂采购系统中的一个功能——采购申请。该案例研究重点关注的是 PSS 中的信息流,主要指维修工人和工厂采购系统之间的申请过程中的信息交流,通过对采购申请服务功能内的信息流进行分析,可以帮助该 PSS 的执行者在正确填写采购备件申请表格等方面进行规划和改善。

## 6.3.2　不确定性和评估

在采购申请的整个过程中,当提出申请的维修工人和负责审核申请并提交订单的班长交接数据时,就会产生不确定性。通过对采购申请整个流程的梳理,发现整个过程中存在的两个关键问题:①维修工人提交采购备件申请的过程;②班长审批采购申请并下达采购订单的过程。其中,第一个问题在采购申请这项服务方面造成了更多的数据不确定性问题,这反映了申请表单上数据输入的重要性。

为了进一步说明在完成第一个问题时所采取的具体步骤,表 6-1 给出了数据输入的步骤及其与工厂内部数据库的交互。维修工人通过登录屏幕对目前发生的故障进行识别;随后由维修工人继续提供关键字;系统基于关键字对工厂内部的备件库进行全面搜索,并以此来判断是否存在备件缺失且需要提出采购申请;在收到班长确认申请的签名后,采购申请流程开始与工厂外部的供应商进行对接。

表 6-1　提出备件采购申请的步骤

| 流　程 | 用户(数据) | 系统(信息技术) |
| --- | --- | --- |
| 识别 | 访问数据库 | 登录界面 |
| 评估 | 提供关键字 | 搜索功能 |
| 分析 | 材料描述说明 | 备件库目录 |
| 缓冲 | 申请详细信息 | 订单表 |
| 控制 | 签名 | 供应商表单 |

通过上述过程分析,明确与采购申请相关的主要数据不确定性包括:将故障描述填写错误的比率($A_1$)、混淆零件需求的比率($A_2$)、班长将故障描述审核错误的比率($A_3$)、供应商实际无法提供所需零件的比率($A_4$)和工厂内零件库有需求零件的比率($A_5$)。

## 6.3.3　信息流分析

工厂采购系统具有针对生产系统 $P_1$ 和服务系统 $S_1$ 的集成流程,可以演示为一个内部动力学引擎——信息引擎,这是一个基于 $P_1$ 的预测模型。

通过对采购申请这一过程中发生的信息交换的分析,确定了 6 个主要步骤,如图 6-3 所示。①维修工人发现故障并输入工厂内部检索系统;②维修工人根据故障检索结果查找备件并上报;③班长接收并记录了订单;④班长在工厂内部备件库目录和外部供应商目录对备件进行搜索;⑤班长确认了采购申请订单的信息;⑥班长提出采购申请。

在 6.3.2 节中确定的三个数据不确定性(AS)与计划采购申请的操作不确定性 $A_1$、$A_2$ 和 $A_3$ 有关;另外两个数据不确定性(AOS),则是订单确认的不确定性 $A_4$ 和 $A_5$。

在信息交换过程中,需要7条信息来唯一地确定一个采购申请:维修工的订单ID、故障发生位置、故障类型、故障应对措施、所需备件类型、所需备件型号、所需备件数量。

类似地,确定一个申请订单还需要另外5条信息:参考资料来源、备件应用目的、备件库存情况、备件采购情况和备件来源。

同样,要确定备件的采购与供应,还需要额外4条信息:备件供应商、所需备件的可用性、备件的价格和供应商物流。

在这种情况下,宏观状态是数据不确定性,而微观状态就是AS和AOS。

工厂采购系统的数据不确定性自动记录频率是两个月更新一次,可以用于确定条件概率(前面在式(6-1)中确定)。表6-2给出了在案例研究中记录的条件概率。

表6-2　备件采购申请的数据不确定性的条件概率

| 过　　程 | 数据不确定性 | 符　　号 | 条件概率 |
|---|---|---|---|
| 采购申请的信息操作 | 将故障描述填写错误的比率 | $A_1$ | 0.07 |
| | 混淆需求零件的比率 | $A_2$ | 0.24 |
| | 班长将故障描述审核错误的比率 | $A_3$ | 0.31 |
| 订单确认 | 供应商实际无法提供所需零件的比率 | $A_4$ | 0.13 |
| | 工厂内零件库存在需求零件的比率 | $A_5$ | 0.25 |

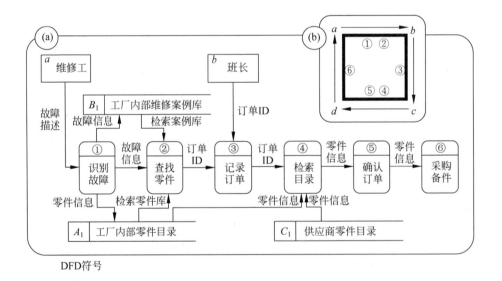

图6-3　备件采购申请的信息交换路径

(a)数据流程图表示实际信息交换；(b)信息动态引擎映射表示

利用数据流图,对工厂采购系统中采购申请这一步骤的信息流进行建模,如图 6-3(a)所示,并将其映射到信息动态引擎上,如图 6-3(b)所示。

如图 6-3 所示,启动信息动态引擎的"获取数据"($a$-$b$)阶段对应于图 6-3(a)中的"识别故障"和"查找零件";因请求服务且因服务没有得到答复而产生不确定性;"生成信息"的迭代($b$-$c$)阶段对应于"记录订单",处理订单,即对请求服务信息进行加工处理,信息需求下降;"计划成型"的结晶阶段($c$-$d$)对应于"检索目录"和"确认订单",并给予明确答复,因而不确定性在下降;最后完成服务,记录归档,反馈产生新的需求,或等待新的服务需求,($d$-$a$)阶段对应于"采购备件",也即对起始阶段 $a$-$b$ 中提出的需求开始采取行动。这六个步骤通过对信息流通路径的梳理转化成了信息动态引擎的四个阶段。

$S_1$ 是提出采购申请时的熵,$K(d)$(式(6-2))表示被申请采购的备件或整个宏观状态所需要的单个的微观状态;$S_2$ 是正式采购前的熵,$K(d)$ 表示确认采购申请订单所需要的单个微观状态。$N_1$ 是提出采购申请时的信息需求(式(6-4)),$m$ 的值是与故障所对应的备件需求的信息项数量;$N_2$ 是在已经确定目标备件情况下进行采购时的信息需求。由此可以根据识别特定备件需求的信息和工厂采购系统中用于识别备件的任何其他附加或内部信息来计算 $m$。

对于采购申请的信息操作来说,存在三个不确定性,即 $A_1$、$A_2$、$A_3$,因此有

$$K(d) = 3$$

根据表 6-2 可得 $A_1$、$A_2$ 和 $A_3$ 的条件概率分别为 0.07、0.24 和 0.31。因此,根据式(6-1),可计算 $H_1$ 为

$$H_1 = -\{(0.07\log_2 0.07) + (0.24\log_2 0.24) + (0.31\log_2 0.31)\} = 1.29$$

根据式(6-3),可以求得总熵

$$S_1 = K(d) + H_1 = 4.29$$

对于整个采购的申请过程,所有与微观状态 AS 和 AOS 相关的不确定性都是可能的,相当于存在五个不确定性,可得

$$K(d) = 5$$

同样地,可以根据表 6-2 的条件概率值来计算 $H_2$

$$H_2 = -\{(0.07\log_2 0.07) + (0.24\log_2 0.24) + (0.31\log_2 0.31) +$$
$$(0.13\log_2 0.13) + (0.25\log_2 0.25)\}$$
$$= 2.17$$

根据式(6-3),求得总熵

$$S_2 = K(d) + H_2 = 7.17$$

在整个信息交换过程中,涉及的信息操作有维修工进行采购申请(UI)、班长

确认订单申请（AI）和确认订单（IS）所需的信息总和，即 $7+5+4=16$。而在状态 1 处的信息需求 $N_1$ 是通过生产系统 $P_1$ 来完成表单申请，所需的信息项数量 $m$ 计算为 $7+3+2=12$。

对于这种情况，假设完成任务所需的所有信息都具有相同的概率，则可得

$$P(m)=\frac{12}{16}=0.75$$

根据以上这些信息，$N_1$ 可计算为

$$N_1=(1-0.75)^{-1}=4$$

同样地，状态 2 的信息需求 $N_2$ 的值可以计算为

$$N_2=(1-0.25)^{-1}=1.33$$

这是因为在确认订单时，服务系统（$S_1$）只需要生产系统（$P_1$）提供的信息。

## 6.3.4　信息流的优化

如图 6-3 所示，在为采购申请流程提供服务时进行的信息交换可以映射到信息动态引擎。此外，信息交换过程还可以根据确定的信息流路径进行优化，对于这个流程再造过程，目前提出的两种方法是：

（1）整合和重组信息，以减少信息交流。

（2）利用自动化数据收集系统减少系统中的参与者与涉及场景的数量。

如图 6-4 所示，这两种方法都采用了单独的方案来改进信息流。第一种方法是基于提出采购申请时的信息交换，第二种方法则基于那些具有高度重要性且具有很大程度不确定性的参与者或场景。

对于第一种方法：整合和重组信息，可以通过在工厂内部配置信息系统来达成，如图 6-4(a) 所示。通过配置"故障-零件"信息库，维修工人在系统内部识别上报故障时，经由系统直接查找并选定目标零件，将"识别故障"和"查找零件"的步骤整合，这确保了维修工人可以在工厂内部备件目录中有效地识别备件。

对于第二种方法：减少参与者和涉及场景，可以应用足够的自动化设施以及模糊搜索等技术来消除原流程中存在的数据不确定性 $A_1$、$A_2$ 和 $A_3$；可以开发一个集成性的目录，同时囊括工厂内部零件目录和供应商零件目录，并基于此来重构信息流，使得维修工人在搜索备件时直接查阅集成目录，以便提出采购申请；可以应用数据源验证来审核维修工人的输入是否正确，这种方法可以消除数据不确定性 $A_5$，以确保识别和申请过程的有效性。$A_4$ 不能完全消除，因为它代表被申请采购的零件可能无法在其被识别的供应商处获得，实际情况需取决于供应商的备件情况。

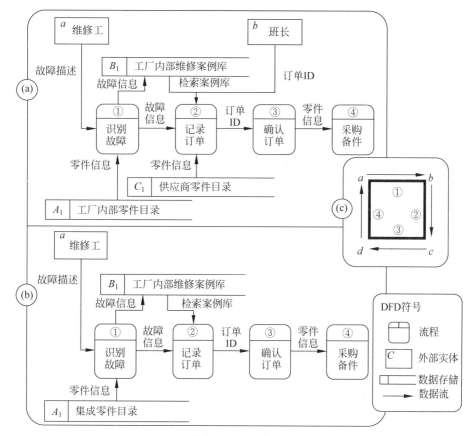

图 6-4　优化重组后的信息交换路径

（a）聚合和重组信息；（b）减少系统中的参与者和涉及场景；（c）优化后的信息动态引擎映射表示

# 6.4　场作用模型

## 6.4.1　概念模型

该模型从信息系统的功能出发，用符号语言来建立与已经存在的系统或新业务系统问题相联系的功能模型，并对信息系统功能进行分析，是面向功能的直观的信息分析方法。

（1）所有信息传递过程都可分解为三个基本元素（信源 $S_1$、信宿 $S_2$ 和信息传输媒介 $F$），如图 6-5 所示。

（2）将相互作用的三个基本元素有机组合，可构成一个信息传递过程。

（3）一个完整的信息传递过程必须由这三个基本元素组成。信源 $S_1$ 通过信息传递媒介 $F$ 将信息传递至信宿 $S_2$。

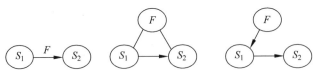

图 6-5　信息引擎-场作用示意图

信源和信宿（$S_1$、$S_2$）是一种与任何结构、功能、形状、材质等复杂性无关的实物，可以是材料、工具、零件、人、环境等。

信息传输媒介（$F$）是传递信源和信宿 $S_1$、$S_2$ 之间信息流动的载体，包括文字、图片、声音等。

信息引擎-场分析法是使用符号语言表达信息系统变换的建模技术。符号用来描述系统中两个元素之间的作用类型，如图 6-6 所示。

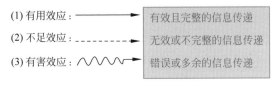

图 6-6　基本作用类型

## 6.4.2　信息引擎-场的传输模型

图 6-7 所示第一种模型是我们追求的目标；对后三种模型，可以类比 TRIZ 理论中物-场模型的 6 个一般解法求解，如图 6-8～图 6-13 所示。

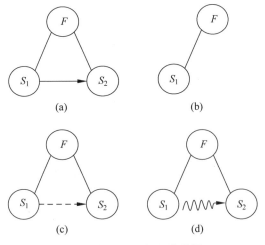

图 6-7　信息引擎-场的传输模型

（a）有效完整模型；（b）不完整模型；（c）效应不足的完整模型；（d）有害效应的完整模型

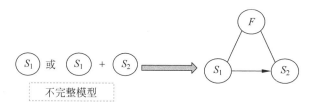

图 6-8　补充元素模型

图 6-9　加入 $S_3$ 阻止有害作用

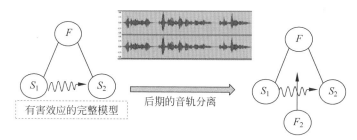

图 6-10　加入 $F_2$ 消除有害效应

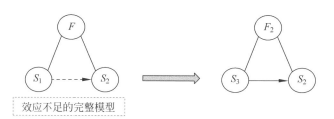

图 6-11　用 $F_2(S_3)$ 替代 $F(S_1)$

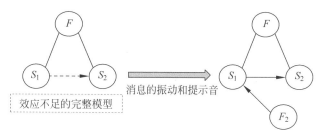

图 6-12　加入 $F_2$ 强化有用效应

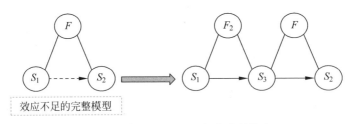

图 6-13　加入 $S_3$ 和 $F_2$ 提高有用效应

### 1. 补充元素

如订单配送：顾客($S_1$)向外卖员($S_2$)下达订单。使用外卖平台(信息媒介 $F$)将订单分配到外卖员手中。

### 2. 加入 $S_3$ 阻止有害作用

视频的现场收音：使用定向收音设备($S_3$)，来防止多余的现场环境声。现场收音人员($S_1$)，字幕后期人员($S_2$)，录音(信息媒介 $F$)。

### 3. 加入 $F_2$ 消除有害效应

视频的现场收音：通过使用多条音轨($F_2$)，来排除多余的现场环境声。现场收音人员($S_1$)，字幕后期人员($S_2$)，录音(信息媒介 $F$)。

### 4. 用 $F_2$($S_3$)替代 $F$($S_1$)

墙纸的去除：利用微信($F_2$)来代替纸质书信($F$)，以传递信息，效率和效果提升许多，改善时效性。

### 5. 加入 $F_2$ 强化有用效应

消息的振动和提示音：在喧闹环境接收信息时，会错过提示音，通过增加手机振动(外加的 $F_2$)，以加强信息传递的及时有效性。

### 6. 加入 $S_3$ 和 $F_2$ 提高有用效应

信息翻译：在社交软件的对话框上直接设置翻译功能($F_2$)，将对话语种统一，其交流效率得到提升。

## 6.4.3　案例

继续以前述案例为例探讨基于信息引擎-场模型的解决方案。

### 1. 将故障描述填写错误的改善

当故障发生时，首先由维修员发现并上报故障情况，可能会在描述过程中产生错误或者描述不完整，导致将故障上报系统时与工厂内部案例库中查询的结果有偏差，使得后续操作产生错误。可以通过在输入系统里增加上传故障图片的步骤，来增强原本的故障描述的准确性，如图 6-14 所示。

图 6-14　将故障描述填写错误的改善

### 2. 混淆零件需求的改善

在确认目标备件时,需要维修员基于已确认的故障信息来进行判断,一种故障可能对应着不止一种备件,工人对故障和备件的对应关系有可能判断错误。可以在备件搜索系统里直接配置故障-备件信息库 $S_3$,将原始的故障信息与备件信息相关联,如图 6-15 所示。

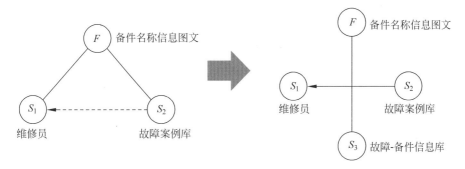

图 6-15　混淆零件需求的改善

### 3. 将故障描述审核错误的改善

在确认目标备件后,需要在工厂的备件库内对目标备件进行搜索,如果备件情况更新不及时,搜索系统就会无法顺利地从工厂内部的备件目录里进行匹配。可以建立对备件库存的实时监测,并对库存信息进行优化,以提高库存信息准确性,如图 6-16 所示。

### 4. 供应商实际无法提供所需零件的改善

在审核故障时,需要班长对数据库的搜索结果进行比对观察,订单源头的故障信息存在错误,或者班长疲劳等人为原因降低了准确度会产生错误,导致供应商实际无法提供所需零件。可以直接由数据源验证系统再进行一轮比对,以提高审核的效率和准确率,如图 6-17 所示。

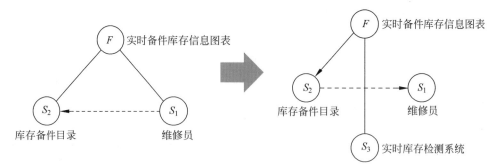

图 6-16　将故障描述审核错误的改善

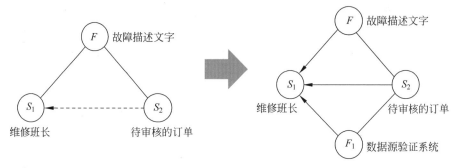

图 6-17　提高审核质量的改善

### 5. 工厂内零件库有无需求零件确认准确性的改善

在最终的订单审核过程中，维修班长所参照的通常都是供应商先前已经提供的零件目录，在实际生产中，有可能因为时效性而产生偏差。

供应商属于工厂外部的单位，实时更新信息比较困难，因此可以通过提高与供应商接洽的频率，加快供应商备件目录的更新速度，以提高工厂内零件库有无需求零件的确认准确性，如图 6-18 所示。

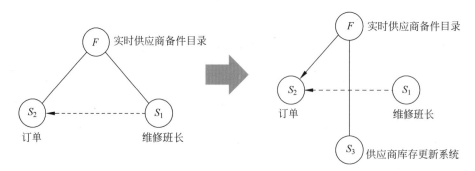

图 6-18　工厂内零件库有无需求零件确认准确性的改善

## 6.4.4 结果讨论

### 1. 信息流分析的优势

在生产服务系统(PSS)中,随着关注的焦点从设备的销售转向使用,客户价值的重要性也会不断增长。现有的 PSS 研究着重关注定义合适的方法来集成生产和服务的过程,然而人们已经认识到关于数据和信息流的研究目前尚少,因此这类研究具有较高的价值。

在 PSS 中应用信息动态引擎等信息流模型可以通过提供对系统流程的交互分析来提高系统效率,而这种效率正是由生成的可用信息的价值不断增加推动的。因此如本案例研究所示,可以基于 PSS 中的信息交换重构信息流的路径,并基于对数据不确定性的识别,提高信息交流效率。

### 2. 本案例研究的局限性

在案例研究中使用的信息动态引擎是一个在高度抽象层次中建模信息流的工具,该工具仅限于从信息交换中提取的信息流的路径和方向。在本案例中,使用信息动态引擎分析了 PSS 交付的信息流,但关键信息如交付信息的时间等因素无法被识别应用,因此在信息流分析这一领域,还需要一种全面的信息建模方法来定义信息的各个方面,如信息结构和信息内容等。

此外,由于可用数据数量有限和不确定性,该方法需要人工判断来确定数据项的采用情况、不同信息项对任务的影响、数据的不确定性导致信息流效率低下的原因和类型。在进行定量分析时,会有较大误差。

### 3. 信息场模型与信息引擎模型的差异

信息引擎模型表示了将原始数据转换为目标程序可以有效使用的信息过程,该过程就像热力学引擎将热能转化为机械能一样,主要涉及能量转换以及转换效率的问题。信息引擎模型是信息流价值的表征方法之一。信息引擎模型成功地使用物理学概念解读信息流的流动与转化效率问题。信息场模型旨在描述信息场的作用,重在可视化任务的信息环境及可能承受的认知负荷作用。具体差异如表 6-3 所示。

表 6-3 信息引擎模型与信息场模型的对比分析

| 分析因素 | 信息引擎模型 | 信息场模型 |
|---|---|---|
| 目的 | 类比热机循环描述信息传递与转换的效率 | 类比物理场描述信息的负荷作用 |
| 数学描述 | 信息需求与算法熵和概率熵的关系,重在描述任务的信息需求与信息流传递效率问题 | 系统成熟度等级与熵的关系(宏观概率、微观模糊),重在评价 |

续表

| 分析因素 | 信息引擎模型 | 信息场模型 |
|---|---|---|
| 关键元素 | 信息需求、物理熵（数据的算法复杂性和统计复杂性） | 系统状态的宏观评级及其不确定性和微观评价的模糊不确定性 |
| 应用 | 重在描述两个实体之间的信息交互 | 重在描述任务的信息需求与系统所能提供的信息之间差异不确定性所导致的认知负荷的作用 |

# 6.5 本章小结

本章详细介绍了 Sundresh(1997)提出的信息引擎的概念及其分析框架,创造性地将信息引擎模型与物场分析模型结合给出了信息引擎-场分析模型,并给出了相应问题的解法及其案例说明。

该案例研究涉及一个工厂采购系统中关于采购申请的三个主要步骤。首先,采用德尔菲方法来捕获在采购申请过程中出现的数据不确定性,这一步还涉及了表示信息交付的数据流图;其次,对数据不确定性及信息交付过程中所需信息进行分析;最后,综合考虑信息引擎与信息流图的改进方案,并根据所确定的不确定性对系统进行重新设计。该案例研究表明,将数据不确定性和信息流分析相结合,可以应用于改善 PSS 的特定功能。

值得说明的是,作者认为将信息需求视作状态参数(温度)值得商榷,因为将信息需求解释为过程参数更为合理。但是信息引擎这一概念为信息流分析提供了值得借鉴的研究方向和方法。

# 第 7 章

# 信息加工经济原则与工作站作业复杂性测度方法

## 7.1 动作经济原则的简要回顾

通过对人体动作的研究,创立一系列能最有效地发挥人的能力的动作原则,由于它能使工作者的疲劳最少、动作迅速而容易,增加有效的工作量,因而被称为经济原则。

动作经济原则最初是由吉尔布雷斯(Gilbreth)提出的,也称为"沙布利克分析",后经多位学者继续研究整理,逐渐完备,其中 Barnes、Maynard 以及德意志作业研究联盟将之整理为:①有关人体运用;②有关工作场所;③有关工具与设备之设计,共分三类、二十二项、十条原则,以身体活动最适宜的动作为基本出发点,表示作业时人体功能有效利用的动作方法的身体使用原则和作业区合理设计原则,以及从人类工效学的观点,对工艺装备和设备等进行设计的原则。

### 1. 关于人体的有效利用(八项原则)

(1) 双手应同时开始并同时完成动作。

(2) 除规定的休息时间外,双手不应同时空闲。

(3) 双臂的动作应该对称,反向并同时进行。

(4) 手的动作应以最低的动作等级而能得到满意的结果。

① 手指运动;

② 腕关节运动;

③ 前臂动作;

④ 上臂运动;

⑤ 肩部运动。

(5) 物体的运动量应尽可能地利用,但是如果需要肌力制止,则应将其减到最小的程度。

(6) 连续的曲线运动,比方向突变的直线运动佳。

(7) 弹道式的运动,较受限制或受控制的运动轻快自如。

（8）动作应尽可能地运用轻快的自然节奏，因节奏能使动作流利及自发。

### 2．关于工作地安排（八项原则）

（1）工具物料应放置在固定的地方。

（2）工具物料及装置应布置在工作者前面近处。

（3）工具物料应依照最佳的工作顺序排列。

（4）零件物料的供给，应利用其重量坠送至工作者手边。

（5）坠落应尽量利用重力实现。

（6）应有适当的照明，使视觉舒适。

（7）工作台的高度，应保证工作者舒适。

（8）工作椅式样及高度，应能使工作者保持良好的姿势。

### 3．设备与工具的设计

（1）尽量解除手的工作，而以夹具或脚踏工具代替。

（2）可能时应将两种工具合并使用。

（3）手指分别工作时，其各指负荷应按照其本能予以分配。

（4）设计手柄时，应尽可能增大与手的接触面。

（5）杠杆、十字杆及手轮的位置，应能使工作者极少变动姿势，且能最大地利用机械力。

（6）工具物料应尽可能预放在工作位置上。

动作经济的四项基本原则：

双手使用尽量同时；

动作单元力求减少；

动作距离力求缩短；

工作布置尽量舒适。

这四项原则是动作经济的 22 条原则的核心。

## 7.2　生产现场信息加工经济原则

### 7.2.1　人的操作行为模型

人的行为是一个复杂的过程。在过去的半个世纪中，对人的行为的研究不断取得新的进展，这主要体现在两大方面：一方面是从心理层面进行的人的认知行为研究，另一方面是从工效学角度对人的行为动作进行的研究。认知心理学重点从认知活动的结构特点来分析人的内部心理机制，主张从信息的感知、处理和输出视角研究人的认知行为，并提出了经典的 S-O-R 模型。Wickens 提出的信息处理模型就是一个经典的 S-O-R 模型，他将人的行为过程描述为一个信息的传递和反馈过程，人从环境中感知刺激并获得有效信息，通过大脑的记忆功能、决策和响应对信息进行处理，从而指导人的行为。这类行为研究侧重于人的心理过程，而忽视了人的具体动作的实施。而工效学分析主要是从人体生理结构的角度对人的行为进行分析和评价,旨在提高人的动作效率,减少人的错误和疲劳,并提高人体在行为过程中的舒适度体验。工效学研究主要从作业姿势、动作特性、作业空间、作业环境等方面对人的行为进行分析,是人的行为研究的重要组成部分。基于上述分析可知,一个完善的操作行为模型应该能够准确而全面地反映人在操作过程中的全部行为特征,任何一项单独反映人的心理过程或人的操作动作特征的行为模型都无法实现这一需求。因而,为了准确而全面地分析生产过程的综合复杂性,本章建立一个新的人的操作行为模型,如图 7-1 所示。

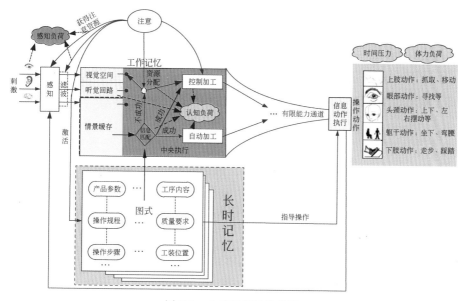

图 7-1　人的操作行为模型

该模型所描述的操作行为过程如下:在一定的任务预期下,首先,操作者通过感受器感知外界刺激,这些刺激的数量、呈现形式与强度以及对注意资源的依赖程度共同构成了感知复杂性;其次,这些刺激按照性质分别进入视觉空间、听觉回路与情景缓存,并形成抽象的概念、形象的图像和清晰与模糊的逻辑信息,然后人脑的工作记忆会安排这些概念、图像和逻辑信息与长时记忆中存储的知识进行匹配并加工(自动加工和控制加工),这些加工构成了认知复杂性。这种复杂性与信息中各个元素间的交互作用形式和加工属性有关。经加工的信息在经过有限能力通道进行传递和反馈时会受到操作者情景意思能力、操作者个体的知识结构和任务的时间压力的影响,进而对信息进行取舍(这种取舍分有意识的和无意识的),并交付执行完成一个任务循环。

## 7.2.2　信息加工经济原则的基本概念

参考动作经济原则的定义方法,作者给出了信息加工经济原则的定义如下。

(1)生产过程三要素：人、机器和物料；生产质量六要素：人、机器和物料\法\环境\测量。

(2)信息加工经济原则的理念：为了以最低限度的信息加工负荷获取最高的信息加工效率和生产过程的安全与产品质量，寻求最合理的加工作业信息可视化时应遵循的原则。根据这些原则，任何人都能检查生产作业、安全与环境信息的可视化是否合理。

信息加工经济性的四条基本原则：

(1)减少信息数量/最大一次性信息呈现数量应符合 7±2 原则。

(2)视、听信息同时呈现/即看得见也听得见。

(3)降低信息加工的深度/改变呈现方式或使用简单工具降低信息加工深度。

(4)轻松作业/①使用简单工具降低信息加工深度，提升信息传递效率，达到轻松作业的目的；②在布局与人造物规划时，要尽量使布局与人造物的属性信息场易于激发自动加工，抑制控制加工，进而达到轻松作业的目的。

## 7.2.3  信息加工经济原则的作用

(1)发现作业信息中不符合信息加工经济原则之处，取消信息中存在的不合理、不稳定和无用的信息。

(2)取消信息中容易造成心理疲劳和失误的因素，使操作者保持良好的状态，有节奏地进行作业。

(3)掌握信息加工经济原则，提高信息可视化意识、问题意识和改善意识，经常构思和运用高效的作业信息分析。

通过对人的作业指导、环境/安全、测量工具与方法三个方面设计，提高作业人员的信息传递效率，改善作业环境，使作业人员的心情愉快。信息加工经济原则的应用拓展如下：

基本原则一的应用：减少信息数量。

(1)关于标准操作指导书。

(2)关于作业现场安全与环境。

(3)关于测量。

基本原则二的应用：视听信息同时呈现。

(1)关于标准操作指导书。

(2)关于作业现场安全与环境。

(3)关于测量。

基本原则三的应用：降低信息加工的深度。

(1)关于标准操作指导书。

(2)关于作业现场安全与环境。

(3)关于测量。

基本原则四的应用：轻松作业。

(1)关于标准操作指导书。

(2)关于作业现场安全与环境。

(3)关于测量。

## 7.2.4　信息加工经济原则的进一步解读

该原则为工厂管理要素的分析、工厂信息价值优化和工厂标识设计提供了改善方向与标准,下文将从信息的广度、深度和强度三个角度对信息加工经济原则进行解读。

### 1. 信息的广度

信息的广度指系统所呈现信息的数量,要求信息有价值和有意义,属于横向信息。利用信息加工经济原则进行设计与改善,要考虑信息的数量,同时要考虑信息的提取效率,信息的广度不是指信息的过分碎片化,而是要求信息有条理与有逻辑,呈现模块化,满足工作记忆的 7±2 原则。

### 2. 信息的深度

信息的深度描述了信息在传递过程中的复杂情况,要求工人能快速学习与了解信息,属于纵向信息,强调信息易于加工和理解,旨在降低信息加工的负荷。对工厂的微观改善中可以利用文字说明、图形结合及多媒体的方式。

### 3. 信息的强度

信息的强度是系统信息输出的效果与信息表达的强烈状态,主要是视觉的冲击程度,可以利用色彩的强烈对比去加强信息输出的效果,信息的强度越大,工人就越能识别信息,降低认知负荷。

从信息的广度、深度和强度三个维度考虑工作站的优化改善,能够从微观上对工作站的信息情况进行优化分析,进而降低工人的认知负荷,让工人可以轻松获取信息,表 7-1 是信息三维度的微观细则情况。

**表 7-1　信息三维度的微观细则情况**

| 信息维度 | 信息负荷 | 原　则 | 具体形式 |
|---|---|---|---|
| 广度 | 所含信息要素个数 | 缩减信息加工数量 | 需求信息数量 |
| 深度 | 信息的表现方法 | 视听信息同时呈现 | 文字,声音 |
| | | | 图像符号 |
| | | 降低信息加工深度 | 图文并茂 |
| | | | 多媒体 |
| 强度 | 信息的呈现强度 | 轻松作业<br>(基于辅助工具) | 颜色 |
| | | | 布局 |
| | | | 形状与尺寸 |
| | | | 位置 |

类比动作经济原则,从作业方法、作业现场和辅助工具三个角度细化信息加工经济原则,具体原则如表 7-2 所示。这些原则可以很好地用于工厂的信息改善,同时也是工业工程方法适应信息时代的一种尝试。

**表 7-2　信息加工经济原则的具体阐述**

| 维度 ＼ 原则 | 1. 减少信息数量<br>是否减少信息的数量 | 2. 视听结合<br>人体感官是否同时使用 | 3. 降低信息加工的深度<br>作业过程的信息是否过于复杂 | 4. 轻松作业<br>是否进行多余的判断，选择，思考和预置 |
|---|---|---|---|---|
| 作业方法 | 简化信息，将相同信息合并 | 图文、视听多感官集成印证。 | (1) 信息满足人体色彩识别；<br>(2) 信息匹配人体生理结构 | — |
| 作业现场 | (1) 保持信息的稳定性，拒绝无知信息；<br>(2) 满足信息延伸性，按作业要求进行信息配置 | （1） 多媒体辅助；<br>（2） VR，AR，MR 辅助 | (3) 信息的可衡量，定性与定量；<br>(4) 信息传递路径最短原则 | (1) 信源与信宿完整无冗余原则；<br>(2) 信息流连续无中断原则；<br>(3) 信息场场强取小原则；<br>(4) 满足分布式认知 |
| 辅助工具 | — | 多种工具的辅助认证 | 使用脚手架 | (1) 使用智能电子辅助设备；<br>(2) 符合人因工程 |

## 7.2.5　信息加工经济原则的应用

### 1. 基本原则一的应用：减少信息数量

基于原则一的改善方案：①对信息进行整理，删除无用、重复、多余的信息；②对相似的、表意相近的信息，按照人的思维逻辑进行整合，成为一个表达意义明确、针对性强的信息块，信息块的数量要符合 7±2 原则，以 5～9 个为宜；③对信息块的排版进行规划，使之在版式上符合人的审美，条理清晰。

（1）关于标准操作指导书。改善前后的标准操作指导书见图 7-2 和图 7-3。

信息数量包括信息组块的数量符合 7±2 原则，也就是作业指示信息或信息块或条的数量最多不应超过 9 条或块。将图 7-2 与图 7-3 对比可见将作业指导的内容分块可以降低信息加工的数量。

（2）关于作业现场安全与环境。改善前后的叉车安全提示见图 7-4 和图 7-5。

由图 7-4 和图 7-5 可见，同样的安全信息内容，经改善后信息加工数量减少，使信息变得易于加工。

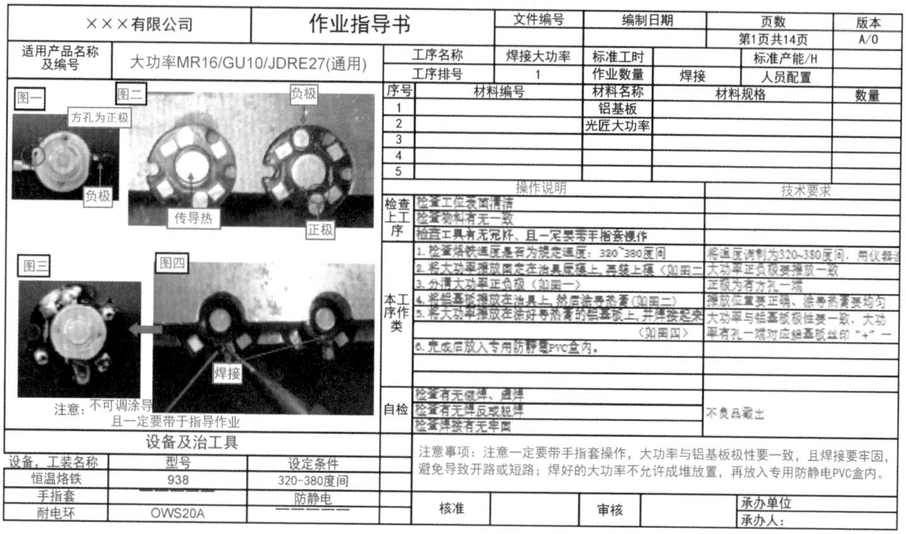

图 7-2　标准操作指导书改善前

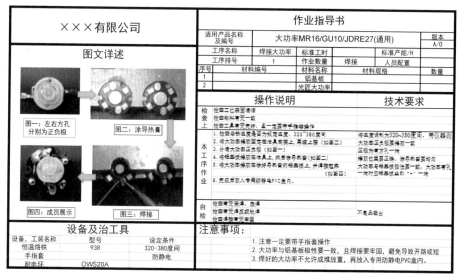

图 7-3　标准操作指导书改善后

（3）关于测量。尚未开发相关案例。

## 2．基本原则二的应用：视、听、触等信息同时呈现

教育心理学研究表明：在人获取的外界信息中，83％来自视觉，11％来自听觉，3.5％来自嗅觉，1.5％来自触觉，1％来自味觉。人类最常用的信息交流手段是视觉和听觉。人类通过视觉和听觉获取的信息约占人类获取信息总量的 95％。

（1）关于标准操作指导书。这类案例很多，如数字辅助系统的应用/电子版的

图 7-4　安全指示改善前

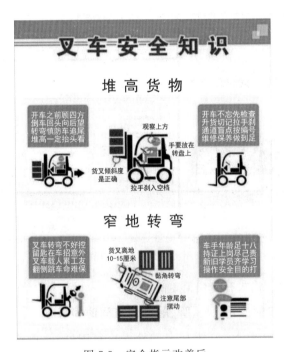

图 7-5　安全指示改善后

操作指导书，就是视觉与读音同时呈现。还有车载导航仪以及电子地图等均具有视听信息同时呈现的功能（见图 7-6）。

图 7-6　3D 导航＋语音

（2）关于作业现场安全与环境。在生产现场使用的安东系统通常是以视听信息同时呈现的方式来提示人们开展相关作业的。大野耐一安东系统：如图 7-7 所示，当机器出现故障时报警灯会亮起，并且伴有警报声。安东系统为一种可视化的信号系统，其信号意义：绿色进行中，红色停止状态，黄色代表注意。该系统能够收集生产线上有关设备、生产以及管理的多方面信息，对这些信息进行处理后，安东系统控制分布在整个车间的指示灯和声音报警系统，每个工位都有控制开关，当出现问题时，可及时反映到主机，通知其他部门解决，并可由计算机记录、分析问题频率。另一个大家熟悉的例子是楼梯间的电梯到达通知，它也是通过视听信息同时呈现来告知人们是哪一个电梯到达，如图 7-8 所示。

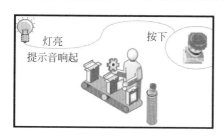

图 7-7　安东系统示意图

图 7-8　电梯到达视听提示信息的同时呈现

指差确认，也称作指呼法，始创于日本，原为铁路行业用的安全动作，即以手指指着物件，口诵确认，心手并用，以达到减少人为失误导致意外的效果。后来它广泛用于不同领域，包括建造业、制造业、机电工程业等。指差确认亦有不同的称谓：指差唤呼、指差呼唤、指差呼称、指差确认呼称等。指差确认所使用的动作如下：

眼：坚定注视要确认的目标，臂及手指-伸展手臂，用手掌食指指向要确认的目标（也有同时使用食指和中指）；口：高声及清楚地呼唤"……OK"；耳：聆听自己呼唤。

121

（3）关于测量。尚未开发相关案例。

### 3. 基本原则三的应用：降低信息加工的深度

信息加工深度的概念：信息的加工分无意识加工和有意识加工。无意识是生物本能的作用，意识是人类智慧的作用。无意识行为是人对于事物所做出的最客观的反应。

相比于无意识，有意识则更加容易被人们理解和接受，人的诸多心理活动，例如，大脑的思考、主观的注意、对事物的认知等都属于对信息进行有意识的加工和理解。

信息加工的初级阶段：①处理不能被抑制；②信息正在迅速处理；③信息可以同时处理；④不用训练，依靠大脑的感知能力而不是学习就能够交流信息，如图 7-9 所示。

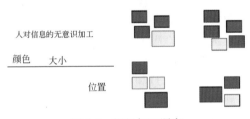

图 7-9　初级加工顺序

人对信息的无意识加工优先级是按颜色、大小和位置的顺序进行的。如图 7-10 所示，人们首先感知到的是颜色，因此对颜色变化最敏感，其次是大小，然后是位置的变化。

信息加工的高级阶段：①需要有意识的努力；②慢速并按顺序处理；③难学；④容易忘记；⑤需要控制处理。

如图 7-10 所示，信息加工深度沿箭头方向逐渐加深。

图 7-10　加工深度递增顺序示意图

（1）关于标准操作指导书。点餐系统使用图文并茂的方法降低信息加工的深度，见图 7-11。

（2）关于作业现场安全与环境。尚未开发相关案例。

（3）关于测量。测量过程实际是一个信息加工的过程，测量工具的进步充分体现了降低信息加工深度的思想，如图 7-12 所示，不同种类测量工具所体现的信息加工深度不一致，从游标卡尺到数显卡尺，信息加工深度在逐渐降低。

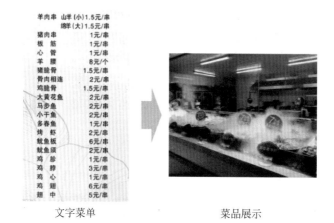

图 7-11　点餐的操作指导

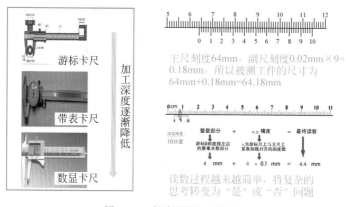

图 7-12　长度测量工具选择

### 4．基本原则四的应用：轻松作业

就信息加工而言,轻松作业的意义在于通过直接明确的任务安排和现场 5S 使工作环境利于信息的传递,通过信息加工自动化设备来提升信息加工速度,达到轻松进行信息加工作业的目的。

图 7-13 左侧为在发动机装配现场进行的手工信息录入操作,经改善改为右侧通过扫码进行信息的录入加工,大大提升了信息加工过程的舒适性。这是通过提升信息加工自动化水平来实现信息加工操作舒适性的例子。

（1）关于标准操作指导书。按照一些工具的形状描画出对应的形迹,在每个工具"形状"上方挂一根挂钩,当工具用完时,我们就可以按照其形状将工具放回原位,按图索骥,杜绝工具放错、丢失现象的出现,即使丢失一把也可以一目了然——轻松作业。可以在空图处挂一个谁取走了的牌子,以提升信息传递效率,减少不必要的寻找,见图 7-14。

图 7-13　将文字填写转换为二维码扫描作业

（2）关于作业现场安全与环境。图 7-15 所示为手机安全密码的设置过程，左侧为传统方法输入密码，需要记忆，还有遗忘之风险，右侧改为指纹输入则大大提高了信息加工操作的舒适性。

图 7-14　工具目视化　　　　　　　　图 7-15　将密码输入转换为指纹确认

（3）关于测量。图 7-16 展示了传统体温测量与现代非接触式自动体温测量的差别，传统方法的测温信息加工过程比较复杂、耗时，而使用非接触式测温设备则大大提高了测温过程的体验性。

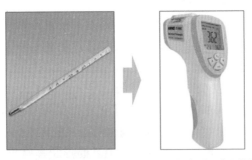

图 7-16　将手工测量转为非接触式自动测温仪测量

图 7-17 给出传统弹簧尺寸筛选过程，左侧为卡尺测量，右侧为通过式测量，显然右侧通过式测量的操作体验更好，更舒适。

图 7-17　将卡尺测量转化为通过式测量

# 7.3　作业过程与作业难度复杂性分析评价模型框架

如图 7-1 所示,人的操作行为是受大脑支配的,操作行为伴随大脑的认知加工过程,从信息加工的角度看,作业复杂度是指操作者对作业中各类信息进行认知加工的困难程度,它与生产现场的信息表达方法和特征有关。基于上述人的操作行为模型和作者提出的信息加工经济原则,本书给出了作业过程复杂性分析评价模型框架如表 7-3 所示。

表 7-3　作业过程复杂性分析评价模型框架

| | 与信息加工相关的要素 | | | 信息加工经济原则 | 信息加工任务的时间压力 |
| --- | --- | --- | --- | --- | --- |
| | 作业的信息感知量(信息负荷) | 作业的信息加工深度 | 作业信息输出方式 | | |
| 影响因素 | 1. 信息元素个数(客观量)<br>2. 信息的呈现形式与呈现强度 | 1. 信息中各个元素间的交互作用形式<br>2. 加工属性(由信息的呈现形式、强度与信息匹配情况决定)<br>(1) 控制加工<br>(2) 自动加工 | 1. 注意资源的分配(感知到的信息并非都是有效信息)<br>2. 人的知识结构差异与情境意识能力 | 1. 有无信息加工辅助设备(轻松作业)<br>2. 耳眼同时作业<br>3. 减小信息加工的深度<br>4. 减少信息加工的数量 | 1. 任务的操作时间 $T/s$<br>2. 任务的操作时间定额 $T_c/s$ |

由表 7-3 可以看出,在整个作业任务执行循环中,作业过程信息加工的复杂性影响因素众多,有作业信息数量因素、信息加工深度因素、作业信息输出方式、信息

性以及信息加工的时间压力。其中作者提出的信息加工经济原则对这些因素进行了约束，并为可视化管理以及数字辅助系统的设计指明方向。

任务的执行过程既包括心理过程也包括物理过程，前述为基于信息加工原理的心理过程。根据工效学原理可知，任务执行的物理过程由两大要素组成：作业姿态和作业动作。它们都受到作业空间特性的约束，也会受到作业环境的影响，按照工业工程现场改善的理念，这些要素要符合动作经济原则，动作经济原则符合率越高，作业难度越低，操作舒适性与作业效率越高，因此这些因素将直接影响操作者完成操作任务的质量和效率。与表 7-3 对应，作者建立了生产现场作业难度评价模型框架，如表 7-4 所示。

表 7-4　作业难度评价模型框架

| | 作业空间精益性特征 | | 动作经济性 | 作业过程的环境特征 |
|---|---|---|---|---|
| | 工位器具现场布局 | 动作及其姿态舒适性 | | |
| 影响因素 | 1. 工具原料固定顺序使用率；<br>2. 工具原料定置放置率 | 1. 搬运分析；<br>2. 生物力学分析；<br>3. 上肢评价分析（RULA）；<br>4. 姿态舒适度分析 | 1. 有无机械辅助装置（轻松作业）；<br>2. 双手同时作业率；<br>3. 最短距离原则（工位原料伸手可达率）；<br>4. 减少动作次数 | 照明，空气质量，噪声等级 |

由表 7-4 可知，作业难度与生产作业过程中操作者姿态的舒适度和动作实现的容易程度相关，受到任务特性、作业现场布置、工夹具与机器、人体结构特征以及是否具有机器人辅助加工系统的存在等因素的综合影响，属于客观复杂度，且不受操作者主观意识的影响。为此作者从作业空间特性、作业姿态以及作业的动作经济性符合率三方面建立了生产作业难度的评价体系。

在表 7-3 和表 7-4 基础上，作者构建了生产作业综合复杂性评价指标体系。

# 7.4　生产作业综合复杂性评价指标体系

## 7.4.1　作业难度评价指标体系

### 1. 动作与作业空间评价

（1）双手作业平衡率评价。根据动作经济原则，在进行双手作业时应尽可能实现双手同时开始和结束动作，以及实现两臂的对称性动作。独臂式的操作容易使操作者身体更早进入疲劳期，增加了作业难度，而实现双手作业的对称和平衡，可以降低操作者疲劳程度，减少动作上的浪费。双手作业平衡率 $B$ 是指在完成某一作业的动作中，双手作业动作的数量 $d$ 占作业动作总数 $D$ 的比例，即

$$B = \frac{d}{D} \tag{7-1}$$

该指标描述了操作者双手作业的平衡性。

（2）作业空间布局评价。作业空间不同的布局方式会对操作者的行为产生不同的影响。通常在进行作业空间设计阶段就要从重要性、使用频率、功能和使用顺序等多方面进行分析，以使操作者的作业更加简单舒适。在进行作业空间设计时，通常将指定空间里的物理实体称为元件。在生产作业空间中，元件包括工位器具、产品、加工设备。理想的作业空间就是每一个元件都处于最优的位置上，以降低员工的操作难度。作业空间布局是一项复杂而重要的任务，是影响员工操作难度的重要因素。本节根据作业空间布置的基本原则建立三种评价指标，即工位器具伸手可达率、固定顺序使用率以及定置放置率，对影响生产作业任务操作难度的空间布局因素进行评价。

① 工位器具伸手可达率 $R$。工位器具伸手可达率 $R$ 是指在某种作业姿态下处于操作员正常作业空间范围内的工具数量 $r$ 占工位器具总数 $N$ 的比例，即

$$R = \frac{r}{N} \tag{7-2}$$

工位器具伸手可达率体现了作业空间布局的合理性，描述了操作员获取工具的难易程度，是影响作业者操作难度和舒适性的关键因素之一。通常，进行工位器具伸手可达率分析需要建立特定人体姿态作业空间模型，分析处于正常作业空间范围内工具的数量。人体模型尺寸的选择通常需要保证 90% 以上的操作者都能符合该模型的特征。图 7-18 为站姿下人体作业空间模型，空间 1、2、3 和 4 内分别为最有利作业范围、适宜作业范围、最大操作范围和最大可达范围。其中，位于操作员正常作业空间内的工位器具数 $r$，即指位于适宜作业空间范围 2 内的工位器具数量。

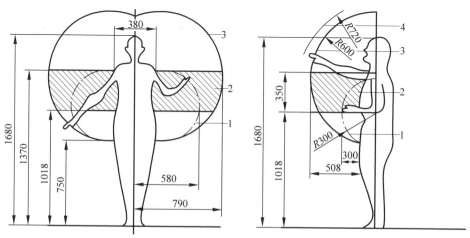

图 7-18　人体站姿作业空间模型

② 固定顺序使用率 $S_1$。在生产过程中,若能够按照使用顺序进行工位器具的布置,则会大大降低操作者的操作难度。本书采用固定顺序使用率 $S_1$ 来衡量这一指标,该指标是指在操作过程中具有固定使用顺序的工位器具或设备所占比例,描述了操作员在作业过程中工位器具的选择难易程度。若 $n$ 指具有固定使用顺序的工位器具的数量,$N$ 指工位器具和设备的总数,则

$$S_1 = \frac{n}{N} \tag{7-3}$$

③ 定置放置率 $S_2$。定置管理就是将工位器具的摆放固定化的一种管理方法,能够提高现场作业管理的有序性,减少操作员作业过程中不必要的寻找,提高操作员作业的舒适性。定置放置率 $S_2$ 是指具有固定放置位置的工具、设备占工具设备总数的比例,描述了操作者在作业过程中寻找工位器具的难易程度。若 $m$ 表示具有固定位置的工位器具和设备的数量,则

$$S_2 = \frac{m}{N} \tag{7-4}$$

### 2. 作业姿态舒适性评价

在生产过程中,针对不同的作业模式,操作员需要以不同的作业姿态来完成操作行为。在工效学领域,作业姿态是影响人疲劳度和舒适度的重要因素,因而分析人的操作难度就必须对人的作业姿态进行研究。

作业姿态通常分为静态姿态和运动姿态。人体常见的静态作业姿态有坐姿、蹲姿(跪姿)、立姿(弯腰)三种。而通常在机械制造业的生产过程中,以立姿作业为多,因而本书将通过三维仿真软件 CATIA 的人机工程学模块对生产中的立姿作业过程进行分析。

运动姿态是人进行生产操作最显著的特征,人体的生理结构、运动特性与人体的相容性对其完成作业的难易程度具有重大的影响。一般将人的运动姿态划分为以下四类:

(1)离散动作,包含到达某一固定目标的单一动作,例如伸手去拿天车控制器或者指出计算机屏幕上的一个字等。

(2)重复动作,包含对单个或多个特定目标的单一动作的重复,例如用锤子敲击结构件臂体、焊接预处理中刷助焊剂的动作等。

(3)顺序动作,包含对若干特定目标的一系列离散动作,此处对其目标的摆放规则没有要求,如操作数控机床控制面板的按键动作等。

(4)持续动作,是指在作业过程中需要肌肉控制以调整角度的动作,如焊接作业时手腕随焊缝的移动,钻孔作业时,手持操作柄完成进刀钻削的动作等。

在生产过程中,操作作业过程是由一系列连贯的动作组成的,不同作业会使人体不同部位的姿态评分产生差异,而且单独进行特定部位的评价和对比无法准确

反映操作者作业过程中作业姿态的整体难易程度。所以为了表现整个操作的舒适度特性,本章通过对生产现场任务的分析制定了相应的评价标准,并依据标准对生产任务的操作舒适度进行评价。

1) 结构件生产工艺要素分析

结构件生产的工艺类型以作业内容的相似度进行分类,回转机构结构件的工艺类型主要包括结构体装配、零部件装配、手工焊接、半自动焊接、镗和钻六种;变幅机构结构件的工艺类型则包括铣边、折弯、倒角、结构体装配、配件装配、手工焊接、半自动焊接、镗和钻九种。焊接工艺则为手工操作任务,工人在进行焊接时,需要手工安装焊接零部件,与机加工艺相比其动作种类、数量较多。因此,结构件生产任务是兼具机加任务特征与装配任务特征的综合性作业任务,如图 7-19 所示。

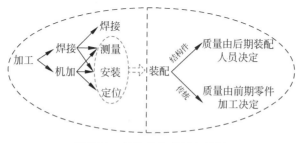

图 7-19　结构件生产任务特征

综合来讲,结构件生产任务可以分为对产品和配件的搬运、安装定位、测量、焊接和机加五大典型核心任务。据此,下面分别针对每一类任务进行动作分析,并将这些任务的动作要素概括如下。

(1) 搬运任务:分手工搬运和吊运。手工搬运需要工人手部持重进行操作,吊运作业需要工人使用行车对结构体组件和体积较大的配件进行吊运。表 7-5 给出了搬运任务的特征动作与对身体产生影响的部位。

(2) 安装任务:配件的安装操作包括安装件的获取、定位、固定等。表 7-6 给出了安装任务的特征动作及影响部位。

表 7-5　搬运任务动作要素及其影响部位

| 编　　号 | 特 征 动 作 | 影 响 部 位 |
|---|---|---|
| 1 | 走步 | 脚部、腿部 |
| 2 | 弯腰 | 腰部 |
| 3 | 获取部件 | 腰部、手臂部 |
| 4 | 搬运部件 | 腰部、眼部、手臂部 |
| 5 | 位置检查 | 腰部、眼部、手臂部 |

表 7-6　安装任务动作要素特征及其影响部位

| 编　号 | 特 征 动 作 | 影 响 部 位 |
|---|---|---|
| 1 | 走步 | 脚部、腿部 |
| 2 | 弯腰 | 腰部 |
| 3 | 获取配件/吊车 | 腰部、手臂部 |
| 4 | 勾取配件 | 腰部、手臂部 |
| 5 | 搬运配件 | 腰部、手臂部、腿部、肩部 |
| 6 | 放置配件 | 腰部、手臂部 |

（3）测量任务：此类任务只出现在某些位置精度要求较高配件的安装任务之前。表 7-7 给出了配件安装任务的特征动作。

（4）焊接任务：手工焊接是针对不规则焊缝或位置偏僻的焊缝进行的焊接，需要操作工人长时间手持焊枪根据焊缝位置不断转换焊接姿势，容易导致作业疲劳。表 7-8 给出了这类任务的动作要素及其影响部位。

表 7-7　测量任务动作要素及其影响部位

| 编　号 | 特 征 动 作 | 影 响 部 位 |
|---|---|---|
| 1 | 走步 | 脚部、腿部 |
| 2 | 弯腰 | 腰部 |
| 3 | 获取尺子 | 腰部、手臂部 |
| 4 | 测量 | 腰部、手臂部、眼部 |
| 5 | 放置尺子 | 腰部、手臂部 |

表 7-8　焊接任务动作要素及其影响部位

| 编　号 | 特 征 动 作 | 影 响 部 位 |
|---|---|---|
| 1 | 走步 | 脚部、腿部 |
| 2 | 弯腰 | 腰部 |
| 3 | 获取焊枪 | 腰部、手臂部 |
| 4 | 对准 | 腰部、手臂部、眼部 |
| 5 | 拼焊/焊接 | 腰部、手臂部、眼部、腿部 |
| 6 | 放置焊枪 | 腰部、手臂部 |

（5）机加任务：结构件车间的机加任务流程可以大致分为开机、操作控制器、对刀、加工、调整、判断检查与关机这几个步骤。表 7-9 给出了机加任务特征动作及其影响部位。

表 7-9　机加任务动作要素及其影响部位

| 编　号 | 特 征 动 作 | 影 响 部 位 |
|---|---|---|
| 1 | 开机 | 腰部、手臂部 |
| 2 | 弯腰 | 腰部 |

| 编　号 | 特 征 动 作 | 影 响 部 位 |
|---|---|---|
| 3 | 抓取控制器 | 手臂部 |
| 4 | 调整对刀 | 眼部、手臂部、肩部 |
| 5 | 判断检查 | 眼部 |
| 6 | 关机 | 腰部、手臂部 |

根据对以上五种任务类型动作要素的分析可知,生产任务中对工人影响最为频繁的部位是腰部、手臂、眼部和腿部,因而这四个部位也是产生疲劳的关键部位,应针对每一个部位产生疲劳的作业姿态进行分析。

2) 疲劳因素的确定

目前的研究将职业性肌肉、骨骼损伤疾病分为腰背痛与复性损伤两大类,从职业因素角度来看,产生这种职业病的原因主要有以下几点:劳动负荷、反复操作、不良姿态。根据文献对肌肉、骨骼损伤产生原因的总结,结合上一小节对生产任务动作要素的分析,可以得出影响疲劳的生产任务因素如表 7-10 所示。

表 7-10　结构件生产任务疲劳因素及部位识别

| 序　号 | 因　素 | 操 作 描 述 | 原　因 | 影 响 部 位 |
|---|---|---|---|---|
| 1 | 持续弯腰 | 获取零件;安装定位;拼点;焊接;机加 | 工作台设计不合理 | 背部、颈部、腰部 |
| 2 | 搬运重物 | 获取零件、工装器具 | 缺少自动化辅助工具 | 腰部、肩部、手臂 |
| 3 | 手部负重 | 手持焊枪、定位器具 | 工装器具过于笨重 | 腰部、手臂 |
| 4 | 不良观察位置 | 操作位置处于不易观察范围 | 工作台设计不合理 | 眼部肌肉 |
| 5 | 反复走步 | 获取/放置零部件、行车等工装器具 | 工位布局不合理;行车无法及时供应 | 腿部、脚部 |
| 6 | 强迫下蹲 | 操作位置过低 | 工装器具、工作台设计不合理 | 腰部、腿部 |

### 3. 工效学评价方法与评价项目的确定

(1) 人体测量模型的确定。由于人体尺寸的差异,在相同的作业空间中操作者感受到的舒适性也存在差异。为了能最大限度地提高作业姿态评价的准确性和通用性,本书采用第 50 百分位的人体数据建立人体模型。因为第 50 百分位的人体数据能反映大部分操作者人体的特征,用该数据对作业空间下的姿态进行评价,能避免人体模型尺寸太大或太小造成的作业姿态的不准确。具体数据详见CATIA 姿态评价立姿人体模型。

(2) 作业空间的设定与人体模型姿态编辑。根据不同工序的实际作业情况,建立作业空间模型以及人体作业姿态模型,设定首选角度,并进行仿真评价。

以动作经济原则为指导(作业项目有多少,符合动作经济原则的项目有多少),针对每一疲劳部位分别进行分析,从而确定结构件生产任务体力操作的工效学评价项目及其影响因素和影响部位,如图7-20所示。

图7-20　工效学评价项目与等级划分

依据CATIA软件中的搬运分析、生物力学分析、上肢评价分析(RULA)和姿态舒适度分析四个功能对上述动作要素进行等级划分,分析结果如表7-11所示,其中走步距离这一评价项目分为吊运距离与搬运距离两项来分析。

表7-11　生产任务操作姿态舒适度等级划分

| 序　号 | 工效学评价项目 | 负荷等级 | 等级划分依据 |
| --- | --- | --- | --- |
| 1 | 吊运距离(行车吊运) | 5级 | 工人走步数 |
| 2 | 搬运距离(手工搬运) | 5级 | 搬运分析 |
| 3 | 搬运高度(手工搬运) | 5级 | 利用重力作用程度 |
| 4 | 观察位置 | 5级 | 人眼视野范围 |
| 5 | 弯腰角度 | 5级 | 生物力学分析 |
| 6 | 手臂高度 | 5级 | 上肢评价分析(RULA) |
| 7 | 下蹲深度 | 5级 | 姿态舒适度分析 |

总结以上各工效学评价项目得到结构件生产任务操作姿态舒适度等级划分标准,如表7-12所示。

为方便计算以更直观地表示一项任务的操作姿态舒适度,可将所有评价项目结果取平均值,作为生产任务操作姿态舒适度评价的结果,即

$$G = \frac{1}{7} \sum_{i=1}^{7} g_i \tag{7-5}$$

式中：$g_i$ 为各个项目的评价结果。

### 4. 作业难度整合

基于上述作业难度评价体系,影响作业难度的指标有工位器具伸手可达率 $R$、双手作业平衡率 $B$、固定顺序使用率 $S_1$、定置放置率 $S_2$、操作姿态舒适度等级 $G$ 三类五种评价指标,其中,只有操作姿态舒适度等级 $G$ 是一个确定的数,其他四项均为概率值。

表 7-12　生产任务操作姿态舒适度等级划分标准

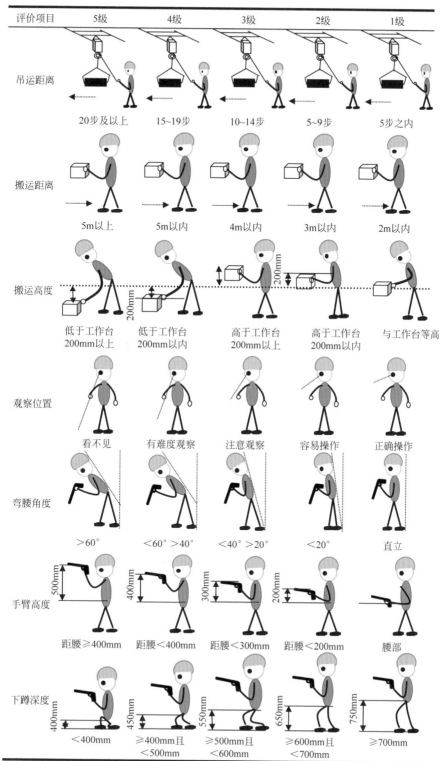

| 评价项目 | 5级 | 4级 | 3级 | 2级 | 1级 |
|---|---|---|---|---|---|
| 吊运距离 | 20步及以上 | 15~19步 | 10~14步 | 5~9步 | 5步之内 |
| 搬运距离 | 5m以上 | 5m以内 | 4m以内 | 3m以内 | 2m以内 |
| 搬运高度 | 低于工作台200mm以上 | 低于工作台200mm以内 | 高于工作台200mm以上 | 高于工作台200mm以内 | 与工作台等高 |
| 观察位置 | 看不见 | 有难度观察 | 注意观察 | 容易操作 | 正确操作 |
| 弯腰角度 | >60° | <60° >40° | <40° >20° | <20° | 直立 |
| 手臂高度 | 距腰≥400mm | 距腰<400mm | 距腰<300mm | 距腰<200mm | 腰部 |
| 下蹲深度 | <400mm | ≥400mm且<500mm | ≥500mm且<600mm | ≥600mm且<700mm | ≥700mm |

为此，在考虑操作姿态舒适度等级的权重的条件下，本书使用信息熵的概念定义操作难度如下

$$T_d = -G(R\ln R + S_1 \ln S_1 + S_2 \ln S_2 + B\ln B) \tag{7-6}$$

## 7.4.2　生产作业复杂度评价指标的建立

由前述可知，人的认知过程是一个信息接收、处理与指导行为的过程。从情境意识角度看，人在情境中的信息加工过程是一个对信息的感知、理解和预测的过程。因而信息是影响人认知过程复杂度的关键因素。进行认知心理分析，就是为了降低人在认知过程中的不确定性，提高作业信息与人认知过程的相容性。在生产过程中，随着操作者需要处理的信息量和信息间关系复杂度的增加，操作者获取准确、有用信息的不确定性也在增加。因而进行作业复杂度的评价就是对操作者生产过程中需要感知、理解和预测输出的信息的不确定性进行评价。

这里我们将与感知相关的信息变量定义为 $X$，将与理解相关的信息变量定义为 $I$，将与预测输出相关的信息变量定义为 $M$，则有如下关系

$$I_p \propto (X, I, M) \tag{7-7}$$

式中：$I_p$ 为作业的信息加工。进而用信息熵的方法定义作业信息加工的复杂度为

$$H(I_p) = H(X) + H(I) + H(M) \tag{7-8}$$

式中：$H(X)$ 为作业信息感知复杂度；$H(I)$ 为作业信息理解复杂度；$H(M)$ 为作业信息的预测输出复杂度。

### 1. 作业信息感知过程评价

由前述可知，信息感知是人进行认知操作的第一步，该过程的效果将决定后续工作的生产性。信息的获取过程，即人对外界信息的感知过程，人对信息的感知效果会受到多方面因素的影响，如信息的数量、信息的清晰程度、信息的多样性等。生产过程中的信息主要有四类：产品信息 $X_1$、工艺信息 $X_2$、工装信息 $X_3$ 和场地信息 $X_4$。产品信息是指任务所需加工的产品及其配件的数量，例如，对于机加或焊接工序则是指加工或焊接产品的数量，对于装焊工序则指所需装配的配件数量。工艺信息是指完成任务所需要加工工艺的种类和数量；工装信息是指完成产品加工所需要工位器具或设备的种类、数量和使用次数；场地信息则是指完成任务所需加工场地的种类和数量。本书以信息关系之间的复杂程度来度量信息感知的复杂度。对于任意作业信息变量 $X$ 具有 $n$ 个可能的取值 $(x_1, x_2, \cdots, x_n)$，假设作业信息变量之间具有特定调用或被调用的关系，若两信息变量之间的关系有 $r =$（自身关系，调用关系，被调用关系，无关系）$= (1, 1, 1, 0)$。记 $L_i$ 为第 $i$($i = 1, 2, \cdots, n$) 个信息变量与其他信息变量的关系和，$L$ 为所有信息变量的关系之和，则作业信息变量 $X$ 的复杂度可表示为

$$H(X) = -\sum_{i=1}^{n} p_i \log_2 p_i \tag{7-9}$$

式中：$p_i = \dfrac{L_i}{L}$ 为第 $i$ 个信息的关系和占该类信息关系总量的比例，且 $L = \sum\limits_{i=1}^{n} L_i$。

根据上述对生产作业复杂度的定义，可知信息获取复杂度的具体计算方法如下

对于任务 $P$ 有 $n_1$ 个取值的产品信息变量 $X_1 = (x_{11}, x_{12}, \cdots, x_{1n_1})$，产品信息变量的关系总和为 $L_1$，每个产品信息变量 $x_{1i}$ 的关系之和为 $L_{1i}$，由此可计算得到 $p_1 = (p_{11}, p_{12}, \cdots, p_{1n_1})$，则基于产品的信息获取复杂度为

$$H(X_1) = -\sum_{i=1}^{n_1} p_{1i} \log_2 p_{1i}$$

式中：$\sum\limits_{i=1}^{n_1} p_{1i} = 1$；$p_{1i} = \dfrac{L_{1i}}{L_1}$。

以此类推，可以获得对于任务 $P$ 有 $n_2$ 个取值的工艺信息变量 $X_2 = (x_{21}, x_{22}, \cdots, x_{2n_2})$、$n_3$ 个取值的工装信息变量 $X_3 = (x_{31}, x_{32}, \cdots, x_{3n_3})$、$n_4$ 个取值的场地信息变量 $X_4 = (x_{41}, x_{42}, \cdots, x_{4n_4})$ 的信息获取复杂度。

$$H(X_2) = -\sum_{i=1}^{n_2} p_{2i} \log_2 p_{2i}$$

式中：$\sum\limits_{i=1}^{n_2} p_{2i} = 1$；$p_{2i} = \dfrac{L_{2i}}{L_2}$。

$$H(X_3) = -\sum_{i=1}^{n_3} p_{3i} \log_2 p_{3i}$$

式中：$\sum\limits_{i=1}^{n_3} p_{3i} = 1$；$p_{3i} = \dfrac{L_{3i}}{L_3}$。

$$H(X_4) = -\sum_{i=1}^{n_4} p_{4i} \log_2 p_{4i}$$

式中：$\sum\limits_{i=1}^{n_4} p_{4i} = 1$；$p_{4i} = \dfrac{L_{4i}}{L_4}$。

则用于描述信息获取复杂度的信息熵为

$$H(X) = -\sum_{j=1}^{4} \sum_{i=1}^{n_j} p_{ji} \log_2 p_{ji} \tag{7-10}$$

式中：$n_j$ 为第 $j$ 类信息的信息数量；$p_{ji}$ 为第 $j$ 类的第 $i$ 个信息关系和占 $j$ 类信息关系总量的比例。

该信息熵反映了四类生产信息关系的不确定性，即在信息感知与获取阶段信息关系的复杂度，信息关系越复杂，操作者的信息获取复杂度越大。

### 2. 作业信息加工过程评价

信息加工过程是人通过感知获得信息后的大脑活动，是人的认知过程的核心

内容。信息加工是人们对获得的外界信息进行整理和权衡并确定有效信息的复杂过程。本章研究的作业信息加工过程，并不包含人的记忆形成过程，人获得外界刺激后所获得的信息都是已经存在于人的大脑中的经验信息，通过整理既有信息从而获得新的有效信息。

为了有效度量信息加工过程的复杂程度，本章引入有效信息链的概念。有效信息链是指经过人的大脑对生产过程中的各类信息进行处理而获得的信息组合，这种信息组合在生产活动中是实际存在的，人进行信息加工就是从繁杂的信息中获取有效信息链。在结构件生产中，有效信息链必须能够包含四类生产信息，即场地、产品、工位器具和工艺，从而实现对生产过程有效信息的真实描述，即什么地方、什么产品、使用何种工装设备、做出何种操作。

假设信息加工过程中的信息种类数为 $I = n_1 + n_2 + n_3 + n_4$，且所有有效信息链涉及的有效信息总量为 $F$。对于任意一种生产信息 $i$，在有效信息链中出现的次数为 $f_i$，则定义 $f_i$ 为生产信息 $i$ 的信息处理率，即信息 $i$ 在大脑进行信息处理过程中出现的频率。基于该定义，可以获得信息加工的信息熵为

$$H(I) = -\sum_{i=1}^{I} p_i \log_2 p_i = -\sum_{i=1}^{I} \frac{f_i}{F} \log_2 \frac{f_i}{F} \tag{7-11}$$

### 3. 作业信息预测与输出过程评价

信息的预测输出过程是人认知过程的最后一个阶段，是记忆信息指导操作行为的过程。所谓预测输出的信息是指经过大脑感知、加工、权衡和确定的有效信息，并将这些有效信息不断输送给效应器，从而实现指导身体运动的行为过程。操作员在对加工获得的有效信息链进行输出的过程中，需要注意力的参与，并且对于越复杂的有效信息链，需要的注意力强度越高。为了完成有效信息的输出进而指导操作行为，操作员需要对有效信息链中的每一种信息进行关注，因而信息在有效信息链中出现的频率越高，则该信息需要操作员的注意力程度就越高。据此，给出信息输出过程的复杂度评价方法如下。

假设经过信息加工确定该任务具有 $m$ 条有效信息链，第 $i$ 条有效信息链包含信息量为 $m_i$，则信息加工过程需要处理的信息总量为

$$M = \sum_{i=1}^{m} m_i$$

则任意一条有效信息链在进行信息输出时所包含的信息率为 $p_i = \dfrac{m_i}{M}$，由此可知信息输出过程的信息熵为

$$H(M) = -\sum_{i=1}^{m} p_i \log_2 p_i = -\sum_{i=1}^{m} \frac{m_i}{M} \log_2 \frac{m_i}{M} \tag{7-12}$$

在信息输出过程中，操作员的注意力是有限的，对不同生产信息的关注将使操

作员的注意力分散,分散得越平均,说明对不同加工信息的关注同等重要,信息输出也就越复杂。

### 7.4.3　生产作业的时间压力

时间压力与作业所在的生产组织模式有关,就流水生产而言,作业的时间压力与流水线的节奏特性有关,操作者所承受的时间压力会随着生产节奏性由强到弱而发生相应的变化。为此,本章定义时间压力为:完成作业所需时间与作业时间定额的比,即

$$T_p = \frac{T}{T_c} \tag{7-13}$$

式中:$T_p$ 为时间压力指标值;$T$ 为实测单件任务时间,s;$T_c$ 为任务时间定额,s。

### 7.4.4　辅助装置影响指数

考虑到目前生产现场可能存在辅助装置,有机械的辅助装置,如机械人,也有信息加工辅助装置,如装配作业数字辅助系统,这里我们设机械辅助装置对作业难度的影响系数为 $r_1^{a_1}$,数字辅助装置对作业复杂性的影响系数为 $r_2^{a_2}$,其中 $r_1,r_2$ 是大于 0 并小于 1 的数,$a_1,a_2$ 当生产现场存在辅助装置时为 1,不存在时为 0。

### 7.4.5　生产过程的综合复杂性评价

假设生产过程的综合复杂性可用综合复杂度来度量,综合复杂度是生产作业难度、作业复杂度和时间压力的函数表示,即有

$$C_s = F(T_d, H, T_p) \tag{7-14}$$

显然,生产过程的综合复杂度将随着生产过程难度的增加而增加,随着作业复杂度的增加而增加,随着时间压力的增加而增加,同时考虑生产现场是否存在辅助装置,我们定义生产过程的综合复杂度为生产任务的操作复杂度与操作难度的加权和,并以时间压力加权。时间压力的增大会加大生产任务操作的综合复杂度,为此,定义生产过程的综合复杂度如下

$$C_s = T_p \times w_1 \times T_d \times r_1^{a_1} + w_2 \times H \times r_2^{a_2} \tag{7-15}$$

式中:$w_1,w_2$ 为权系数。这些权系数视生产任务所在领域或生产组织模式的不同而不同。例如,在核能发电站主控室、汽车飞机的驾驶室中,人们对任务复杂度的关注程度要远大于对任务操作难度的关注程度;而在结构件生产现场,人们对两者的关注程度可能是相同的,或者更关注作业难度;对自由节拍流水生产,人们可以不关心时间压力问题;而在强制节拍流水生产中,时间压力是导致产品质量问题及工人疲劳的重要因素。

## 7.5 结构件生产过程综合复杂性案例分析

本章将以随车起重机一伸臂成品拼焊作业为例，使用作者提出的分析评价方法对结构件生产作业的综合复杂性进行评价，其他类型作业的分析过程与之相同。

一伸臂成品拼焊作业生产以 6 天为一个周期，每天两班制，每班 7.5 小时工作时间，共生产一伸臂成品总量 100 个，则可计算一伸臂成品拼焊线的任务时间定额应为 $CT = \dfrac{6 \times 7.5 \times 2}{100}$ h/个 $= 0.90$ h/个 $= 3240$ s/个。通过实际测时得到一伸臂外协组件拼焊工位的单件任务时间为 $T = 1557.764$ s，因此，按式(7-13)知该工位的时间压力 $T_\mathrm{p} = \dfrac{1557.764}{3240} \approx 0.481$。

### 7.5.1 拼焊作业难度评价

由前述可知，作业难度评价体系包括三个方面的内容：作业空间评价、作业姿态评价和动作特性评价。一伸臂成品拼焊作业属性如表 7-13 所示。

表 7-13　一伸臂成品拼焊作业属性描述

| 生产特征 | | | | 所需资源 | | | |
|---|---|---|---|---|---|---|---|
| 系统 | 部件 | 过程 | 步骤 | 原料 | 人 | 设备 | 场地 |
| 变幅机构 | 伸缩臂 | 配件装配 | 安装、测量、点焊 | 一伸臂臂体(1件)外协组件(3件) | 铆工(1名) | 同轴度定位器、锤子、焊枪、焊床、支撑定位器、扳手、尺子(各1件) | 焊床、配件区 |

(1) 作业空间指标计算。从一伸臂配件焊装作业任务特征属性可知，该作业任务共需 7 种工装器具。图 7-21 为该作业任务的立体空间与平面解析图，其中，焊枪和焊床上焊接点的位置处于人体模型正常作业空间内；锤子、支撑定位器和扳手在水平面区域上的正常人体作业区间内，但在竖直方向上却不在正常人体作业空间内，即作业过程中需要弯腰拿取；同轴度定位器和尺子摆放位置较远，不在正常人体作业空间内，$r = 2$，所以该作业的工位器具伸手可达率 $R = 2/7 \approx 0.286$。

在一伸臂臂尾外协组件焊装的过程中，按工艺要求，需要按固定顺序使用的工装器具有焊床、同轴度定位器、支撑定位器、扳手和焊枪 5 个；锤子和尺子的使用没有固定顺序，可能出现在任何步骤之中，所以固定顺序使用率 $S_1 = 5/7 \approx 0.714$。另外，在 7 件工装器具中，虽然没有划定定置管理区域，但是操作员根据作业习惯和特征对焊床、焊枪、支撑定位器和扳手 4 种工具的摆放位置较固定，即在使用过

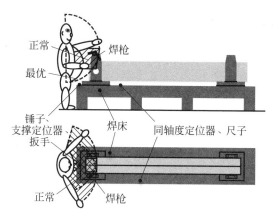

图 7-21　一伸臂配件焊装作业立体空间与平面解析图

程中不需要注意力去寻找，其余 3 种器具均需要操作员去寻找，所以定置放置率 $S_2 = 4/7 \approx 0.571$。

（2）作业姿态与动作经济性评价。一伸臂臂尾外协组件焊装作业的作业姿态属于立姿作业，通过 CATIA 建立的作业姿态模型如图 7-21 所示。图 7-21 给出了一伸臂臂尾外协组件焊装工位的侧视图与俯视图。该任务由一名操作工人进行手工拼点焊接。该工位包含两个料箱及五种配件，工作台的尺寸为 3m×1.2m×0.6m（长×宽×高）。从工位设计来看，该作业任务的操作会使工人产生大量重复性弯腰、搬运、下蹲等动作。

通过视频对该工位任务进行动作分析，针对工效学评价项目进行打分，结果如图 7-22 及表 7-14 所示。

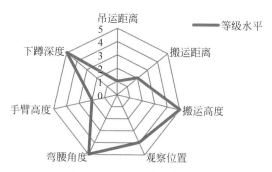

图 7-22　一伸臂臂尾外协组件焊装任务作业姿态与动作经济性评价雷达图

表 7-14　一伸臂臂尾外协组件焊装任务作业姿态与动作经济性评价结果

| 序　　号 | 评 价 项 目 | 评价项目指标 | 等 级 水 平 |
|---|---|---|---|
| 1 | 吊运距离 | 5 步以内 | 1 |
| 2 | 搬运距离 | 3m 以内 | 2 |
| 3 | 搬运高度 | 低于工作台 | 5 |

续表

| 序　　号 | 评价项目 | 评价项目指标 | 等级水平 |
|:---:|:---:|:---:|:---:|
| 4 | 观察位置 | 有难度观察 | 4 |
| 5 | 弯腰角度 | 大于 60° | 5 |
| 6 | 手臂高度 | 距离腰部 200mm 以内 | 2 |
| 7 | 下蹲深度 | 400mm 以下 | 5 |

在对每一评价项目进行等级确定后,按式(7-5)可求得一伸臂臂尾外协组件焊装任务操作姿态舒适度等级结果为

$$G = \frac{1}{7} \times \sum_{i=1}^{7} g_i = \frac{1}{7} \times (1+2+5+4+5+2+5) \approx 3.43$$

(3) 双手作业平衡率评价。对一伸臂臂尾外协组件焊装任务进行双手联合作业分析和 RULA 快速上肢评价分析,该任务属于间歇作业任务,其中,操作者的操作频率为每分钟小于 4 次,评价结果如表 7-15 所示。从表 7-15 中还可以看出双手作业的动作数 $d$ 为 8,动作总数量 $D$ 为 30,则双手作业平衡率 $B = 8/30 \approx 0.267$。

**表 7-15　一伸臂臂尾外协组件焊装任务双手作业分析与 RULA 评价分析**

| 编号 | 左手 作业描述 | 操作 | 检查 | 搬运 | 等待 | 操作 | 检查 | 搬运 | 等待 | 右手 作业描述 |
|:---:|:---|:---:|:---:|:---:|:---:|:---:|:---:|:---:|:---:|:---|
| 1 | 抓取外协组件1 | ● | □ | → | D | ● | □ | → | D | 抓取外协组件2 |
| 2 | 将外协组件带到焊床 | ○ | □ | → | D | ○ | □ | → | D | 将外协组件带到焊床 |
| 3 | 放下外协组件1 | ● | □ | → | D | ● | □ | → | D | 放下外协组件1 |
| 4 | 空闲 | ○ | □ | → | D | ○ | □ | → | D | 抓取同轴度定位器 |
| 5 | 安装同轴度定位器 | ● | □ | → | D | ● | □ | → | D | 安装同轴度定位器 |
| 6 | 抓取锤子 | ● | □ | → | D | ○ | □ | → | D | 空闲 |
| 7 | 锤子交给右手 | ● | □ | → | D | ● | □ | → | D | 锤子交给左手 |
| 8 | 空闲 | ○ | □ | → | D | ● | □ | → | D | 敲击同轴度定位器 |
| 9 | 空闲 | ○ | □ | → | D | ● | □ | → | D | 放下锤子 |
| 10 | 抓取支撑定位器 | ● | □ | → | D | ○ | □ | → | D | 空闲 |
| 11 | 调整支撑定位器 | ● | □ | → | D | ● | □ | → | D | 调整支撑定位器 |
| 12 | 拿着支撑定位器 | ○ | □ | → | D | ● | □ | → | D | 抓取安装扳手 |
| 13 | 拿着支撑定位器 | ○ | □ | → | D | ● | □ | → | D | 拧紧支撑定位器 |
| 14 | 空闲 | ○ | □ | → | D | ● | □ | → | D | 放下扳手 |
| 15 | 空闲 | ○ | □ | → | D | ● | □ | → | D | 抓取尺子 |
| 16 | 空闲 | ○ | □ | → | D | ■ | □ | → | D | 测量 |
| 17 | 空闲 | ○ | □ | → | D | ● | □ | → | D | 放下尺子 |
| 18 | 空闲 | ○ | □ | → | D | ● | □ | → | D | 拿起锤子 |
| 19 | 空闲 | ○ | □ | → | D | ● | □ | → | D | 敲击调整 |
| 20 | 空闲 | ○ | □ | → | D | ● | □ | → | D | 放下锤子 |
| 21 | 抓取外协组件3 | ● | □ | → | D | ○ | □ | → | D | 空闲 |
| 22 | 将外协组件带到焊床 | ○ | □ | → | D | ○ | □ | → | D | 空闲 |
| 23 | 放下外协组件3 | ● | □ | → | D | ○ | □ | → | D | 空闲 |
| 24 | 安装外协组件3 | ● | □ | → | D | ● | □ | → | D | 安装外协组件3 |
| 25 | 抓取锤子 | ● | □ | → | D | ○ | □ | → | D | 空闲 |
| 26 | 敲击调整外协组件3 | ● | □ | → | D | ● | □ | → | D | 敲击调整外协组件3 |
| 27 | 放下锤子 | ● | □ | → | D | ○ | □ | → | D | 空闲 |
| 28 | 空闲 | ○ | □ | → | D | ● | □ | → | D | 抓取焊枪 |
| 29 | 防护 | ○ | □ | → | D | ● | □ | → | D | 焊接 |
| 30 | 空闲 | ○ | □ | → | D | ● | □ | → | D | 放下焊枪 |
| 统计 | | 13 | 0 | 2 | | 21 | 1 | 1 | 7 | |
| | RULA:3 | | | 空闲率:50% | | RULA:4 | | | 空闲率:23% | |

（4）作业难度整合。按照式（7-6）可求得一伸臂臂尾外协组件焊装作业任务的作业难度评价指标为

$$T_d = -3.43 \times (0.286 \times \ln 0.286 + 0.714 \times \ln 0.714 + 0.571 \times \ln 0.571 + 0.267 \times$$
$$\ln 0.267) = 4.36$$

### 7.5.2　拼焊作业复杂度评价

依据前述任务操作信息的定义方法，一伸臂臂尾外协组件成品拼焊作业的 4 种产品信息变量如下：

具有 $n_1 = 4$ 个产品变量，$X_1 =$（一伸臂臂体，外协组件 1，外协组件 2，外协组件 3）；

具有 $n_2 = 3$ 个工艺变量，$X_2 =$（安装，测量，点焊）；

具有 $n_3 = 7$ 个工装变量，$X_3 =$（同轴度定位器，支撑定位器，扳手，焊枪，焊床，锤子，尺子）；

具有 $n_4 = 2$ 个场地变量，$X_4 =$（焊床工作台，外协组件暂存区）。

（1）信息获取复杂度指标。在信息获取阶段，存在以下 4 种信息关系：产品加工顺序关系、工艺先后顺序关系、工装器具使用关系和场地使用关系，如图 7-23 所示。

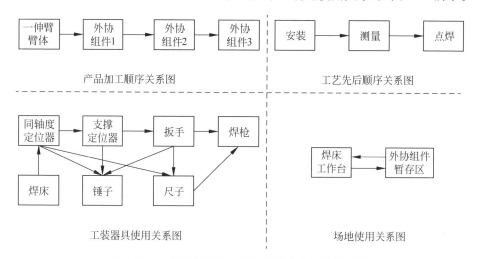

图 7-23　一伸臂臂尾外协组件拼焊作业信息关系图

根据产品、工艺、工装和场地 4 类信息的关系图，可以获得各信息之间的关系矩阵，并计算得到每个信息变量的关系之和以及每一类信息变量的关系之和，从而得到每类信息变量的复杂度。基于表 7-16～表 7-19 的计算，依据式（7-10）可求得一伸臂臂尾外协组件拼焊作业信息获取复杂度为

$$H(X) = -\sum_{j=1}^{4} \sum_{i=1}^{n_j} p_{ji} \log_2 p_{ji} = 1.97 + 1.556 + 2.756 + 1$$
$$= 7.282$$

表 7-16　产品信息变量关系矩阵

| 变量 | 关系 $r=(1,0)$ | | | | 关系和 | $p_{1i}$ | $-p_{1i}\log_2 p_{1i}$ |
|---|---|---|---|---|---|---|---|
| | 一伸臂臂体 | 外协组件 1 | 外协组件 2 | 外协组件 3 | | | |
| 一伸臂臂体 | 1 | 1 | 0 | 0 | 2 | 0.2 | 0.464 |
| 外协组件 1 | 1 | 1 | 1 | 0 | 3 | 0.3 | 0.521 |
| 外协组件 2 | 0 | 1 | 1 | 1 | 3 | 0.3 | 0.464 |
| 外协组件 3 | 0 | 0 | 1 | 1 | 2 | 0.2 | 0.521 |
| $\sum$ | | | | | 10 | 1 | 1.97 |

表 7-17　工艺信息变量关系矩阵

| 变量 | 关系 $r=(1,0)$ | | | 关系和 | $p_{2i}$ | $-p_{2i}\log_2 p_{2i}$ |
|---|---|---|---|---|---|---|
| | 安装 | 测量 | 点焊 | | | |
| 安装 | 1 | 1 | 0 | 2 | 0.286 | 0.516 |
| 测量 | 1 | 1 | 1 | 3 | 0.428 | 0.524 |
| 点焊 | 0 | 1 | 1 | 2 | 0.286 | 0.516 |
| $\sum$ | | | | 7 | 1 | 1.556 |

表 7-18　工装器具信息变量关系矩阵

| 变量 | 关系 $r=(1,0)$ | | | | | | | 关系和 | $p_{3i}$ | $-p_{3i}\log_2 p_{3i}$ |
|---|---|---|---|---|---|---|---|---|---|---|
| | 同轴度定位器 | 支撑定位器 | 扳手 | 焊枪 | 焊床 | 锤子 | 尺子 | | | |
| 同轴度定位器 | 1 | 1 | 0 | 0 | 1 | 1 | 1 | 5 | 0.185 | 0.450 |
| 支撑定位器 | 1 | 1 | 1 | 0 | 0 | 1 | 0 | 4 | 0.148 | 0.408 |
| 扳手 | 0 | 1 | 1 | 1 | 0 | 1 | 1 | 5 | 0.185 | 0.450 |
| 焊枪 | 0 | 0 | 1 | 1 | 0 | 0 | 1 | 3 | 0.112 | 0.354 |
| 焊床 | 1 | 0 | 0 | 0 | 1 | 0 | 0 | 4 | 0.074 | 0.278 |
| 锤子 | 1 | 1 | 1 | 0 | 0 | 1 | 0 | 4 | 0.148 | 0.408 |
| 尺子 | 1 | 0 | 1 | 1 | 0 | 0 | 1 | 4 | 0.148 | 0.408 |
| $\sum$ | | | | | | | | 27 | 1 | 2.756 |

表 7-19　场地信息变量关系矩阵

| 变量 | 关系 $r=(1,0)$ | | 关系和 | $p_{4i}$ | $-p_{4i}\log_2 p_{4i}$ |
|---|---|---|---|---|---|
| | 焊床工作台 | 外协组件暂存区 | | | |
| 焊床工作台 | 1 | 1 | 2 | 0.5 | 0.5 |
| 外协组件暂存区 | 1 | 1 | 2 | 0.5 | 0.5 |
| $\sum$ | | | 4 | 1 | 1 |

（2）信息加工复杂度指标。对于一伸臂臂尾外协组件拼焊作业，具有以下 5 条有效信息链，如图 7-24 所示。可计算获得在执行该任务中所需的有效信息总量为

$$M = \sum_{i=1}^{m} m_i = 4 + 9 + 7 + 7 + 7 = 34$$

已知一伸臂臂尾外协组件拼焊作业含有信息种类 $I = 16$，每一类信息在输出过程中需要的注意力分别为（以四类信息列出的顺序标记）$p_1 = 0.118$，$p_2 = p_3 = p_4 = p_5 = 0.088$，$p_6 = p_7 = 0.029$，$p_8 = 0.147$，$p_9 = 0.059$，$p_{10} = p_{11} = p_{12} = p_{13} = 0.029$，$p_{14} = 0.088$，$p_{15} = p_{16} = 0.029$（以 4 类信息列出的顺序标记）。

由此，按照式(7-11)计算可得到执行该任务所需信息加工的复杂度为

$$H(I) = -\sum_{i=1}^{I} p_i \log_2 p_i = 3.753$$

（3）信息输出复杂度指标。根据图 7-24 中实际生产过程的有效信息链可知，信息输出总量 $M = 34$。每条有效信息链 $i$ 包含的信息量分别为 $m_1 = 4$，$m_2 = 9$，$m_3 = m_4 = m_5 = 7$，则每条有效信息链包含的信息率为 $p_1 = 4/34$，$p_2 = 9/34$，$p_3 = p_4 = p_5 = 7/34$。按式(7-12)可得信息输出过程的复杂度为

$$H(M) = -\sum_{i=1}^{m} p_i \log_2 p_i = 2.278$$

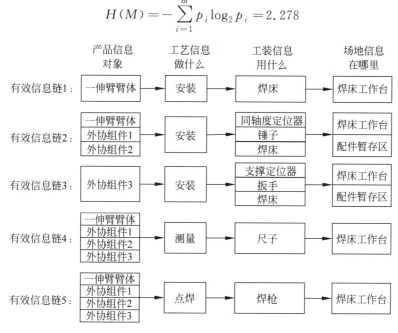

图 7-24　一伸臂臂尾外协组件拼焊作业有效信息链

（4）拼焊作业复杂度。根据前述计算，按照式(7-8)可得一伸臂臂尾外协组件拼焊作业复杂度评价值如下

$$H(I_\mathrm{p}) = 7.282 + 3.753 + 2.278 \approx 13.31$$

### 7.5.3　拼焊作业的综合复杂性评价

在本例中，作者假设操作难度和操作复杂度对该作业综合复杂性的贡献是均等的，考虑时间压力的影响，即在式(7-15)中，$w_1$，$w_2$ 均取为 1，由于生产现场没有任何辅助装置，因此 $a^1 = a^2 = 0$，则拼焊作业的综合复杂度为

$$C_\mathrm{s} = 0.481 \times (4.36 \times r_1^0 + 13.31 \times r_1^0) \approx 8.5$$

如果考虑到结构件生产，工人更加关注操作难度，对与信息加工相关的操作复杂度关注不大，那么我们可取 $w_1 = 0.7$，$w_2 = 0.3$，则有

$$C_\mathrm{s} = 0.481 \times (0.7 \times 4.36 \times 1 + 0.3 \times 13.31 \times 1) \approx 3.39$$

由此可见，不同权重取值对生产作业综合复杂度的影响还是很大的。

## 7.6　本章小结

(1) 本章的研究成果丰富了传统工作研究的知识体系，将传统工作研究旨在降低体力负荷进一步与时俱进地扩大到法、环、测这一旨在降低认知负荷、提升劳动效率的信息加工领域，为智能制造技术的实施奠定了基础。

(2) 本章所建立的作业综合复杂性分析理论框架模型综合考虑了完成作业所需要的作业难度、作业复杂度以及时间限制因素，并建立起完备的作业复杂度与作业难度评价体系及其相应的各种评价指标的测度方法，为信息研究提供了测度方法框架。

(3) 案例研究证明了本章所提出的作业综合复杂性分析理论框架模型的合理性，以及作业复杂度与作业难度评价体系及其相应的各种评价指标测度方法的可行性。尽管本章的研究是以结构件生产作业的分析为背景开展的研究，但分析框架具有普适性，测度方法结合具体应用背景进行修改完全可以推广应用于许多不同的领域。本章提出的作业综合复杂性框架模型可为任务分配、操作者选择和训练、工作组织以及绩效预测提供有用的信息。

# 第 8 章

# 生产现场全要素综合改善案例

## 8.1 案例背景介绍

工厂建成后往往需要经过持续改善以维持系统的高效运转,这个改善一方面是由于前期设计没有考虑到某些因素的影响而带来系统缺陷影响系统高效运转,另一方面是由于市场变化使得原设计不能满足当前的市场需要,因此,需要改善。鉴于上述原因,作者以某车桥分公司的生产现场为背景阐述考虑信息负荷的生产现场综合改善问题。

车桥厂以减速器和前后桥的装配生产为主,同时进行大量轮毂件的机械加工辅助生产。现场调查是从跟踪生产现场的物料流动过程开始的,原材料及半成品从轮毂线到减速器装配工作地再到后桥总装结束装配运往成品区的整个生产过程,其生产过程简述如下:

轮毂压装线工作地布置在成品库存区,但需要向减速器和后桥装配区域提供大量轮毂,有着较大的物流量。减速器装配工作地由半成品暂存区、装配线、成品暂存区这 3 部分组成,装配线又由 1 条 U 形总装线、1 条差速器分装线和 1 条锥齿轮分装线组成。该工作地的任务过程是由叉车为 U 形总装线和差速器分装线分别提供减速器外壳与差速器外壳,利用物流小车为锥齿轮分装线提供轴突,在 U 形总装线实现减速器总体装配,在 U 形总装线末端,将减速器成品送往成品暂存区。后桥装配工作地位于整厂中部位置,由一条直线总装线和众多原料暂存区组成,负责将前后段运来的减速器、半轴、壳体、轮毂等零部件装配生产。

上述三条装配线的作业任务是以人为主的,除物流运输用叉车完成外,其他所有作业过程,都由工人手工操作完成。经观察,这三条装配线相互联系,生产物流关系密切,但存在布局不合理、工位衔接不流畅等问题,其中轮毂压装线的布置缺乏考虑,造成物流浪费;后桥装配工作地物流量较大,周边叉车道路为单向狭窄通道,每日工作准备时会出现堵塞问题(如图 8-1 所示);工人忙闲不一及生产线不平衡(如图 8-2 所示);工人生产疲劳;生产现场指导信息难以获取等。

图 8-1　半成品暂存区全景

图 8-2　装配生产线现状

## 8.2　解决问题的思路

　　针对上述问题作者分别从宏观布局、中观运作和微观全要素三个角度对生产现场进行改善。具体解决问题的思路如图 8-3 所示。

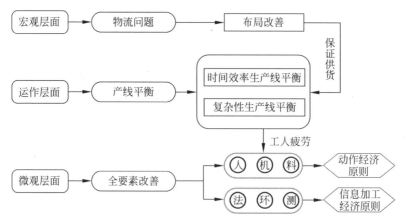

图 8-3　解决问题的思路

## 8.3　现场布局改善

### 8.3.1　现场布局改善的原则与目的

　　在进行厂区整体与局部物流改善时，我们参考的原则有整体综合原则、移动距离最小原则、流动性原则、空间利用原则、柔性原则和安全原则等，本章所要改善的整厂及三条产线的物流所应用的原则，如图 8-4 所示，为移动距离最小原则、效率最高原则和空间利用原则。通过改善以提高物料的流动性。

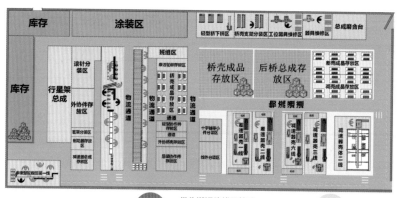

图 8-4　现场布局改善的原则与目的

## 8.3.2　现场宏观布局的改善

为将工厂整体的物流和作业单位密切联系,并设计出合理的布置方案,我们通过 SLP 技术对后桥现场进行了系统的布置设计,首先通过测定工厂中的物料种类、数量、路线和辅助生产部门、物流时间等各项参数,得到了以中重型轮毂压装线、减速器装配线和中后桥装配线为主的厂区工艺路线图,如表 8-1 所示。

表 8-1　工艺路线图

| 产　品　名 | 工　艺　流　向 |
|---|---|
| 轮毂 | A→B |
| | A→C→B |
| | A→D→I→B |
| | A→C→D→I→B |
| 减速器壳体 | F→D→I→B |
| 差速器壳体 | G→E→I→B |
| 后桥 | B→H |

进而测绘得到工厂各作业单位距离从至表,如表 8-2 所示。

表 8-2　作业单位距离从至表　　　　　　　单位:m

| 距离 | a | b | c | d | e | f | g | h | i |
|---|---|---|---|---|---|---|---|---|---|
| a | | 85 | 99 | 140 | 155 | | | | |
| b | | | 5 | | | | | 84 | 40 |
| c | | | | 55 | | | | | |
| d | | | | | | 52 | | | 43 |

续表

| 距离 | a | b | c | d | e | f | g | h | i |
|------|---|---|---|---|---|---|---|----|---|
| e | | | | | | | 21 | | 72 |
| f | | | | | | | | | |
| g | | | | | | | | | |
| h | | | | | | | | | |
| i | | | | | | | | | |

注：a 为轮毂装配线，b 为后桥装配线，c 为轮毂仓储区，d 为减速器装配线，e 为差速器装配线，f 为减速器原料仓储区，g 为差速器原料仓储区，h 为后桥总成装配线，i 为减速器、差速器成品区。

测定得减速器装配线节拍为 237s/个，差速器装配线节拍为 100s/个，中后桥总成线装配线节拍为 75s/个，结合跟踪物流配送策略，得到各产品运量从至表如表 8-3 所示。

表 8-3　作业单位运量从至表　　　　单位：kg

| 运量 | a | b | c | d | e | f | g | h | i |
|------|---|------|------|------|---|------|------|-------|------|
| a | | 576 | 2304 | 576 | | | | | |
| b | | | 1152 | | | | | 34560 | 5368 |
| c | | | | 1152 | | | | | |
| d | | | | | | 3640 | | | 9008 |
| e | | | | | | | 3640 | | 3640 |
| f | | | | | | | | | |
| g | | | | | | | | | |
| h | | | | | | | | | |
| i | | | | | | | | | |

由表 8-1 和表 8-2 可得最终物流强度从至表，如表 8-4 所示。

表 8-4　物流强度从至表

| 强度 | a | b | c | d | e | f | g | h | i | 合计 |
|------|---|-------|--------|--------|---|--------|-------|---------|--------|---------|
| a | | 48960 | 228096 | 80640 | | | | | | 357696 |
| b | | | 5760 | | | | | 2903040 | 214720 | 3123520 |
| c | | | | 63360 | | | | | | 63360 |
| d | | | | | | 189280 | | | 387344 | 576624 |
| e | | | | | | | 76440 | | 262080 | 338520 |
| f | | | | | | | | | | 0 |
| g | | | | | | | | | | 0 |
| h | | | | | | | | | | 0 |
| i | | | | | | | | | | 0 |
| 合计 | 0 | 48960 | 233856 | 144000 | 0 | 189280 | 76440 | 2903040 | 864144 | 4459720 |

对物流强度进行相应分级，对相应作业单位之间密切程度进行比较定级，得到

物流强度分析表,如表 8-5 所示。

### 表 8-5　物流强度分析表

| 序　　号 | 路　　线 | 物 流 强 度 | 物流强度等级 |
|:---:|:---:|:---:|:---:|
| 1 | b→h | 2903040 | A |
| 2 | d→i | 387344 | E |
| 3 | e→i | 262080 | E |
| 4 | a→c | 228096 | I |
| 5 | b→i | 214720 | I |
| 6 | d→f | 189280 | I |
| 7 | a→d | 80640 | O |
| 8 | e→g | 76440 | O |
| 9 | c→d | 63360 | O |
| 10 | a→b | 48960 | O |
| 11 | b→c | 5760 | U |

得到物流相关图如图 8-5 所示。

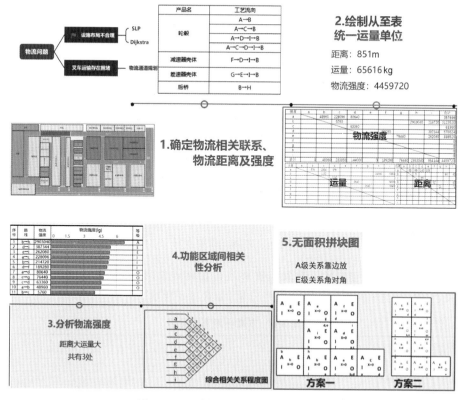

图 8-5　基于物流的宏观布置改善思路

　　根据 A 级关系靠边放、E 级关系角对角的原则,得到无面积拼块图如图 8-5 所示,分别设为方案一与方案二,接着根据方案一与方案二的基本布局,将配套辅助生产区域安置在相应产线周围,如图 8-6、图 8-7 所示。

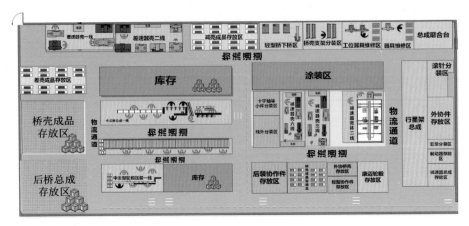

图 8-6　方案一整体布局

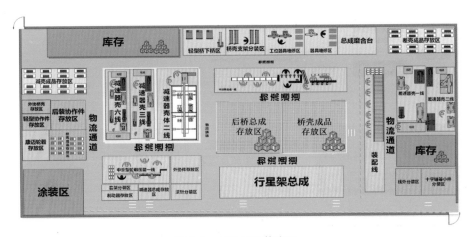

图 8-7　方案二整体布局

　　此时对方案一与方案二的改善效果进行定量评价,根据布置后的距离与物流相关性,计算两方案的距离从至表并分析,如表 8-6 所示。

表 8-6　方案一距离从至表

| 距离 | a | b | c | d | e | f | g | h | i |
|---|---|---|---|---|---|---|---|---|---|
| a |  | 55 | 10 | 85 | 85 |  |  |  |  |
| b |  |  | 55 |  |  |  |  | 76 | 40 |
| c |  |  |  | 55 |  |  |  |  | 110 |
| d |  |  |  |  |  | 60 |  |  | 110 |

续表

| 距离 | a | b | c | d | e | f | g | h | i |
|---|---|---|---|---|---|---|---|---|---|
| e |  |  |  |  |  |  | 35 |  | 70 |
| f |  |  |  |  |  |  |  |  |  |
| g |  |  |  |  |  |  |  |  |  |
| h |  |  |  |  |  |  |  |  |  |
| i |  |  |  |  |  |  |  |  |  |

　　计算得在其他物流关系不受影响的前提下,此时总距离为 736m,相较原总距离 851m,上述 3 条产线装配相关物流距离缩短 13.51%。同理可得方案二距离从至表,此时总距离为 704m,相较原总距离 851m,上述 3 条产线装配相关物流距离缩短 17.27%。

　　上述方案一与方案二虽然可以有效缩短工厂物流距离,但对于已建成的该厂而言,进行 SLP 布置带来的效益相较于重新打乱布局的成本仍有待考量。

　　因此我们提出一种成本最小的布局改善方案,从物流强度中 A 或 I 级关系中寻找可移动的单元,唯一可行的是改变中重型轮毂压装线的布局位置,此处仅有 4 道加工与 3 道检查工序,设备结构也较为简单便于移动,结合方案一与方案二的布局规划,我们寻找到厂区内部有 3 处位置适合中重型轮毂线搬迁,分别为涂装区前部、涂装区后部与行星架前中部空闲区域,如图 8-8 所示。

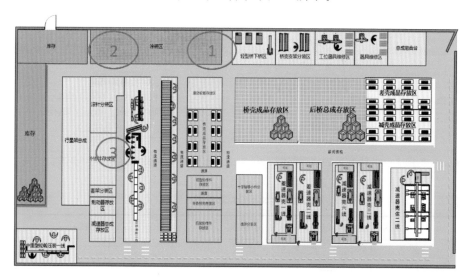

图 8-8　轮毂拟选址图

　　此时,布局问题转换为图论问题,将各装配线位置分别取为节点,物流强度取为权重值,可用 Dijkstra 算法对轮毂区最优选址进行分析,如下:

　　其中,$V_1$ 为后桥装配线原料区,$V_2$ 为后桥装配线,$V_3$ 为中后桥成品库存区,

$V_4$ 为原中重型轮毂线，$V_5$ 为减速器与差速器装配线，$V'_4$ 为中重型轮毂线拟选址点。

分别记图 8-9、图 8-10、图 8-11 为方案 A、B、C，在所规划的网络图中，我们需要的最短路分别为 $V'_4 \to V_2$、$V'_4 \to V_5$、$V_5 \to V_2$、$V_3 \to V_2$ 的最短路径，经计算得各方案最短路径与综合权重下降比率如表 8-7 所示。

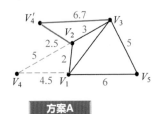

**方案A**

综合权重 22.3 下降3.3%

权重系数确定：$V_i = \dfrac{D_i \cdot Q_i}{\min(D_i \cdot Q_i)}$ $(i=1,2,3,4,5)$  ·$D_i$ 为两地之间可行距离  ·$Q_i$ 为SLP分析得路段运量

图 8-9　行星架区网络图

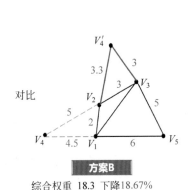

**方案B**

综合权重 18.3 下降18.67%

图 8-10　涂装区后部网络图

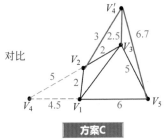

**方案C**

综合权重 16.7 下降25.78%

基于当前产线布局下的最优路径

----- 改善前物流路线
—— 改善后物流路线

图 8-11　涂装区前部网络图

表 8-7　方案比较

| 方案 A | | 方案 B | | 方案 C | |
|---|---|---|---|---|---|
| $V'_4 \to V_2$ | 2.5 | $V'_4 \to V_2$ | 3.3 | $V'_4 \to V_2$ | 3 |
| $V'_4 \to V_5$ | 10.5 | $V'_4 \to V_5$ | 8 | $V'_4 \to V_5$ | 6.7 |
| $V_5 \to V_2$ | 8 | $V_5 \to V_2$ | 8 | $V_5 \to V_2$ | 7 |
| $V_3 \to V_2$ | 3 | $V_3 \to V_2$ | 3 | $V_3 \to V_2$ | 2 |
| 综合权重 | 22.3 | 综合权重 | 18.3 | 综合权重 | 16.7 |
| 下降比率 | 3.3 % | 下降比率 | 18.67% | 下降比率 | 25.78% |

在物流关系没有发生变化的前提下，可认为综合权重的下降比率即为移动距

离的下降比率,因此将方案 A、B、C 综合比较,可见方案 C 更优。因此,我们采取方案 C 作为最终宏观布局优化方案,在保证物流关系不受影响的前提下,将轮毂装配线及周边配套区域搬迁至涂装区前部。最终方案如图 8-12 所示。

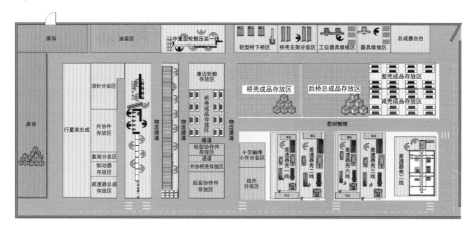

图 8-12　最终方案图

## 8.3.3　中后桥总装产线物流的改善

问题描述:在每日早 8:00—9:30 的生产准备期间,后桥总成装配线的物料通道不断出现叉车堵塞的现象,针对该问题,我们使用排队论的方法,分析堵塞的根本原因(如图 8-13 所示)。

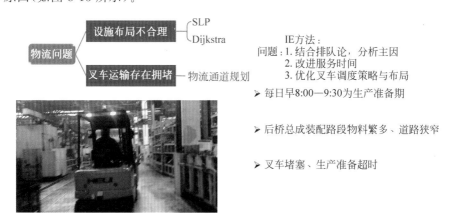

图 8-13　物流问题示意图

经过一周的观察与统计,该时段,通道中为每个物料区进料的叉车服务是一个典型的单服务台,到达与服务时间服从负指数分布的排队模型。通过对各参数的计算,我们发现导致堵塞的根本原因是平均逗留时间较长。

接着我们从物流实际情况出发,寻找导致逗留时间较长的原因,原来,当叉车进去运送物料之后，需调转 90°卸下物料。完成卸料服务后，由于前方道路封闭，叉车需要调转方向离开产线，不仅使该车逗留较久，同时导致服务其他物料区的后车需要在前车完成调转卸料再调转离开通道之后才能进入，如此往复循环，导致叉车拥堵。

为解决中后桥装配线在每日早 8：00—9：30 的生产准备期叉车堵塞问题，我们首先通过排队论对该装配线叉车道路情况进行了准确描述。对于早 8：00—9：30 的准备时间，可认为是排队系统的平稳状态，服务规则为先到先服务，这是一个典型的 M/M/1 的单服务台泊松到达负指数服务时间模型，同时根据观测数据得到后桥装配区域共有 6 个原料区域供装配使用，对于每一个独立的原料区域，每 10min 到达 3 辆叉车运送货物，因此可认为叉车到达时间服从平均到达率 $\lambda = 0.3$ 的泊松分布

$$P(\lambda)：p_k = \frac{\lambda^k e^{-\lambda}}{k!}, \quad k = 0,1,\cdots$$

对于服务时间即进货时间而言

$$P(进料时间 \leqslant t) = 1 - e^{-0.3t}$$

经计算与仿真模拟得图 8-14 所示结果。

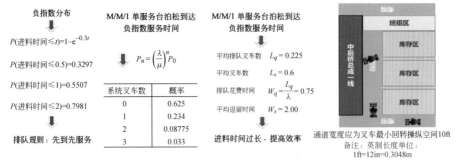

图 8-14　计算与仿真模拟结果

可见制约系统整体性能的因素为平均逗留时间，单个原料区域两分钟的逗留时间会导致其他原料区域发生两分钟以上的堵塞，从根本上导致原本 1h 的生产准备时间延长至如今的 1.5h。

因此，我们考虑从根本上降低单个叉车的平均逗留时间，即改变叉车使用型号与调度策略并配套规划通道，具体方案如图 8-15 所示。

在生产现场我们发现了一种横向叉车闲置在库存区，并且发现物流通道前方堵塞区域是员工班组区。基于这两点就进料时间过长的原因提出改善建议如下：第一，调度横向叉车专门至此物流路线，以减少叉车调转方向卸料的时间；第二，除两台横向叉车外，物料区每 10min 调度一辆竖向叉车服务以保证产能；第三，打通离开通道，使物流叉车运送符合先进先出的原则。对改善后的系统进行可行性验证，进行排队论分析，此时排队模型转变为可变服务时间模型，通过对各参数的

计算,发现基本不再存在排队现象,也不会影响后面叉车服务,生产准备时间也可由 90min 缩减到 60min 以内。我们将提出的改善建议和工厂管理人员进行交流反馈,由于可行性很高,工厂已经采纳并且开始实施。

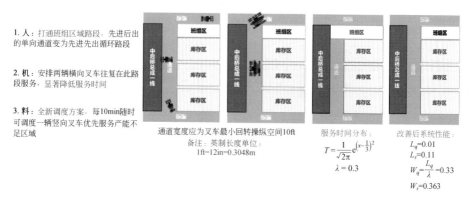

图 8-15　通道改善方案

经过调度安排与仿真计算可得,此时单个进料区的服务时间由负指数分布变为均值为 1min、均差为 $\frac{1}{3}$min 的随机时间分布,此时将系统转化为 M/G/1 模型,重新计算各项系统性能参数:平均排队叉车数 $L_q = 0.01$ 台,平均叉车数 $L_s = 0.11$ 台,排队花费时间 $W_q = 0.33$min,平均逗留时间 $W_s = 0.363$min。

系统性能得到较大提升,系统中基本不再存在排队现象。该方案通过对叉车通道的重新布局,改变叉车配置与调度方案,并增加通道,使得物料配送过程更加流畅,改善了现有工作地物流拥堵的状况。

## 8.4　考虑操作复杂性的装配线平衡问题

减速器装配二线由 1 条 U 形总装线、1 条锥齿轮分装线和 1 条差速器分装线组成,共 18 个工位,其中总装线占 12 个,锥齿轮分装线占 2 个,差速器分装线占 4 个;共有 16 人参与工作,其中,工人 3 承担调齿间隙、复调间隙,工人 6 承担装主齿、拧轴承座螺栓工作,其他 14 位工人各承担 1 个工序作业。减速器装配线的装配路线及工位布局图如图 8-16 所示。

### 8.4.1　装配线各操作单元操作标准时间的制定

利用录像的方法对整个装配线各个操作单元进行时间研究,进行了 10 次观测,分别对每次录像时间进行记录,剔除超出 $3\sigma$ 的异常时间值,对其取平均值得到每个工位的最终工作时间,如表 8-8 和表 8-9 所示。

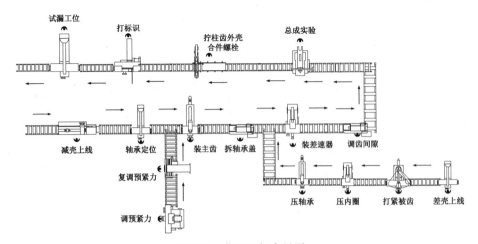

图 8-16　装配现场布局图

**表 8-8　总装线作业单元划分**

| 工 位 号 | 工 　 位 | 编 　 号 | 作 业 单 元 | 平均时间/s |
|---|---|---|---|---|
| G1 | 减壳上线 | 1 | 标尾号 | 13 |
| | | 2 | 定位 | 18 |
| | | 3 | 拧紧螺母 | 37 |
| G2 | 轴承定位 | 4 | 压轴承 | 17 |
| | | 5 | 确认、装配 | 5 |
| G3 | 装主齿 | 6 | 被齿画道 | 21 |
| | | 7 | 涂胶 | 13 |
| G4 | 拆差速器轴承盖 | 8 | 保证扭矩 | 6 |
| | | 9 | 冲铆和画道 | 19 |
| | | 10 | 保证螺母扭矩 | 8 |
| | | 11 | 分放轴承盖 | 12 |
| G5 | 装差速器 | 12 | 检查装配 | 36 |
| | | 13 | 被齿画道 | 30 |
| | | 14 | 紧定螺钉 | 12 |
| G6 | 调齿侧间隙 | 15 | 标记 | 9 |
| | | 16 | 调间隙 | 51 |
| | | 17 | 记录预紧力 | 35 |
| | | 18 | 复调间隙 | 19 |
| | | 19 | 装制动片 | 10 |
| G7 | 总成试验 | 20 | 涂丹红粉 | 7 |
| | | 21 | 测噪声 | 29 |
| | | 22 | 复检预紧力 | 22 |
| | | 23 | 写总成尾号 | 18 |

续表

| 工 位 号 | 工 位 | 编 号 | 作 业 单 元 | 平均时间/s |
|---|---|---|---|---|
| G8 | 拧柱齿外壳合件螺栓 | 24 | 检查外观 | 28 |
| | | 25 | 保证螺栓扭矩 | 40 |
| G9 | 打标识 | 26 | 打标识 | 27 |
| G10 | 试漏工位 | 27 | 检查质量 | 14 |
| | | 28 | 标记漏点 | 44 |

表 8-9　差速器线作业单元划分

| 工 位 号 | 工 位 | 编 号 | 作 业 单 元 | 平均时间/s |
|---|---|---|---|---|
| E1 | 差壳上线 | 1 | 吊角齿盘 | 63 |
| | | 2 | 紧固角齿盘 | |
| E2 | 打紧被齿 | 3 | 拧紧螺栓 | 50 |
| E3 | 压内圈 | 4 | 行星齿轮装配 | 15 |
| | | 5 | 固定壳体 | |
| E4 | 压轴承 | 6 | 调间隙与预紧力 | 40 |

## 8.4.2　生产线平衡

已知市场日需求量为 260 件产品,采用单班制,工作时间 8h,开动率为 90%,则生产节拍

$$C = \frac{8 \times 60 \times 60 \times 90\% \text{ 秒}}{260 \text{ 件}} = 99.7 \text{ 秒/件} \approx 100 \text{ 秒/件}$$

据此,计算得到理论上的最少工作站数目 $K_0 = \left\lceil \frac{T_{\text{sum}}}{C} \right\rceil = \left\lceil \frac{942}{100} \right\rceil \approx 10$ 个。

按照优先分配后续作业较多和优先分配操作时间较长作业的原则,分别进行工作站划分。

## 8.4.3　基于时间效率的生产线平衡

为将这 34 道工序合理地分配到 10 个工作站中,在保证最大时间效率的同时使得每个工作站的操作时间尽可能一致且接近节拍,这是基于传统的时间效率的生产线平衡方案,这里通过建立线性规划模型,并使用 Lingo 求解。

$$\max \eta = \sum_{i=1}^{m} t_i \frac{1}{mC}$$

$$\text{s.t.} \begin{cases} \bigcup_{i=1}^{m} S_n = E, i = 1, 2, \cdots, m \\ S_i \bigcap S_j = \varnothing, i \neq j, i, j = 1, 2, \cdots, m \\ x \leqslant y, \forall i \in S_x, j \in S_y \\ t(S_k) \leqslant c, \forall k = 1, 2, \cdots, m \end{cases}$$

其中：$c$ 为生产节拍，约 100 秒/件；$m$ 为装配工作站数量，这里为 10 个；$\eta$ 为装配线的时间效率；$P$ 为装配线作业优先关系矩阵；$t_i$ 为完成作业 $i$ 所需的时间；$S_k$ 为分配到第 $k$ 个工作站的任务集合；$t(S_k)$ 为第 $k$ 个工作站的总作业时间；$E$ 为 $\{i: i=1,2,\cdots,m\}$ 装配线上任务的集合。

求解得 $S_1=\{1\}$，$S_2=\{2,3,4,5,6\}$，$S_3=\{7,8,9,36\}$，$S_4=\{29,30,31\}$，$S_5=\{33,34\}$，$S_6=\{10,11,12,13\}$，$S_7=\{14,15,16\}$，$S_8=\{17,18,19,20,21\}$，$S_9=\{23,24,25\}$，$S_{10}=\{26,27,28\}$，效率 $\eta=\dfrac{942}{1000}=94.2\%$。按照解集，绘制此时工作站分布图，如图 8-17 所示。

装配线的时间效率：$\eta=\dfrac{\sum\limits_{i=1}^{11}T_i}{11\times c}\times 100\%=94.2\%$；平滑指数：$\mathrm{SI}=\sqrt{\dfrac{\sum\limits_{i=1}^{11}(T_{\max}-T_i)^2}{10}}=3.42$

如图 8-18 所示，改善前经仿真模拟与模型计算，此时线平衡率仅有 58.86%，且工作站效率差距极大，对此，我们首先对其进行了基于时间的生产线平衡划分。

将 16 个工作站细分为 34 个作业单元，根据装配工艺顺序，确定紧前、紧后关系；将测得的多组时间数据去除无效数据后，得到作业时间。根据最小工作站数等于工序总时间除以节拍，取整为 10 个，进而建立线性规划模型。

我们的目标函数是使平衡率与工作站数比值最大，在满足紧前、紧后关系，实际工作站数不小于 10 个等约束条件下进行运算，得到以上重组结果，进一步直观展示，将装配布局图简化为二维框图，图 8-18 中共有 34 个方框，代表装配线上 34 个作业单元，将同一工作站标记为同种颜色，按照先分解、再计时、后重组步骤求解，可见各作业单元颜色发生交替与合并，由最初的 16 个工作站变为 10 个工作站。改善后的流水线平衡率为 94.20%，工人忙闲不一的问题得到了改善。

### 8.4.4 基于复杂性的生产线平衡

传统生产线平衡考虑的最小数目工作站下的最高时间效率，以追求最小成本与最大效率为目标，但是减速器装配线工序繁多，难度也差异较大，为此本章提出一种新的生产线平衡方案，同时考虑时间效率与工人在操作与认知方面的复杂性，如图 8-19 所示。

我们对传统的复杂性即动作过程复杂性、产品设计复杂性、决策过程复杂性三方面进行细致的划分，明确建立到装配工位的复杂性体系，同时明确区分动态复杂性与静态复杂性，建立起生产计划、生产线平衡与复杂性之间的联系。

原装配线共有 16 个工位，其中 6 个工位是调整和测试作业工位，3 个工位是辅助作业工位。这里我们选取可靠性较差，对于生产线平衡与工人负荷影响较大的

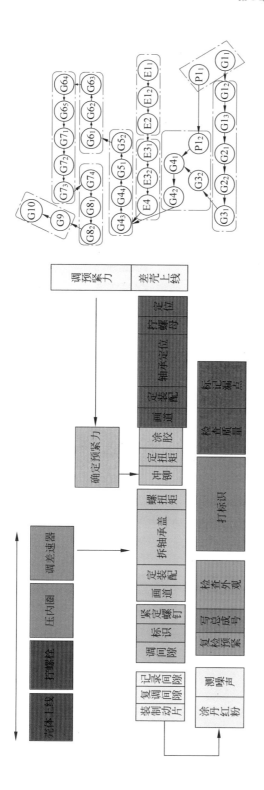

图 8-17　工作站分布图

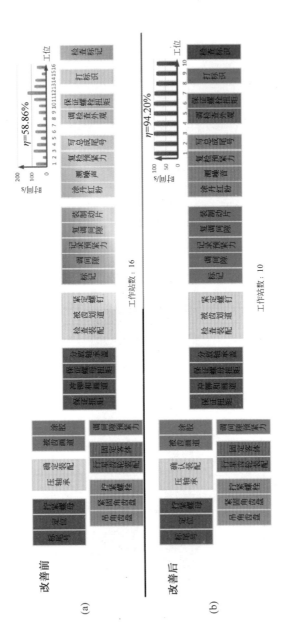

图 8-18　改善前后工作站作业内容分组变化情况

（a）改善前装配时间山积图；（b）改善后装配时间山积图

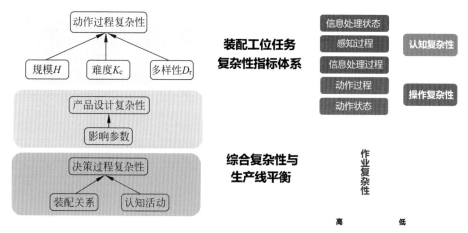

图 8-19　装配工位复杂性建立

6 个工位进行复杂性计算,分别为减速器壳体上线工位、拧螺栓工位、差速器总成工位、装差速器工位、锥齿轮总成工位和装锥齿轮工位。根据这 6 个工位的复杂性,进行全线的生产线平衡优化。

通过流程图与难度、规模与对象数的计算可实现差速器壳体上线工位的动作过程复杂度计算,如图 8-10 所示。

表 8-10　动作过程复杂度

| 序号 | 操作 | 符号标记 | 认知类型 | $MOD$ | 难度 $k_{ci}$ | 对象 $N_i$ | 规模 $H_i$ | $C_{ri}$ |
|---|---|---|---|---|---|---|---|---|
| 1 | 搬运 | M4G1M4P0L1 | 技能型 | 10 | 1.5 | 1 | 1 | 1.5 |
| 2 | 搬运 | M3G1M3P0 | 技能型 | 7 | 0 | 1 | 1 | 0 |
| 3 | 填充 | M2P0M2P0M2P0 | 技能型 | 6 | 0 | 2 | 1.585 | 0 |
| 4 | 搬运 | W5 * 3M2G3W5 * 3M2P0 | 规则型 | 37 | 1.5 | 1 | 1 | 1.5 |
| 5 | 压配 | M3P2 | 技能型 | 5 | 0 | 2 | 1.585 | 0 |
| 6 | 搬运 | M3G1M3P0 | 技能型 | 7 | 0 | 1 | 1.585 | 0 |
| 7 | 定位 | M3P2 | 技能型 | 5 | 0 | 2 | 1 | 0 |
| 8 | 压配 | M2P2D3 | 知识型 | 7 | 1 | 2 | 1.585 | 1.585 |
| 9 | 搬运 | W5 * 3M2G3W5 * 3M2P0 | 技能型 | 35 | 1 | 1 | 1 | 1 |
| 10 | 定位 | M3P2L1R2 | 规则型 | 8 | 1 | 2 | 1.585 | 1.585 |
| 11 | 搬运 | M3G1M3P0 | 技能型 | 7 | 0 | 1 | 1 | 0 |
| 12 | 定位 | M3G2 | 技能型 | 5 | 0 | 2 | 1.585 | 0 |
| 13 | 搬运 | M3G1M3P0 | 技能型 | 7 | 0 | 1 | 1 | 0 |
| 14 | 填充 | M2P0M2P0E2 | 知识型 | 6 | 0.5 | 2 | 1.585 | 0.793 |
| 15 | 搬运 | W5 * 3M2G3W5 * 3M2P0L1 | 技能型 | 36 | 1.5 | 1 | 1 | 1.5 |
| 16 | 定位 | M3P2R2 | 规则型 | 7 | 0.5 | 2 | 1.585 | 0.793 |
| 17 | 搬运 | M4G1M4P0L1 | 技能型 | 10 | 1.5 | 1 | 1 | 1.5 |

续表

| 序号 | 操作 | 符号标记 | 认知类型 | $MOD$ | 难度 $k_{ci}$ | 对象 $N_i$ | 规模 $H_i$ | $C_{ri}$ |
|------|------|----------|----------|-------|--------------|-----------|-----------|----------|
| 18 | 紧固 | (M3P2M2G0M2P0)＊6 | 技能型 | 54 | 0 | 7 | 3 | 0 |
| 19 | 固定 | M3G1M2P5M2P5 | 规则型 | 18 | 1 | 8 | 3.17 | 3.17 |

根据动作过程复杂度计算式

$$C_{ri} = k_c(1 + D_{ri})H_i \tag{8-1}$$

$$k_c = \sum_{i=1}^{19} k_{ci} \tag{8-2}$$

$$D_{ri} = -\sum_{i=1}^{n} p_i \log_2 p_i \tag{8-3}$$

$$H_i = \log_2(N_i + 1) \tag{8-4}$$

式中：$k_{ci}$ 为 $i$ 基本动作的难度；$H_i$ 为第 $i$ 个作业元素的规模因子；$N_i$ 为第 $i$ 个作业元素的动素数；$D_{ri}$ 为动作状态复杂度；$p_i$ 为 $i$ 基本操作在该装配工位任务的状态概率，等于 $i$ 基本操作的时间 $t_i$ 与工位任务的总时间 $T$ 的比值。

由式(8-1)得差速器总成工位动作过程复杂度为 14.93。同样计算得其余工位任务的动作过程复杂度，如表 8-11 所示。

表 8-11　各工位动作过程复杂度

| 壳体上线 | 拧螺栓 | 差速器总成 | 装差速器 | 锥齿轮总成 | 装锥齿轮 |
|----------|--------|------------|----------|------------|----------|
| 20.22 | 10.09 | 14.93 | 14.34 | 23.37 | 21.05 |

通过式(8-3)计算动作状态复杂度，如表 8-12 所示。

表 8-12　动作状态复杂度

| 序号 | 操作 | 符号标记 | $MOD$ | 时间/s | $p_i$ | $-p_i\log_2 p_i$ |
|------|------|----------|-------|--------|-------|------------------|
| 1 | 搬运 | M4G1M4P0L1 | 10 | 1.29 | 0.036 | 0.173 |
| 2 | 搬运 | M3G1M3P0 | 7 | 0.9 | 0.025 | 0.133 |
| 3 | 填充 | M2P0M2P0M2P0 | 6 | 0.77 | 0.022 | 0.121 |
| 4 | 搬运 | W5＊3M2G3W5＊3M2P0 | 37 | 4.78 | 0.134 | 0.389 |
| 5 | 压配 | M3P2 | 5 | 0.65 | 0.018 | 0.104 |
| 6 | 搬运 | M3G1M3P0 | 7 | 0.9 | 0.025 | 0.133 |
| 7 | 定位 | M3P2 | 5 | 0.65 | 0.126 | 0.104 |
| 8 | 压配 | M2P2D3 | 7 | 0.9 | 0.029 | 0.133 |
| 9 | 搬运 | W5＊3M2G3W5＊3M2P0 | 35 | 4.52 | 0.025 | 0.377 |
| 10 | 定位 | M3P2L1R2 | 8 | 1.03 | 0.018 | 0.148 |
| 11 | 搬运 | M3G1M3P0 | 7 | 0.9 | 0.025 | 0.133 |
| 12 | 定位 | M3G2 | 5 | 0.65 | 0.022 | 0.104 |
| 13 | 搬运 | M3G1M3P0 | 7 | 0.9 | 0.13 | 0.133 |

续表

| 序号 | 操作 | 符号标记 | MOD | 时间/s | $p_i$ | $-p_i\log_2 p_i$ |
|---|---|---|---|---|---|---|
| 14 | 填充 | M2P0M2P0E2 | 6 | 0.77 | 0.025 | 0.121 |
| 15 | 搬运 | W5 * 3M2G3W5 * 3M2P0L1 | 36 | 4.64 | 0.13 | 0.383 |
| 16 | 定位 | M3P2R2 | 7 | 0.9 | 0.025 | 0.133 |
| 17 | 搬运 | M4G1M4P0L1 | 10 | 1.29 | 0.036 | 0.173 |
| 18 | 紧固 | (M3P2M2G0M2P0) * 6 | 54 | 6.97 | 0.195 | 0.46 |
| 19 | 固定 | M3G1M2P5M2P5 | 18 | 2.32 | 0.065 | 0.256 |

由式(8-3)得差速器总成工位动作状态复杂度为 3.71。同样计算得其余工位任务的动作状态复杂度，如表 8-13 所示。

表 8-13　各工位动作状态复杂度

| 壳体上线 | 拧螺栓 | 差速器总成 | 装差速器 | 锥齿轮总成 | 装锥齿轮 |
|---|---|---|---|---|---|
| 4.95 | 3.19 | 3.71 | 3.79 | 4.08 | 4.12 |

差速器总成工位信息链如图 8-20 所示。

计算各工位的信息感知复杂度，定义关系 $r=(1,1,1,0)=$（自身关系，顺序关系，影响工艺过程，无关系），工艺相关关系如表 8-14 所示。

表 8-14　工艺相关关系表

| 变量 | 关系 $r=(1,1,1,0)$ | | | | | | | | | | | | | | | | | | | 关系和 | $p_i$ | $-p_i\log_2 p_i$ |
|---|---|---|---|---|---|---|---|---|---|---|---|---|---|---|---|---|---|---|---|---|---|---|
| | 1 | 2 | 3 | 4 | 5 | 6 | 7 | 8 | 9 | 10 | 11 | 12 | 13 | 14 | 15 | 16 | 17 | 18 | 19 | | | |
| 1 | 1 | 1 | 1 | 0 | 1 | 0 | 0 | 0 | 0 | 0 | 0 | 0 | 0 | 0 | 0 | 0 | 0 | 1 | 0 | 5 | 0.063 | 0.251 |
| 2 | 1 | 1 | 1 | 0 | 0 | 0 | 0 | 0 | 0 | 0 | 0 | 0 | 0 | 0 | 0 | 0 | 0 | 0 | 0 | 3 | 0.038 | 0.179 |
| 3 | 1 | 1 | 1 | 1 | 1 | 0 | 0 | 0 | 0 | 0 | 0 | 0 | 0 | 0 | 0 | 0 | 0 | 0 | 0 | 5 | 0.063 | 0.251 |
| 4 | 0 | 0 | 1 | 1 | 1 | 0 | 0 | 0 | 0 | 0 | 0 | 0 | 0 | 0 | 0 | 0 | 0 | 0 | 0 | 3 | 0.038 | 0.179 |
| 5 | 1 | 0 | 1 | 1 | 1 | 1 | 1 | 1 | 1 | 0 | 0 | 0 | 0 | 0 | 0 | 0 | 0 | 0 | 0 | 7 | 0.089 | 0.311 |
| 6 | 0 | 0 | 0 | 0 | 1 | 1 | 1 | 0 | 1 | 0 | 0 | 0 | 0 | 0 | 0 | 0 | 0 | 0 | 0 | 3 | 0.038 | 0.179 |
| 7 | 0 | 0 | 0 | 0 | 0 | 1 | 1 | 1 | 1 | 0 | 0 | 0 | 0 | 0 | 0 | 0 | 0 | 0 | 0 | 4 | 0.051 | 0.219 |
| 8 | 0 | 0 | 0 | 0 | 0 | 1 | 0 | 1 | 1 | 1 | 1 | 0 | 0 | 0 | 0 | 0 | 0 | 0 | 0 | 5 | 0.063 | 0.251 |
| 9 | 0 | 0 | 0 | 0 | 0 | 0 | 1 | 1 | 1 | 0 | 0 | 0 | 0 | 0 | 0 | 0 | 0 | 0 | 0 | 3 | 0.038 | 0.179 |
| 10 | 0 | 0 | 0 | 0 | 0 | 0 | 0 | 1 | 1 | 1 | 1 | 1 | 0 | 0 | 0 | 0 | 0 | 0 | 0 | 5 | 0.063 | 0.251 |
| 11 | 0 | 0 | 0 | 0 | 0 | 0 | 0 | 0 | 0 | 1 | 1 | 1 | 0 | 0 | 0 | 0 | 0 | 0 | 0 | 3 | 0.038 | 0.179 |
| 12 | 0 | 0 | 0 | 0 | 0 | 0 | 0 | 0 | 0 | 1 | 1 | 1 | 1 | 1 | 0 | 1 | 0 | 0 | 0 | 6 | 0.076 | 0.283 |
| 13 | 0 | 0 | 0 | 0 | 0 | 0 | 0 | 0 | 0 | 0 | 1 | 1 | 1 | 0 | 0 | 0 | 0 | 0 | 0 | 3 | 0.038 | 0.179 |
| 14 | 0 | 0 | 0 | 0 | 0 | 0 | 0 | 0 | 0 | 0 | 1 | 1 | 1 | 1 | 0 | 0 | 0 | 0 | 0 | 4 | 0.051 | 0.219 |
| 15 | 0 | 0 | 0 | 0 | 0 | 0 | 0 | 0 | 0 | 0 | 0 | 0 | 1 | 1 | 1 | 0 | 0 | 0 | 0 | 3 | 0.038 | 0.179 |
| 16 | 0 | 0 | 0 | 0 | 0 | 0 | 0 | 0 | 0 | 0 | 0 | 0 | 0 | 1 | 1 | 1 | 1 | 0 | 0 | 5 | 0.063 | 0.51 |
| 17 | 1 | 0 | 0 | 0 | 0 | 0 | 0 | 0 | 0 | 0 | 0 | 0 | 0 | 0 | 1 | 1 | 1 | 1 | 0 | 5 | 0.063 | 0.251 |
| 18 | 0 | 0 | 0 | 0 | 0 | 0 | 0 | 0 | 0 | 0 | 0 | 0 | 0 | 0 | 1 | 1 | 1 | 1 | 0 | 4 | 0.051 | 0.219 |
| 19 | 0 | 0 | 0 | 0 | 0 | 0 | 0 | 0 | 0 | 0 | 0 | 0 | 0 | 0 | 0 | 1 | 1 | 1 | 0 | 3 | 0.038 | 0.179 |

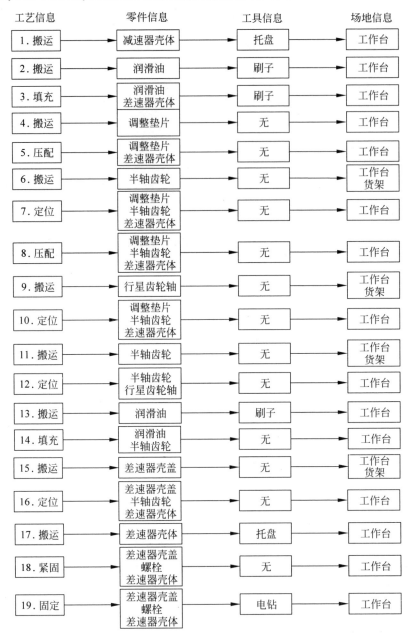

图 8-20　差速器总成工位信息链图

同理计算零件信息关系矩阵、工具信息关系矩阵、场地信息关系矩阵得最终信息感知复杂度，如表 8-15 所示。

表 8-15　各工位信息感知复杂度

| 壳体上线 | 拧螺栓 | 差速器总成 | 装差速器 | 锥齿轮总成 | 装锥齿轮 |
|---|---|---|---|---|---|
| 12.09 | 9.86 | 10.77 | 10.01 | 11.63 | 10.82 |

差速器总成工位的操作人员在装配过程中所涉及的信息处理过程数目如表 8-16 所示。

表 8-16　各工位信息处理过程数量

| 信息处理 | 识别 | 规则选择 | 诊断 | 决策 | 计划 |
|---|---|---|---|---|---|
| 数量/个 | 4 | 4 | 2 | 2 | 2 |

定义 $m_1$ 为信息识别的数量；$m_2$ 为规则选择的数量；$m_3$ 为诊断的数量；$m_4$ 为决策的数量；$m_5$ 为计划的数量。工位任务的信息处理过程复杂性 $C_4$ 的计算公式为

$$C_4 = \frac{\sum\limits_{i=1}^{m_1} k_{ci}}{m_1} \log_2(m_1 + 1) + \frac{\sum\limits_{i=1}^{m_2} k_{ci}}{m_2} \log_2(m_2 + 1) + \frac{\sum\limits_{i=1}^{m_3} k_{ci}}{m_3} \log_2(m_3 + 1) +$$

$$\frac{\sum\limits_{i=1}^{m_4} k_{ci}}{m_4} \log_2(m_4 + 1) + \frac{\sum\limits_{i=1}^{m_5} k_{ci}}{m_5} \log_2(m_5 + 1) \tag{8-5}$$

$k_{ci}$ 为信息处理过程 $i$ 所对应的基本操作的难度，式中 $m \neq 0$，当 $m = 0$ 时，与其对应的复杂性为 0。

由式(8-5)计算得 $C_4 = \dfrac{\sum\limits_{i}^{m_1} k_{ci}}{m_1} \log_2(m_1 + 1) + \dfrac{\sum\limits_{i}^{m_2} k_{ci}}{m_2} \log_2(m_2 + 1) +$

$\dfrac{\sum\limits_{i}^{m_3} k_{ci}}{m_3} \log_2(m_3 + 1) + \dfrac{\sum\limits_{i}^{m_4} k_{ci}}{m_4} \log_2(m_2 + 1) + \dfrac{\sum\limits_{i}^{m_5} k_{ci}}{m_5} \log_2(m_5 + 1) = 7.63$

同理得其余工位信息处理过程复杂度，如表 8-17 所示。

表 8-17　各工位信息处理过程复杂度

| 壳体上线 | 拧螺栓 | 差速器总成 | 装差速器 | 锥齿轮总成 | 装锥齿轮 |
|---|---|---|---|---|---|
| 4.50 | 3.10 | 7.63 | 6.48 | 12.51 | 10.99 |

由表 8-14 对信息处理状态复杂度进行计算得表 8-18。

表 8-18　各工位信息处理状态类型与时间

| 数目/个 | 处理类型 | 时间/s | 数目/个 | 处理类型 | 时间/s |
|---|---|---|---|---|---|
| 1 | 识别 | 5 | 8 | 诊断 | 6.25 |
| 2 | 规则选择 | 7.5 | 9 | 决策 | 7.5 |
| 3 | 诊断 | 6.25 | 10 | 计划 | 7.5 |
| 4 | 决策 | 7.5 | 11 | 识别 | 5 |
| 5 | 计划 | 7.5 | 12 | 规则选择 | 7.5 |
| 6 | 识别 | 5 | 13 | 识别 | 5 |
| 7 | 规则选择 | 7.5 | 14 | 规则选择 | 7.5 |

计算得 $C_5 = -\dfrac{xt_1}{T}\log_2\dfrac{xt_1}{T} - \dfrac{xt_2}{T}\log_2\dfrac{xt_2}{T} - \dfrac{xt_3}{T}\log_2\dfrac{xt_3}{T} - \dfrac{xt_4}{T}\log_2\dfrac{xt_4}{T} -$

$\dfrac{xt_5}{T}\log_2\dfrac{xt_5}{T} = 2.25$（如表 8-19 所示）

表 8-19　各工位信息处理状态复杂度

| 壳体上线 | 拧螺栓 | 差速器总成 | 装差速器 | 锥齿轮总成 | 装锥齿轮 |
|---|---|---|---|---|---|
| 0.97 | 0.97 | 2.25 | 2.03 | 2.21 | 2.08 |

至此，已经分析并计算出需要规划的 6 个工位的全部复杂度，结果如表 8-20 所示。

表 8-20　各工位综合复杂度

| 工位 | 壳体上线 | 拧螺栓 | 差速器总成 | 装差速器 | 锥齿轮总成 | 装锥齿轮 |
|---|---|---|---|---|---|---|
| 静态复杂度 $C_d$ | 36.81 | 23.05 | 33.33 | 30.83 | 47.51 | 42.86 |
| 动态复杂度 $C_s$ | 5.92 | 4.16 | 5.96 | 5.82 | 6.29 | 6.2 |
| 比率 $E$ | 0.160 | 0.180 | 0.178 | 0.188 | 0.132 | 0.1446 |
| 综合复杂度 $Q$ | 42.73 | 27.21 | 39.29 | 36.65 | 53.8 | 49.06 |

根据复杂度数据与生产线平衡时间数据，本章给出了一种基于装配工位复杂度的生产线平衡方案。减速器装配生产的过程实际上就是生产过程中生产资源的改变，由对象的静态复杂度转变系统中的动态复杂度。在生产计划与方案一定的条件下，比率 $E = \dfrac{\text{动态复杂度}}{\text{静态复杂度}}$ 越低，生产抗扰动能力越强，因此对于不同的平衡方案可将每工作站平均比率 $E$ 的大小作为目标函数进行方案优选，由于受比率 $E$ 的影响，工作站生产节拍与工作站任务分配可以根据复杂性不同作适当调整，以追求综合最优。

这里建立新的线性规划模型如下所示

$$\max \eta = \sum_{i=1}^{m} t_i \frac{1}{mc}$$

$$\min Q' = \sum_{p=1}^{6} \frac{Q_p}{c_p} \quad \text{对关键工位任务复杂度进行限制}$$

$$\text{s.t.} \begin{cases} \bigcup_{i=1}^{m} S_n = E, i=1,2,\cdots,m \\ S_i \cap S_j = \varnothing, i \neq j, i,j = 1,2,\cdots,m \\ x \leq y, \forall i \in S_x, j \in S_y \\ \dfrac{Q_i}{t_i} = \dfrac{Q_j}{t_j}, i,j \in S(x), S(y), x \neq y \quad \text{对各工位任务复杂度进行合理分配} \\ t(S_p) \leq c\left(\alpha \dfrac{C_s - C_d}{C_d}\right), p = m-6, \cdots, m \quad \text{复杂性对生产节拍柔性影响} \\ t(S_k) \leq c, \forall k = 1,2,\cdots,m-7 \end{cases}$$

其中：$\alpha$ 为修正系数，这里取 1.1；$c\left(\dfrac{C_s-C_d}{C_d}\right)$ 为可变工作站节拍时间，受静态复杂度与动态复杂度一致程度影响，其余符号与方案一含义相同。首先计算可变时间节拍确定最小节拍时间为 $t'=t\times\alpha\times\max\dfrac{C_s-C_d}{C_d}=100\times1.1\times0.812\text{s}=89.32\text{s}$，此时工作站数目 $m=11$，通过模型求解得

$$S_1=\{1,2,3,4\},\quad S_2=\{5,35\},\quad S_3=\{6,36\}, S_4=\{7,29,30\},$$
$$S_5=\{8,9,10,34\},\quad S_6=\{31,32,33\},\quad S_7=\{11,12,13,14\},$$
$$S_8=\{15,16,17\},\quad S_9=\{18,19,20,21,22\},$$
$$S_{10}=\{23,24,25\},\quad S_{11}=\{26,27,28\},$$

时间效率 $\eta=\dfrac{942}{1100}\times100\%\approx85.64\%$，

$$E=\frac{0.160}{2}+\frac{0.180}{3}+\frac{0.178}{3}+0.188+\frac{0.132}{2}+0.1446\approx0.5979。$$

相较之前 $E=0.9826$ 下降 39.15%，在进行生产任务分配时，很好地兼顾了任务复杂性的平衡。按照解集，绘制此时工作站分布图，如图 8-21 所示。

小结：传统的生产线平衡确实能够取得较好的改善效果，但对于工序间任务操作难度差异较大，从而容易引发质量问题，始终没有较好的解决方案，所以这里我们引入一种全新的同时考虑时间效率与工人在动作与信息处理方面的综合复杂性的生产线平衡方案。

为将广义的复杂性测量用于装配工位，首先根据传统复杂性面向装配工位建立指标体系，分别为动作过程复杂度、感知过程复杂度、信息处理过程复杂度、信息处理状态复杂度和动作状态复杂度。前三者为静态复杂度，体现工人动作与信息接收处理的静态化程度；后两者为动态复杂度，体现工人动作与信息接收处理的动态化程度。静态化程度越高，动态化程度越低，表明工人装配工位与预订指示、计划越相近，生产波动越小。可用 $E=$ 静态复杂度/动态复杂度，代表工位生产与生产计划一致性程度。

通过每个工位的流程图、工艺过程、预定时间动作标准法及过程时间统计，本章对该装配线工位的动作过程复杂度、动作状态复杂度进行了详细测算。通过对各工位信息链与工位器具间相互关系得到感知过程复杂度。通过对各工位动作类型及信息处理过程进行定性分析与定量归类，得到信息处理、识别、规则选择、诊断、决策和计划六类过程的时间、数量，得到信息处理过程复杂度与信息处理状态复杂度，得到各工位各项复杂度与静态动态复杂度。接着基于综合复杂度与时间效率建立生产线平衡数学模型，这里基于实测数据，在保证最小工作站数目、最大

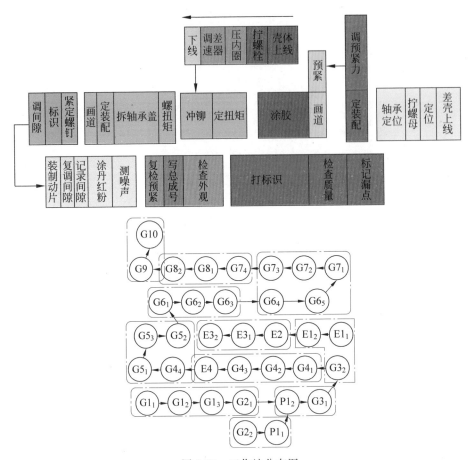

图 8-21　工作站分布图

时间效率的同时,最小化总复杂性。约束条件则是在保证工序紧前、紧后关系不变与工序安排至最小工作站数目中的基础上,加入基于复杂性一致性程度 $E$ 考虑的可变工作站节拍,同时将复杂性大的工序尽可能多地安排在空闲时间多的工作站,复杂性小的工序多安排在空闲时间少的工作站。建立线性规划模型求解。得到以下重组结果,此时时间效率达 85.64%,工作站数为 11 个,此时总复杂性 $Q$ 下降 $(248.47-156.14)/248.47×100\%=37.3\%$,同样进一步直观展示,将装配布局图简化为二维图。基于时间的和基于复杂性的改善后的方案对比,如图 8-22所示。

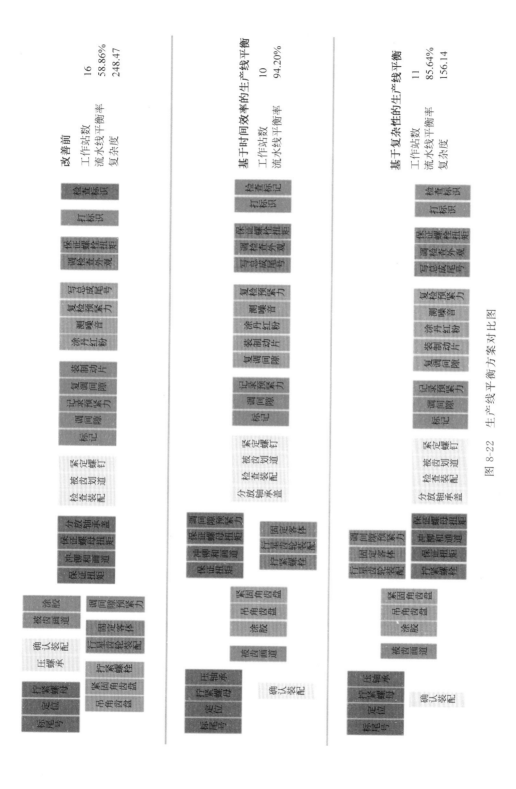

图 8-22　生产线平衡方案对比图

## 8.5　生产现场全要素改善

传统意义上的生产现场改善主要是依据泰勒、吉尔布雷斯夫妇于 19 世纪初提出的动作经济原则对人、机、料三要素进行改善，旨在降低人的体力负荷，如图 8-23 所示。

图 8-23　基于人、机、料三要素的改善

改善的步骤：

### 1. 对现场进行观察和写实

轮毂压装一线布局如图 8-24 所示，生产线共配备 3 名工人，负责 4 次检查和 6 次加工。

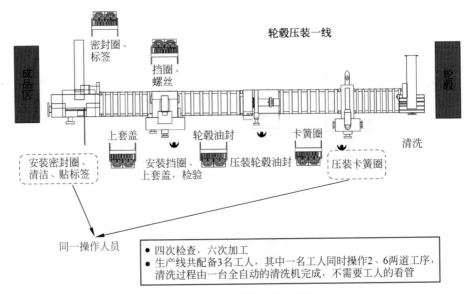

图 8-24　轮毂压装一线布局图

### 2. 利用仿真查找瓶颈

建立轮毂压装一线仿真模型如图 8-25 所示，由仿真可见，在制品堆积严重，瓶颈工序在工序 4。

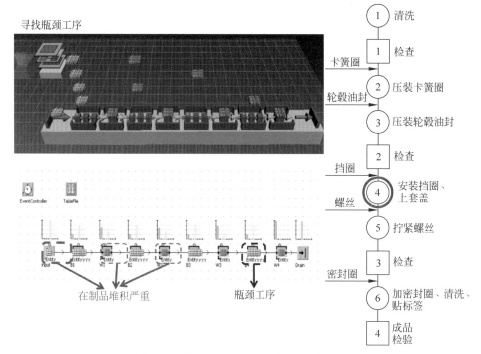

图 8-25　轮毂压装一线工艺与仿真分析图

### 3. 针对瓶颈进行改善

通过对瓶颈工序关于人、机、料三方面的观察分析可以发现：第一，工人往复走动拿取工具等无效动作过多；第二，工人需弯腰对工件进行翻转，对工人腰部损伤严重，且对工件磨损较大；第三，发现工作台及物料布局摆放不合理，工人需弯腰操作并多次走动拿取物料，造成工人体力负荷过高。针对上述问题，本章利用动作经济原则对其进行改善如下。

## 8.5.1　关于"人体运用"的改善

根据作者在现场对中重型轮毂压装一线的观察，发现工序 4 是瓶颈，对其现场布局进行写实，如图 8-26 所示。

为安装挡圈、上套盖绘制动素分析表，如表 8-21 所示。根据动素分析表寻找改善点。

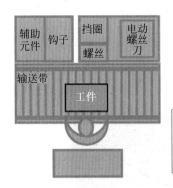

工序4动素分析表

- 32个动作
- 寻找无效动作
- 结合动作经济原则
  与ECRS进行改善

图 8-26　工序 4 布局示意图

表 8-21　改善前动素分析表

| 序号 | 要素作业 | 左手动作 | 动素记号 | | | 右手动作 | 改善点 |
| --- | --- | --- | --- | --- | --- | --- | --- |
| | | | 左手 | 眼 | 右手 | | |
| 1 | 左右手分别拿一个挡圈 | 伸手到零件墙 | ⌣ | | ⌒ | 等待 | |
| 2 | | 抓起两个挡圈 | ⌒ | | ⌒ | 等待 | |
| 3 | | 移物到右手 | ᗢ | | ⌣ | 伸手到左手 | |
| 4 | | 把一个挡圈放到右手 | ᗡ | | ⌒ | 接左手的一个挡圈 | |
| 5 | 把挡圈放入轮毂 | 把挡圈孔对准轮毂 | 9 | | 9 | 把挡圈孔对准轮毂 | |
| 6 | | 把挡圈放进轮毂 | ᗡ | | ᗡ | 把挡圈放进轮毂 | |
| 7 | 把辅助元件放入轮毂 | 等待 | ⌒ | | ⌣ | 伸手到置物台 | 1. 动作方法 |
| 8 | | 等待 | ⌒ | | ⌒ | 拿起钩子 | |
| 9 | | 等待 | ⌒ | | ⊔ | 钩起一个辅助元件 | |
| 10 | | 等待 | ⌒ | | ᗢ | 移动到工件上方 | 2. 作业现场布置 |
| 11 | | 等待 | ⌒ | | ᗡ | 把辅助元件放入轮毂 | |
| 12 | | 等待 | ⌒ | | ᗢ | 移动到置物台 | 3. 工装夹具与机器 |
| 13 | | 等待 | ⌒ | | ᗡ | 放下钩子 | |

续表

| 序号 | 要素作业 | 左手动作 | 左手 | 眼 | 右手 | 右手动作 | 改善点 |
|---|---|---|---|---|---|---|---|
| 14 | 将一摞上套盖搬至置物台 | 伸手到身后货架 | ⌣ | | ⌣ | 伸手到身后货架 | |
| 15 | | 拿起一摞上套盖 | ∩ | | ∩ | 拿起一摞上套盖 | |
| 16 | | 移动到置物台 | ⌣◦ | | ⌣◦ | 移动到置物台 | |
| 17 | | 放下上套盖 | ⌢◦ | | ⌢◦ | 放下上套盖 | |
| 18 | 把上套盖放入轮毂 | 伸手到置物台 | ⌣ | | ⌣ | 伸手到置物台 | |
| 19 | | 抓取上套盖 | ∩ | | ∩ | 抓取上套盖 | |
| 20 | | 移物到工件上方 | ⌣◦ | | ⌣◦ | 移物到工件上方 | |
| 21 | | 放下上套盖 | ⌢◦ | | ⌢◦ | 放下上套盖 | |
| 22 | 用螺钉紧固上套盖 | 等待 | ⌢◦ | | ∩ | 拿起电动螺丝刀 | 1. 动作方法 |
| 23 | | 拿起一把螺钉 | ∩ | | ⌢◦ | 等待 | |
| 24 | | 安装螺钉 | # | | # | 安装螺钉 | |
| 25 | | 放回多余螺钉 | ⌢◦ | | ⌢◦ | 等待 | |
| 26 | | 伸手到右手 | ⌣ | | ⌣◦ | 移物到左手 | 2. 作业现场布置 |
| 27 | | 握住电动螺丝刀 | ∩ | | ∩ | 握住电动螺丝刀 | |
| 28 | | 紧固螺钉 | # | | # | 紧固螺钉 | 3. 工装夹具与机器 |
| 29 | | 等待 | ⌢◦ | | ⌢◦ | 放回电动螺丝刀 | |
| 30 | 取出辅助元件 | 拿起辅助元件 | ∩ | | ⌢◦ | 等待 | |
| 31 | | 移动到置物台 | ⌣◦ | | ⌢◦ | 等待 | |
| 32 | | 放下辅助元件 | ⌢◦ | | ⌢◦ | 等待 | |

　　在进行改善方案的分析时,针对"动作数""双手同时性""动作距离""作业难易程度"按照下述动作的要素分别讨论：①动作方法；②作业现场布置；③工装夹具与机器。从这三个方面分别进行分析,最终得到如下改善点：

（1）把置物台放在靠近工件处以便于抓取所需零件与工具，并减小动作的幅度和减少身体移动；

（2）用双手同时抓取挡圈，同时放置；

（3）将上套盖直接放在置物台上，省去搬运的动作；

（4）取消用钩子抓取辅助元件，改为直接用手抓取；

（5）辅助元件用完后直接放入下个待加工元件，减少再次抓取。

将钩子及其零件盒取消，将上套盖的货架移动至工人正前方，得到新的作业现场布置图，如图8-27所示。

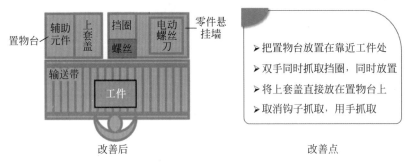

图8-27　新的作业现场布置图

改善后的动素分析对照表如表8-22所示。

表8-22　改善后的动素分析对照表

**双手同时作业**

| 1 | 两手分别拿一挡圈 | 伸手到零件墙 | | | 伸手到零件墙 |
|---|---|---|---|---|---|
| 2 | | 抓起一个挡圈 | | | 抓起一个挡圈 |

| 1 | 左右手分别拿一挡圈 | 伸手到零件墙 | | | 等待 |
|---|---|---|---|---|---|
| 2 | | 抓起两个挡圈 | | | 等待 |
| 3 | | 移物到右手 | | | 伸手到左手 |
| 4 | | 把一个挡圈放在右手 | | | 接左手的一个挡圈 |

**减少动作数量**

| 5 | 把辅助元件放入轮毂 | 等待 | | | 伸手到置物台 |
|---|---|---|---|---|---|
| 6 | | 等待 | | | 拿起辅助元件 |
| 7 | | 等待 | | | 移动到工件上方 |
| 8 | | 等待 | | | 把辅助元件放入轮毂 |

| 7 | 把辅助元件放入轮毂 | 等待 | | | 伸手到置物台 | 1.动作方法 |
|---|---|---|---|---|---|---|
| 8 | | 等待 | | | 拿起钩子 | 2.作业现场布置 |
| 9 | | 等待 | | | 钩起一个辅助元件 | |
| 10 | | 等待 | | | 移动到工作上方 | 3.工装夹具与机器 |
| 11 | | 等待 | | | 把辅助元件放入轮毂 | |
| 12 | | 等待 | | | 移动到置物台 | |
| 13 | | 等待 | | | 放下钩子 | |
| 14 | 将一摞上套盖搬至置物台 | 伸手到身后货架 | | | 伸手到身后货架 | |
| 15 | | 拿起一摞上套盖 | | | 拿起一摞上套盖 | |
| 16 | | 移动到置物台 | | | 移动到置物台 | |

续表

**轻松作业　减小动作距离**

| 13 | 用螺丝紧固上套盖 | 拿起一把螺钉 | ∩ | ∩ | 拿起电动螺丝刀 |
| 14 | | 握住螺丝 | ∩ | ⌂ | 握住电动螺丝刀 |
| 15 | | 安装螺钉 | # | # | 安装螺钉 |
| 16 | | 紧固螺钉 | # | # | 紧固螺钉 |
| 17 | | 等待 | ⌒○ | ○⌒ | 放回电动螺丝刀 |

| 22 | | 等待 | ⌒○ | ∩ | 拿起电动螺丝刀 |
| 23 | | 拿起一把螺钉 | ∩ | ⌒○ | 等待 |
| 24 | 用螺丝紧固上套盖 | 安装螺钉 | # | # | 安装螺钉 |
| 25 | | 放回多余螺钉 | ○⌒ | ⌒○ | 等待 |
| 26 | | 伸手到右手 | ○— | ○← | 移动到左手 |
| 27 | | 握住电动螺丝刀 | ∩ | ⌂ | 握住电动螺丝刀 |
| 28 | | 紧固螺钉 | # | # | 紧固螺钉 |
| 29 | | 等待 | ⌒○ | ○⌒ | 放回电动螺丝刀 |

改善后的动素分析如表 8-23 所示。

**表 8-23　改善后动素分析表**

| 序号 | 要素作业 | 左手动作 | 动素记号 | | | 右手动作 | 改善点 |
| | | | 左手 | 眼 | 右手 | | |
|---|---|---|---|---|---|---|---|
| 1 | 两手分别拿一挡圈 | 伸手到零件墙 | ⌣ | | ⌣ | 伸手到零件墙 | |
| 2 | | 抓起一个挡圈 | ∩ | | ∩ | 抓起一个挡圈 | |
| 3 | 把挡圈放入轮毂 | 把挡圈孔对准轮毂 | 9 | | 9 | 把挡圈孔对准轮毂 | |
| 4 | | 把挡圈放进轮毂 | ○⌒ | | ○⌒ | 把挡圈放进轮毂 | |
| 5 | 把辅助元件放入轮毂 | 等待 | ⌒○ | | ⌣ | 伸手到置物台 | 1. 动作方法 |
| 6 | | 等待 | ⌒○ | | ∩ | 拿起辅助元件 | 2. 作业现场布置 |
| 7 | | 等待 | ⌒○ | | ○← | 移动到工件上方 | |
| 8 | | 等待 | ⌒○ | | ○⌒ | 把辅助元件放入轮毂 | 3. 工装夹具与机器 |
| 9 | 把上套盖放入轮毂 | 伸手到置物台 | ⌣ | | ⌣ | 伸手到置物台 | |
| 10 | | 抓取上套盖 | ∩ | | ∩ | 抓取上套盖 | |
| 11 | | 移物到工件上方 | ○← | | ○← | 移物到工件上方 | |

续表

| 序号 | 要素作业 | 左手动作 | 动素记号 | | | 右手动作 | 改善点 |
|---|---|---|---|---|---|---|---|
| | | | 左手 | 眼 | 右手 | | |
| 12 | 把上套盖放入轮毂 | 放下上套盖 | ◔ | | ◔ | 放下上套盖 | |
| 13 | | 拿起一把螺钉 | ⌒ | | ⌒ | 拿起电动螺丝刀 | |
| 14 | | 握住螺丝 | ⌒ | | ⌒ | 握住电动螺丝刀 | |
| 15 | 用螺钉紧固上套盖 | 安装螺钉 | ⌗ | | ⌗ | 安装螺钉 | 1. 动作方法 |
| 16 | | 紧固螺钉 | ⌗ | | ⌗ | 紧固螺钉 | 2. 作业现场布置 |
| 17 | | 等待 | ⊙ | | ◔ | 放回电动螺丝刀 | 3. 工装夹具与机器 |
| 18 | 取出辅助元件 | 拿出辅助元件 | ⌒ | | ⊙ | 等待 | |
| 19 | | 移动到下一个轮毂 | ◡ | | ⊙ | 等待 | |
| 20 | | 放下辅助元件 | ◔ | | ⊙ | 等待 | |

　　通过对瓶颈工序的动素分析,寻找改善点,根据动作经济原则,可以发现四大改善点:第一,利用双手作业原则,将单手抓取挡圈改为双手操作;第二,利用减少动作数量原则,将两个置物台合并;第三,利用减小动作距离原则,改变上套盖位置,将其放在置物台上;第四,利用轻松动作原则,取消用钩子抓取辅助元件,改为用手抓取。这样将原来的 32 个动素改善为 20 个。

## 8.5.2　关于"工具设备"的改善

　　根据吊钩吊取减壳过程中存在的问题,对吊钩进行重新设计,设计如图 8-28 所示。将单个吊钩转变为吊钩组。吊钩组是滑轮组和吊钩的组合体,用在起重机上面,通过钢丝绳与卷筒连接,升降快慢通过滑轮的倍率来决定。机器工作时,使用一个吊钩钩住减速器壳体的轴承端盖,另一个钩住减壳底部的环形圈,利用定滑轮机构带动吊钩组,使两个吊钩处于不同水平面内,通过重力场的高低差使减速器壳体进行翻转。通过对工具的改善减少了工人动作数量,使操作工人轻松作业,符合动作经济原则。

**解决方案**
- 设计双钩结构
- 利用重力产生的高低差翻转工件

**存在问题**
- 需要人工翻转
- 造成工人疲劳
- 易损伤工件
- 浪费时间

图 8-28　吊钩作业及其改善方案

### 8.5.3　关于"工作地布置"的改善

关于工作台及物料的改善。首先,对于前述的问题一,利用动作经济原则延伸出来的原则进行改善。其一,把所用的物料放在操作者前面手能够着的且便于抓取的固定位置,避免寻找、弯腰、过度伸手等动作。其二,在不妨碍作业的前提下尽量使作业区域狭窄。减少作业动作(特别是步行动作),和作业现场的面积。利用这两个原则,将物料摆放位置进行了重新规划,如图 8-29 所示。第一,将摆放套筒和螺栓的两个工作台分别放在减壳工作台的左右两侧,可双手同时拿取,符合动作经济原则。第二,将放置左右端盖的货架放在操作工人的两侧,减少工人在拿取端盖过程中的走动数,符合动作经济原则。

其次,对于前述问题二,我们对工作台的高度和宽度重新进行设计。根据劳动强度等级表 8-24 确定此工位为中劳动,根据表 8-25,由于中劳动介于轻劳动和重劳动之间,故选取的工作台高度为 90cm。抛去减速器壳体的高度,最终确定的工作台高度为 75cm。根据图 8-30 确定的工作台长和宽分别为 60cm 和 50cm。

表 8-24　劳动强度表

| 劳动强度分级 | RMR | 作业的特点 | 工作举例 |
| --- | --- | --- | --- |
| 中劳动 | 2.0~4.0 | 1. 几乎立位,身体水平移动为主,速度相当普通步行<br>2. 上肢作业用力<br>3. 可持续几小时 | 油漆工、车工、木工、电焊工 |
| 重劳动 | 4.0~7.0 | 1. 全身作业为主,全身用力<br>2. 全身疲劳,10~20min 想休息 | 炼钢工、炼铁工、土建工 |

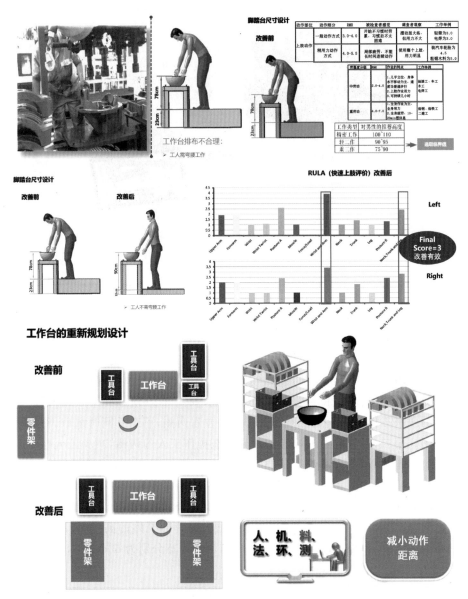

图 8-29　工作台及物料的重新规划

表 8-25　工作类型表

| 工 作 类 型 | 对男性的推荐高度/m |
| --- | --- |
| 精密工作 | 100～110 |
| 轻工作 | 90～95 |
| 重工作 | 75～90 |

　　第三个问题,是工作台的高度较低的问题,测量得到工人所站平面与工作平面

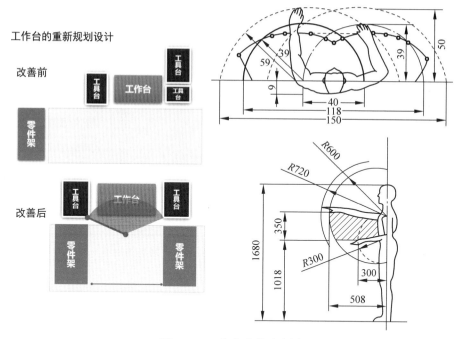

图 8-30　工作台改善示意图

高度差为 78cm,脚踏板高度为 23cm,工人需弯腰工作。对其进行快速上肢评价,得分为 7,其中脖颈和上臂的疲劳程度较大。由于扭紧机高度难以改变,所以可对脚踏板的高度进行了改善。因为该工人劳动强度为中劳动,介于轻工作与重工作之间,根据作业性质我们选取工作面高度为 90cm,所以最终确定脚踏板高度为 11cm。改善后工人不需要再弯腰作业,达到了轻松作业的目的,对改善方案重新进行快速上肢评价,脖颈和上臂的得分明显下降,最终得分为 3,改善效果显著。同时,对工作台的排布距离进行改善,将原来放置套筒与螺栓的零件台分开放置,对于左右轴承端盖,将其分放在左右两个相同的零件架上,考虑正常工作范围与最大工作范围,选取两个零件架之间的距离为 125cm,利用 Catia 软件对改善后工人拿取物料的路线进行仿真模拟,发现工人不必往复走动拿取工件,减小了动作距离。

## 8.6　基于信息加工经济原则的改善

前文叙述了如何使用动作经济原则对生产现场人、机、料生产三要素之间的关系进行改善,那么如何使用信息加工经济原则对生产现场法\环境\测量三要素进行改善?改善的目的是降低人的认知负荷,围绕这一目的,提出了拟改善的问题和解决问题的方法,如图 8-31 所示。

通过信息加工经济原则对操作指导、环境与安全、测量工具与信息呈现方式进行改善，以降低工人的认知负荷。

图 8-31　依据信息加工经济原则对生产现场的改善

## 8.6.1　关于法——标准作业要领书的改善

针对问题一，可通过减少信息数量进行改善，即遵循 7±2 原则。所谓 7±2 原则，即为人的有效信息接收范围，也就是作业指示信息或信息块或条的数量最多不应超过 9 条或块。改善点主要为以下三点。

第一，对信息进行整理，删除无用、重复、多余的信息，如图 8-32 所示。

第二，对相似的、表意相近的信息，按照人的思维逻辑进行整合，成为一个表达意义明确、针对性强的信息块，信息块的数量以 5～9 个为宜。

第三，对信息块的排版进行规划，使之版式符合人的审美，条理清晰。

根据以上要点，可得到改善方案，如图 8-33 所示。将信息进行组块化，将同类信息归纳成为一个模块，以方便使用者观看，并对信息块的排版重新规划。整个说明书一共分为七大模块。在每个小模块中，信息数量也遵循 7±2 原则。

对于问题二，重点针对作业方法及注意事项这一部分模块进行改善。可利用降低信息加工深度原则进行改善，将文字变为图片＋文字，使操作者在使用标准作业指导书过程中由阅读文字进行信息加工理解转变为读取图片获取信息，信息难度降低。改善图如图 8-34 所示。

针对问题二，可对其进行进一步的改善，将图片＋文字转变成图像＋解说的形式，即利用显示屏，将作业方法通过视频方式呈献给操作者，这样操作者不用训练，依靠大脑的感知能力而不用学习就能够获取信息。改善效果如图 8-35 所示。此改善方案利用了信息加工经济原则中降低信息加工深度和轻松作业两大原则。

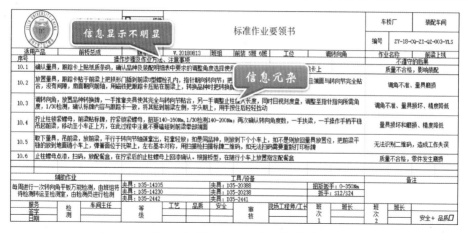

图 8-32　改善前标准作业要领书

图 8-33　按照减少信息数量之原则改善后标准作业要领书

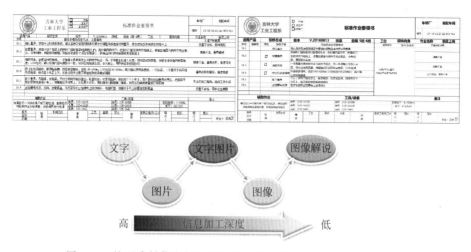

图 8-34　按照降低信息加工深度原则对标准作业要领书的改善过程

图 8-35　按照轻松作业原则对标准作业要领书的改善过程

## 8.6.2　关于"环境与安全信息系统"的改善

针对环境与安全信息表达不清的问题，可按照信息加工经济原则之视听信息同时呈现原则使用视听、视感信息同时呈现的策略及声光同时呈现的策略来提高人们的安全意识，如图 8-36 所示，当室内温度达到 30℃时，壁纸中的花将开放，进而提示人们需要打开空调调节室温了。而图 8-37 则显示改进转运车到达提示系统的方法。

图 8-36　视感信息同时呈现

图 8-37　转运车声光安全提示系统

## 8.6.3　关于"测量方法与工具"的改善

如图 8-38 所示,对测量工具的改善可以大大降低人们在进行测量作业时的信息加工深度。

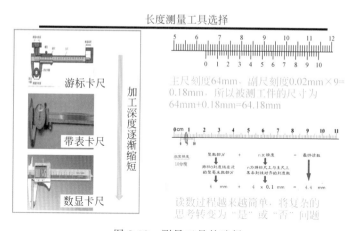

图 8-38　测量工具的选择

针对图 8-39、图 8-40 所示弹簧检测和环形件检测两个问题,可利用信息加工经济原则中的轻松作业原则进行改善,这里改善的是测量方法。

首先,对于问题一,改善方案为通过弹簧检测口进行检测,若能直接通过,则满足产品需求。改善方案如图 8-39 所示。

其次,对于问题二,改善方案为通过专用检测工具进行检测,若环形件不能通过夹具,则满足产品需求。改善方案如图 8-40 所示。

图 8-39　弹簧检测

图 8-40　环形件检测

## 8.7　本章小结

本章在全要素视角下，从宏观到中观再到微观，运用工业工程理论与工具，对某工厂的生产现场进行了全面系统的改善与优化。

首先，针对现场布局问题，在宏观方面将传统 SLP 系统布置技术应用到了后桥厂各装配线的布局与设计当中，结合无面积拼块图，在提出两种全新的在物流调度中最合理的布局方案的同时，又根据 SLP 中所得物流强度与布局分析要素，结合 Dijkstra 算法，提出了一种最经济的以调整轮毂冲压线为核心的布局方案。在微观方面，基于排队论对后桥总成装配线的叉车调度与生产备料过程进行分析，通过优化调度方案与布局局部调整，将排队与等待时间基本消除，以提高生产准备效率。

其次，针对产线不平衡的问题，本章分别给出了基于时间效率下的生产线平衡与综合考虑装配工位复杂性下的生产线平衡两种方案。第一种方案是面向传统的时间效率下的生产线平衡进行优化，通过最大化工作站效率与时间和工序约束下的线性规划，得到了合理的工作站分布与改善方案，将平衡率提升至 94.2%。第二种方案是面向装配工位复杂性与生产线工作站效率综合平衡的优化方案，为此本章建立了全新的针对装配工位的复杂度评价体系，并对关键工位进行了详细测算，通过平衡关键工位复杂性、最大化工作站效率、结合复杂性保障生产计划一致性的目标，考虑复杂性影响下的可变节拍时间与工序安排相关性的约束条件，进行线性规划求解，得到了全新的工位布置方案，使线平衡率达到 85.64% 的同时，将生产工位复杂度降低 39.15%。

最后，针对生产现场发现的人、机、料、法、环、测全要素问题，利用动作经济原则中双手作业、减少动作数量、缩短动作距离、轻松动作四大原则对生产线中无效动作、工作台和物料摆放设计不合理、工人疲劳工作等人、机、料问题进行了改善；利用信息加工经济原则中的减少信息数量、视听信息的同时呈现、降低信息的加工深度、轻松作业四大原则对标准作业要领书信息呈现不明确、噪声污染、指差确认、测量工具等法、环、测问题进行了改善。

# 第 9 章

# 展　望

本书在研究初期将构建考虑信息负荷的工作研究 2.0 理论分析框架锁定在分布式认知和系统化创新方法 TRIZ 的流分析上，下面简要介绍这两部分知识以及具有潜力的信息流价值表征工具，供感兴趣的研究者继续开展相关研究时参考。

## 9.1　分布式认知

20 世纪 80 年代中期，加利福尼亚大学的赫钦斯（Hutchins）等明确提出了分布式认知的概念，认为它是重新思考所有领域认知现象的一种新的基本范式（Furniss，2006）。从此，分布式认知开始受到人们的关注，其原因有三：首先，在智能活动中，计算机扮演着越来越重要的角色，认知活动的分布性质日益明显。在认知任务完成过程中既有个体的认知，也存在着个体与计算机的交互作用，以及多个个体通过计算机的交互作用。其次，越来越多的人开始对 Vygotsky 的文化历史理论感兴趣。该理论认为，个体认知不仅与社会和文化有交互作用，而且就存在于社会和文化情境之中。最后，人们已不满意于仅把认知视为脑内的活动，而开始寻求认知对现场和情境的依赖，即探查认知的分布性质。

从分布式认知的角度来看，认知过程被视为内部过程之间的相互作用，以及对外部对象的操纵和表征在系统实体中的传播。当这些原则被应用于现场观察人类活动时，可以观察到如下三种分布式认知过程。

（1）认知过程存在于社会系统的各个因素之间。

（2）认知过程可能涉及内部结构（如决策、记忆、注意力）和外部结构（如物质人工制品、信息和通信技术系统和社会环境）之间的协调。

（3）认知进程可以通过时间进行分布，这样早期事件的产物就可以改变后期事件的性质。

分布式认知理论体系有以下假设，如表 9-1 所示。

表 9-1  分布式认知的理论假设（Furniss，2006）

| 假　　设 | 含　义　阐　述 |
|---|---|
| 自组织代理群体 | 认知过程不仅包括人，也包括非人（物化），相互作用，共同协作，即认知不是发生在人的大脑里而是在工具上，认知过程是分布式的 |
| 外部媒介系统 | agent 发生交互需要借助它们之间的环境，把支持交互的外部环境称为媒介 |
| 连接网络 | 交互的作用可以形成一个抽象的网络，节点具有 agent 的功能，存储信息，通过边进行传播 |
| 信息传播 | 信息的传播依赖于网络的结构情况、信息内容和丰富度 |
| 知识形成 | 网络的构建会形成新的知识，超越个体的信息，无限循环下形成共享 |

　　图 9-1 给出了分布式认知理论示意图，从传统认知科学的角度来看（左），认知是以人类个体为单位进行分析的，而从分布式认知的角度（右）看，认知过程与人、人工制品及认知环境之间的交互过程有关。

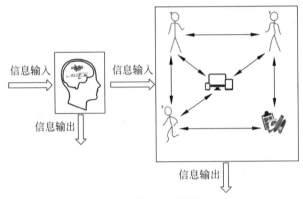

信息输入　　　　信息输入

信息输出

信息输出

图 9-1  分布式认知理论示意图（Furniss，2006）

　　因此，分布式认知是适应复杂系统的一种认知理论，是分析参与认知所有因素的逻辑过程，Furniss（2006）归纳总结前人对分布式认知的研究，提出系统性的分布式认知原则，此原则从物理布局、人工制品、信息流以及其他四个角度进行阐述，规范分布式认知的使用流程，指导人们使用分布式认知理论去分析与解决生活中的实际问题，表 9-2 详细介绍了这些原则。

表 9-2  分布式认知所应遵循的 22 个原则（Furniss，2006）

| 角　　度 | 原　　则 | 解　　释 |
|---|---|---|
| 物理布局 | 1. 空间和认知（space and cognition） | The role of physical layout to support cognition. 物理布局在支持认知中的作用。利用空间支持选择和解决问题 |
| | 2. 感知原则（perception） | How spatial representations provide support for cognition. 空间表征如何为认知提供支持。空间表征比非空间表征能提供更多的认知支持诺曼（Norman，1995）认为，只要在表征的空间布局与其表征之间存在清晰的映射关系，空间表征就比非空间表征为认知提供了更多的支持 |

| 角　度 | 原　则 | 解　释 |
|---|---|---|
| 物理布局 | 3. 自然原则(naturalness) | How closely the representation matches the properties of what it represents. 该表征与它所表征的属性的匹配程度如何。<br>外部表征趋于真实场景,所要的心智负荷减少。<br>原理相似,诺曼(Norman,1995)认为,当表征形式与它所表征的性质相匹配时,对认知是有帮助的。在这种情况下,所体验到的东西更接近于实际的东西,因此减少了利用表征法时所需要的思维转换 |
| | 4. 细微的身体支撑(subtle bodily supports) | Any bodily actions used to support activities. 用于支持活动的任何身体动作。利用肢体辅助认知过程 |
| | 5. 情境意识(situation awareness) | How the team are kept informed about the work through what they can see,hear and is made accessible to them. 如何通过他们可以看到、听到并可以访问的方式使团队了解工作情况。<br>具体问题具体分析,基于情境的特征去设计与改善 |
| | 6. 观察范围(horizon of observation) | What people can see or hear (influences people situation awareness). 人们可以看到或听到的内容(影响人们的处境意识)。<br>人的视野、观察习惯、视觉疲劳程度。<br>观察的视野是一个人可以看到或听到的东西,根据环境中的每个人的实际位置,他们所接近的活动,所看到的内容以及活动的方式,这将有所不同 |
| | 7. 设备布置(arrangement of equipment) | How the physical layout of equipment affects the access of information. 设备的物理布局如何影响信息的获取。<br>物理布局会影响对信息的访问,从而影响计算的可能性。这适用于不同层次的人访问,他们的对话和他们的工作,以及物理表征和人工制品 |
| 信息流 | 8. 信息的传递(information movement) | The mechanisms (representations and physical realisation) used to move information around the cognitive system. 用于在认知系统中移动信息的机制(表征及其物理实现)。<br>信息在系统中传递,这可以通过多种不同的方式来实现,不同方式会对信息处理产生不同的功能后果。这些方式在其表征形式及其物理实现上有所不同。不同的机制包括:通过人工制品、文本、图示、口头、表情、电话、电子邮件、大喊和警报,甚至无所作为也可能传达某种信息 |

续表

| 角　度 | 原　则 | 解　释 |
|---|---|---|
| 信息流 | 9. 信息的转换(information transformation) | Why, how and when information is transformed as it flows through the system. 信息在系统中流动的原因、方式和时间。<br>信息可以用不同的形式表示；信息的表示形式发生变化时，就会发生转换。这可以通过人工制品和人与人之间的交流来实现，例如，数字表可以由图表或图形来表示；而一个人的见解可能会以数字形式记录下来。适当的表示支持推理和问题解决 |
| | 10. 信息中心(information hubs) | Central points where information flows meet and decisions are made. 信息流相遇并做出决策的中心点。<br>　可以将信息中心视为一个中心焦点，在这里可以遇到不同的信息渠道，并且可以一起处理不同的信源，例如，根据各种信息来源做出决策(Blandford&Wong, 2004)。繁忙的信息中心可能会伴随有缓冲区，以控制向中心发送的信息，从而使信息中心保持有效运行 |
| | 11. 信息缓存区(buffers) | Where information is held until it can be processed. 信息一直保留到可以处理为止的地方。随着信息在系统中传播，有时新信息的到达会干扰正在进行的重要活动(Hutchins, 1995)。这可能会引起冲突并增加发生错误的机会，这可能是因为新信息丢失或失真，或者是由于中断了正在进行的活动中引发了错误(Hutchins, 1995)。缓冲允许将新信息保留到适当的时间，直到可以引入新信息为止。以哈钦斯(1995)所讨论的船为例，网桥上有一个电话交谈者，他可以决定何时报告他通过电话收到的信息。这取决于网桥上的活动和收到消息的紧急程度 |
| | 12. 交流带宽 (communication bandwidth) | The richness of different communication channels, e. g. face-to-face communication, computer-mediated communication, and so on. 不同沟通渠道的丰富性，例如，面对面的交流，计算机介导的交流等。<br>面对面交流通常比通过计算机介导的交流，无线电和电话等其他方式传递的信息更多(Hutchins, 1995)。重新设计技术时，必须认识到这种丰富性 |
| | 13. 非正式与正式的交流(informal and formal communication) | The formality of communication, e. g. ad hoc conversation or planned meeting. 沟通的形式，例如，临时对话或计划中的会议。<br>非正式交流的作用不容低估。它可以在系统中扮演重要的功能角色，包括传播有关系统状态的重要信息，以及通过故事进行知识转移，这对于学习系统的行为可能会产生重要的后果(Hutchins, 1995) |

| 角　度 | 原　则 | 解　释 |
|--------|--------|--------|
| 信息流 | 14. 行为触发因素（behavioural trigger factors） | Cause activity to happen without an overall plan needing to be in place. 导致活动发生而无须制订总体计划。<br>强调局部因素的重要度：一群人可能没有一个整体计划就进行操作，因为每个成员只需要知道如何响应某些本地因素即可。这些因其触发行为的特性而被称为"触发因素"（Hutchins，1995） |
| 人工制品<br>DC 中的第三个重要考虑因素是如何设计人工制品以支持认知。 | 15. 协调人工制品（mediating artefacts） | Mediating artefacts used to support activities. 中介人工制品：用于支持活动的语言、标识、计算机程序、可视化系统<br>为了支持活动，人们利用了"中介人工制品"（Hutchins，1995）。中介人工制品包括在完成任务时进行协调的任何人工制品。不能列出全部的中介结构，因为它们太多了，但示例包括：语言、书写、计数、地图、路标、计算机程序、心理模型和日记 |
| | 16. 创建脚手架（creating scaffolding） | How people use the environment to support their tasks. 建立脚手架：人们如何利用环境来支持他们的任务。Hollan 等（2000）认为，人们通过创造"外部脚手架简化我们的认知任务"来不断利用我们的环境。例如，我们可能会提醒我们任务的位置 |
| | 17. 外部表征-目标对（representation-goal parity） | How artefacts in the environment represent the relationship between the current state and goal state. 环境中的人工制品如何表示当前状态与目标状态之间的关系。<br>外部人工制品可以帮助认知的一种方式是通过提供当前状态和目标状态之间关系的显式表示。赖特等（2000）讨论了最初由 Hutchins（1995）提出的示例，该示例是飞行目标速度的外部表征，可以轻松比较当前速度。表示越接近用户的认知需求或目标，表征就越有力（因为在满足需求方面会更有效） |
| | 18. 资源协调（coordination of resources） | Resources can be internally and externally coordinated to aid action and cognition (e. g. plans, goals, history, and so on). 可以在内部和外部对资源进行协调以辅助行动和认知（例如计划、目标、历史记录等）<br>资源被描述为抽象的信息结构，可以由 Wright 等在内部和外部进行协调以帮助行动和认知（2000）。他们在资源模型中描述的六种资源是：计划、目标、负荷能力、历史、行动效果和当前状态。资源协调的一个很好的例子是购物清单，其中包含目标清单。如果按照订购的顺序订购产品，则清单将构成计划；如果列表中的项目被去掉，则列表将显示当前状态。没有资源的这种外部协调，个人将不得不进行内部协调活动，随着活动复杂性的提高，这将变得更加苛刻 |

续表

| 角　度 | 原　则 | 解　释 |
|---|---|---|
| 其他原则 | 19. 文化传承（cultural heritage） | 对前人经验和知识的利用 |
| | 20. 专家耦合（expert coupling） | 专家的评价与建议。<br>用户与系统的互动和体验越多，与环境的结合越紧密，他们在系统中的表现就越好。在这里，功能性认知系统的处理循环变得紧密、快速和自发（Hollan et al.，2000） |
| | 21. 社会结构与目标结构（social structure and goal structure） | 建立体系结构，分析系统的各个因素。<br>组织的社会结构可以与目标结构叠加，以便下级仅在其上级确定已实现其目标时才能停止。通过这种方式，目标通过职责重叠的层次结构向下筛选。通过团队监视和作业共享（如果需要）来完成工作，从而在系统中创建健壮性。这也意味着该系统可以通过主要关注其本地目标的个人来工作。（Hutchins，1995） |
| | 22. 认知的社会分布特性（socially distributed properties of cognition） | 大量重叠和错误检查责任的共享，以及分离沟通渠道，确保在检查多个独立来源一致时的决策可靠性。<br>最后，应该认识到，"超出个人能力的认知任务的执行，总是由分布式认知的社会组织决定的"（Hutchins，1995）。可以组织社会分布以产生某种认知效果的两种方式包括：①大量重叠并分担错误检查的责任；②分离沟通渠道，以确保决策在检查多个独立消息源是否一致方面是可靠的 |

　　上述 22 条分布式认知原则也构成了分布式认知分析问题的框架，它体现了从宏观布局到微观人工制品分析认知问题的逻辑和方法，现分述如下。

　　(1) 信息流。信息流根据其使用情境的不同主要有以下几种定义（Durugbo，2010）。它是口头、书面、记录和计算机数据的总和，可以视而不见，但在大多数情况下，它是可视的（Thomas et al.，1993；Mulle et al.，2017）。根据应用领域的不同，信息流可以看作是一组数据语义，也可以是不同类型的流的一部分，这些流需要现代组织和计算机系统之间的协同作用（Mentzas et al.，2001）。根据 Lueg（2001），信息流也可以看作是信号。Sundram 等（2020）认为作为通信的信息是信息技术的一部分。在制造业中，信息流也被视为公司工艺和产品开发的重要组成部分，信息流也可以定义为人与计算机系统之间的交互（Hinton，2002）。信息流可以看作工作团队之间共享信息的交流（Stapel et al.，2012）。信息流也可以作为数据和文档来描述生产与生产过程控制之间、公司的参与者与服务者之间的通信（Erlach，2010；Koch，2011；Durugbo et al.，2013；Razzak et al.，2018）。

　　信息流使用数据和文档来描述生产和控制过程之间的通信，内部通信不足和信息传递不足已被认为是无附加价值的浪费。为了实现更高的价值创造,必须对信息传递进行识别和分类。通用方法特别不适用于可视化信息媒体中断并导致附加值错误。此外,媒体中断通常会导致冗余和额外的工作,这反映在非增值活动中。在制造业中,车间中的信息在不同的媒体、不同的角色(装配工人、生产负责人、技术人员、维护人员等)以及不同的时间范围内的不同位置之间流动。许多信息被共享、存储和检索,正确的信息在正确的时间、正确的人手中达到正确的目标至关重要。信息的显示位置、显示的对象、显示的时间以及显示的方式具有不同的含义。此信息是生产部门的关键组成部分,没有它,就不可能生产出所需的产品。

近年对信息流的研究越来越多,并将着眼点放在提高公司的绩效上,因为从信息产生到消耗信息流通常非常复杂,信息通常沿生产线变化。这种复杂性可以以积极的方式(信息是成功完成任务的必要条件)或消极的方式影响产品质量和生产效率。

与数据和信息相关的主要问题是它们必须为产品本身增加价值。这意味着,如果数据和(或)信息可以提高生产率并减少质量问题,则其可以对产品价值产生积极影响。这可以通过以下方式来实现:通过(例如)图形用户界面创建(去往和来自组装者的)信息流,该信息流使操作人员更容易完成任务,从而对生产率产生积极影响,和(或)以积极的方式影响产品质量。

信息流研究中的关键问题之一是要了解有关信息使用的背景知识。这个问题对一种工作方法提出了要求,该工作方法可以为参与信息系统设计开发的人员提供知识。为了能够提出一种工作方法或开发一种工作方法,重要的是要了解用户对信息系统的需求。因此,重要的是要考虑人类的局限性以及人类的长处,并了解人类在特定情况下如何解释和使用数据及信息。这些因素增加了生产的复杂性,并将影响所有与工厂信息流相关的问题。

在发动机产品生产过程中,物流和信息流是至关重要的。物流源于生产计划、配送于物料科,以装配的形式终于生产线,是推动式的;信息流则相反,开始于装配线,以检验合格产品的形式,终于生产作业计划,是拉动式的。实际上,工位装配是一切信息的源头,没有拉动式的信息流,也就不可能有推动式的物流,因此,物流又是隶属于信息流的。在生产线装配监控中,信息流是监控策略的核心与纽带,只有对信息流进行理性的组织和分析,物流、资金流等才能有序运行。因此,如何采集、传递和共享信息,建立合理的信息流驱动装配模式,将企业的生产行为和各部门的职能行为合理调配,才是装配监控策略所要解决的重点问题。刘闽东(2021)等以船厂船坞吊装这一典型项目型制造过程为例,分析获得了有关吊装工艺生产要素以任务为中心的结构认识,初步揭示了信息任务对作业任务的控制作用,进而提出将仿真建模的视角从以物流为中心转移到以任务为中心,且将信息流与作业流集成的观点上来,遵循这一思路构造 DEVS 形式的项目型制造系统仿真模型。借助仿真分析图形可以定量且直观地展现人员信息活动在项目型生产当中的重要作用。

（2）人造物。它可以是物质性的设备或仪器，或者是符号性的语言、文化等。正是这些人造物构成了个体学习的环境，甚至可把人造物与人视为问题解决中相互配合的资源，因此，需要从人类参与者对等的角度来对人造物进行理解和设计。关于生产现场中的人造物，如操作指导书、看板以及可视化质量管理工具等，申请人进行了大量研究，提出了信息加工经济原则，为人造物的设计与改善提供了理论基础。除了申请人的研究，在生产制造领域，文献更多研究集中在可视化管理，所谓可视化管理是指用直观的方法揭示管理状况和作业方法，其所关心的问题是如何进行高效率的现场可视化，可视化区域的划分等，如 Bilalis(2002)等将现场信息分为两类，即标准信息和可变信息，并将现场分为若干区域，每个区域使用颜色进行标识。Hansson(2021)等探讨了可视化、视觉传达和信息设计的作用和功能，因为它们与精益组织中的管理控制系统和可视化管理有关。

文献研究表明，国内外关于分布认知的研究主要集中在认知科学、教育科学、通信技术、计算机软件及交互设计等领域。分布式认知是一个功能强大的框架，除在教学领域得到广泛的应用外，还广泛应用于飞机驾驶舱设计、急救中心、软件设计团队及其工作环境、交互设计和需求工程等领域。研究内容主要还是以分布式理论为基础的应用类研究，如探讨网络学习环境中的媒介因素、人造物等对学习效果的影响，以及以分布式认知为理论基础探讨如何开发出更能提高认知效率的虚拟学习环境和学习软件等。

## 9.2 基于 TRIZ 的信息流分析

### 9.2.1 流的概念

（1）现代 TRIZ 把流定义为：物质、能量（场）和信息在一个技术系统中的运动。本书仅限于讨论信息流。

技术系统进化中与流有关的内容已经不仅仅局限于早期的"能量传递法则"，而是扩展到了物质和信息，就物质而言，也可以是固、粉、液、气、等离子、分子等任何不同的物态，信息也可以形成各种各样的流，例如计算机和互联网上的信息流、数据流、人机交互的知识流等。通过流分析找到流的问题（即最小问题），采取各种办法来增加有益流，消除有害流。

（2）流的流通性表达。流通量（$Q$）：指流通道中流的实际量值，流通量的值可表明流的活动状态。容量（$C$）：指流通道允许通过的流通量最大值。

$$N = \sum_{i_1=1}^{n_1} D_{i_1} \bigg/ \sum_{i_2=1}^{n_2} R_{i_2} \tag{9-1}$$

式中：势($D$)是指流从系统的一部分传送到另一部分的驱动；阻($R$)是指流动的阻碍。

（3）流的表征

$$W = (\text{type}, P, F(t)) \tag{9-2}$$

$$F(t) = (T_A, V_A, T_B, V_B) \tag{9-3}$$

式中：$W$ 表示流名称；type 表示流的类型，物流、能源流、信息流；$P$ 表示位置，用于描述流的输入、输出位置；$F(t)$ 表示转换集合，用于描述流的属性变化和关系变化；$T_A$ 表示属性的类型；$V_A$ 表示属性的值；$T_B$ 表示相互关系的类型；$V_B$ 表示相互关系的值。

例如，$W_a =$（物质流，工作站 1，（轴，粗加工，$Q$，$Q > C$））

（4）流的分类：

① 按照有益与否进行分类。

有益流：物体（物质、能量和信息）执行了一个有用功能的流，或者是一个执行了有用功能的物体的流。其作用充分、有效、恰好。

不足流：导通性或利用率有缺陷的流，是一种不足的有益流。

过度流：流量过大或过量的流，是一种过度的有益流。

有害流：一个执行了有害功能的物体（物质、能量和信息）的流，其作用为有害。

浪费流：一种以损失物质、能量或信息为特征的流，浪费了有益流（或其作用）。

中性流：一种在技术系统中影响不大或无关的流，可以忽略。

流增强的进化法则所强调的主旨内容是增强有益流、抑制有害流、校正有缺陷的流。

② 根据流的活动状态，分为折返流、堵塞流、不足流、理想流、冗余流、有害流和多变流（图 9.2）。

折返流：由于受自身或外部环境影响，流在传递过程中从输出端方向往输入端方向倒流，此时流通量 $Q < 0$。

堵塞流：受到流阻作用，流通不顺畅，无法实现正常功能的流，此时 $0 \leqslant Q < Q_{\min}$（$Q_{\min}$ 表示系统实现功能的流通量最小值）；堵塞流的特殊形式是停滞流，流暂时或长期处于停滞状态，此时 $Q = 0$。

不足流：由于流利用率或导通性有缺陷，系统功能未充分实现，此时 $Q_{\min} \leqslant Q < Q_{\max}$（$Q_{\max}$ 表示流通道允许通过的流通量最大值）。

理想流：流达到理想活动状态，可以平稳有序运行，此时 $Q = O_{\max}$。

冗余流：与流对应的属性量值超出理想范围，产生不良作用，此时 $Q > O_{\max}$。

有害流：产生有害作用的流。

多变流：在流的通道中，执行某一有用功能，但转换次数过多的流。

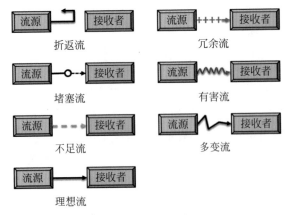

图 9-2　流活动状态图

③ 流的组件分类及符号（图 9.3）。

"源"表征三元流的来源，目的是为技术系统提供物质、能量和信息。源功能通常具有一个输出端。

"存储"是描述系统在事件顺序中对物质、能量和信息的积聚及存储，存储功能通常具有多个输入端和多个输出端。

"作业"是指系统平衡输入流和输出流、完成目标的能力；作业功能通常具有一个输入端和一个输出端。

"传输"表示将技术系统中物质、能量和信息从上一功能单元传送到下一功能单元；传输功能通常具有一个输入端和一个输出端。

"汇"代表三元流的终点，目的是接收来自技术系统的物质、能量和信息，汇功能通常具有一个输入端。

"测绘"是指技术系统将物理测量值转换为信息的功能。

"控制"是指技术系统将信息转换为物理结果的功能。

物质流、能量流和信息流都具有的功能是源、存储、作业、传输和汇，除此之外，信息流还具有测绘和控制功能。

（5）流的属性：在基本性质上，具有连续性和运动性的属性；在功能类型上，具有有用、有害、不足、过度、浪费、中性、单一、复合等属性；在方向上，有正向、反向、交变等属性；在形状上，有长、短、粗、细、弯、直、截面特征等属性；在本体上，有质量、颜色、致密性、内能、流速等属性；在观测上，有可测量、不可测量、测不准等属性；在通道上，还有畅通、间断、阻滞、停滞、流与通道相互损害等属性。

图 9-3　流的组件及其符号

（6）流分析的定义：一种识别技术系统内的物质、能量和信息流动的缺陷的分析方法。对技术系统中的物质流、能量流、信息流进行分析，识别有益流、有害流、不足流、过度流、浪费流、中性流等，重点甄别出有害流和有缺陷的流，减少信息传递的层级，避免可能出现的信息失真，引导应用相应的流改进措施。流分析流程如图 9-4 所示。

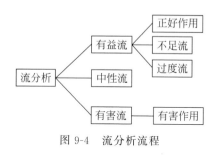

图 9-4　流分析流程

## 9.2.2　不足流

不足流是指有用流因自身和外界因素的相互影响而形成了在导通性和利用率上有缺陷的流，产生了作用不足。一共有以下 11 种作用不足流。

### 1. 导通性有缺陷的流

（1）瓶颈——在流通道中流动阻力显著增加的位置。如大量飞机排队等待上跑道起飞；较宽的道路两侧停放了很多车，影响了道路的流通量。

（2）停滞区——流暂时或永久停止的位置。如十字路口堵车、送料管道堵塞等。

（3）流传递性差——传递性较差的流。如导电率较差同时又较长的高清数据线。

（4）长流——传递或导通路径过长的流。如百节车厢的火车、石油输送管道等。

（5）高阻力通道——流传递的通道阻力较高。如流量大、通道少的收费站。

（6）流密度低——密度较低的流。如松软的棉花包、低载/空载的货车等。

（7）有益流转换次数多——有益流经过多次转换而用处不大。

类似于物场标准解法，对流分析中发现的问题的改进也有具体的、有针对性的改善对策。改善流的导通性的 14 个改进措施参见表 9-3。

表 9-3　改善流的导通性的 14 个改进措施

| | 具体改进措施 | 应 用 示 例 |
|---|---|---|
| 1 | 减少流的转换次数 | 消除物流的中间环节，送货一次到位 |
| 2 | 过渡到更高效的流效应 | OA 系统代替纸介质文件系统；报纸变成网页或微信 |
| 3 | 减小流的长度 | 长距离石油管道中间加压；减少火车车厢节数 |
| 4 | 消除灰色区域 | 在社区的死角加上摄像头；航空发动机上加传感器 |
| 5 | 消除瓶颈 | 消除堵住匝道的车辆；拓宽道路 |

续表

| | 具 体 改 进 措 施 | 应 用 示 例 |
|---|---|---|
| 6 | 利用旁路绕过 | 心脏搭桥；平面立交；不封闭的社区道路 |
| 7 | 扩大流通道的各个独立部分的导通性 | 流量大的收费站在每个独立通道增加收费窗口 |
| 8 | 增加流的密度 | 将棉花包压实，空啤酒铝罐压扁运送；回程货车配载 |
| 9 | 将一个流的有益作用应用到另一个流上 | 电热水器利用自来水管的冷水水压来驱动热水 |
| 10 | 将一个流的有益作用应用到另一个流的通道上 | 在石油管道中连续加入"PIG"活塞，可以清理管壁 |
| 11 | 使一个流承载其他流 | 光纤承载通信信号；有线电视同轴电缆承载宽带 |
| 12 | 分配许多流到一个通道 | 一根同轴电缆可以承载上百个有线电视和电台信号 |
| 13 | 改变流来增加导通性 | 交通上对汽车采取每周限行一天等措施 |
| 14 | 让流经过超系统通道 | 迪士尼乐园的员工大部分都走乐园里的地下通道 |

### 2. 利用率有缺陷的流

（1）灰色区：在流中的一个难以预测参数的位置。如石油钻井时钻头是否断齿。

（2）延迟区：一个流的位置，其中整体的流速显著低于局部的流速。如河道边缘。

（3）通道损害：流的通道对流造成损害。如破损路面降低了车速，甚至颠坏车轴。

（4）流损害通道：流对通道造成损害。如重载车流压坏了路面；酸腐蚀了管道。

其中，（3）和（4）属于在局部存在有害作用的有益流。提高流的利用率的 9 个措施（进化法则）见表 9-4。

表 9-4　改善利用率有缺陷的流的 9 个改进措施

| | 具 体 改 进 措 施 | 应 用 示 例 |
|---|---|---|
| 1 | 消除滞留区域 | 路口堵车时交警会给出四面红灯，先疏散路口滞留车辆 |
| 2 | 利用共振（利用振动产生信息） | 核磁共振仪断层扫描；收音机利用共振原理来调台 |
| 3 | 利用脉冲周期作用 | 跳频空调；草坪自动洒水喷头 |
| 4 | 调节流 | 港口船舶装卸调度；继承塔台指挥飞机的起飞于降落队列 |
| 5 | 重新分配流 | 物流重新配送；仿真软件重新分配计算任务 |
| 6 | 组合同质流 | 计算机主板 BUS 总线；旅行社拼团 |
| 7 | 利用再循环 | 将发动机尾气回馈燃烧室，增加缸压，提高输出功率 |
| 8 | 组合两种不同的流而获得协同效应 | 将洗衣机内的水电离，含 $H^+$ 的弱酸性水杀菌，含 $HO^-$ 的弱碱性水洗涤 |
| 9 | 预定必要的物质、能量或信息 | 在石油钻井的钻齿内部预先放置甲硫醇玻璃管，如果井口闻到甲硫醇味道，证明钻头断齿了 |

### 9.2.3　过度流（信息冗余）

过度流是指有用流因自身和外界因素的相互影响而形成了在物质、能量和信息的使用上，对作用对象发挥了过量、过度作用。一共有以下三种过度流。

（1）有用物过量，有用物质在执行功能时出现了过量的情况。如汽车喷漆过厚而产生"流挂"；打了一个"120"急救电话却来了三家不同机构的救护车；还有饮食过量、服药过量等。在产业结构上，我国的炼油、化肥、农药、甲醇、电石、氯碱、纯碱、光伏、风电等行业的企业数量都多达数百家甚至上千家，产能总和位居世界前列，但企业平均规模却远低于世界先进水平，这也是一种低水平过度流现象。

（2）有用能量过量——有用能量在执行功能时出现了过量的情况。如阅览室没有几个人看书却打开了全部的照明灯，接打手机时间过长，某一局部地区各类无线信号（电视、电台、手机信号、Wi-Fi 等）覆盖过多，室内暖气过热等。

（3）有用信息过量，有用信息在执行功能时出现了过量的情况。如面对一大堆类似的广告信息，让观众或读者一头雾水，难以选择，其中的有用信息反而被湮没了。浏览微信、网页时间过长，看电视时间过长等也属于接收了过量的有用信息。过度流往往产生不良作用，因此可以将其转化成为有害流，用减少有害流的改进措施来应对过度流。例如洗衣机接上自来水洗衣服时，如果衣服少而使用高水位，既可以认为是用水过量（过度流），也可以认为是用水浪费（浪费流）。再例如，晒太阳有利健康，强壮骨骼，但是，如果过度晒太阳，阳光会晒伤皮肤，此时，既可以认为是受到了过度的阳光暴晒，也可以认为是受到了有害的阳光灼伤。

### 9.2.4　有害流

有害流是指有用流因自身和外界因素的相互影响而形成了在物质、能量和信息的使用上，对作用对象发挥了有害作用。一共有以下六种作用有害流。

（1）有害物传播：有害物质形成不可控传播流。如氯气泄漏、雾霾空气、流感病毒等。

（2）有害能量传播：有害能量形成不可控传播流。如电焊强光、核辐射、宇宙高能量射线等。

（3）有害信息传播：有害信息形成不可控传播流。如电脑病毒、黑客攻击、谣言等。

（4）结构振动：各种载荷施加而引起的结构振动。如城铁行驶导致的振动、噪声等。

（5）热流：由热引起的有害作用。如汽车发动机的热量、阳光暴晒、芯片发热等。

（6）浪费流：损失物质、能量与信息的流。如输油管漏油、运沙车遗撒等。

消除有害流的 18 个改进措施（进化法则）参见表 9-5。

表 9-5　减少或消除有害流的 18 个改进措施

| | 具体改进措施 | 应 用 示 例 |
|---|---|---|
| 1 | 增加流转换次数 | 炼钢炉中钢水无法直视，通过摄像头转化成图像信号；用有线耳机接听手机电话 |
| 2 | 引入停滞区 | 在人流密集场所设置安检区；促销季在商场外设排队区 |
| 3 | 过渡到低导通率的流 | 高辐射区域穿上带铅板的防护服，对电焊的强光加滤光片 |
| 4 | 降低通道部分的导通率 | 对容易超速的路段设置弯道；在学校门口设置减速带 |
| 5 | 增加流的长度 | 微波炉工作时人应该保持 7m 以上的距离 |
| 6 | 利用再循环 | 空调室内循环；空气净化器反复过滤空气 |
| 7 | 引入瓶颈 | 在重要的人流关口设置闸口（旋转闸或翼闸） |
| 8 | 引入灰色区域 | 将放射性废料深埋地下 |
| 9 | 降低流的密度 | 口罩；空气净化器，降低空气中的粉尘数量 |
| 10 | 绕过 | 网络布线时绕过高温区，避免加速电线老化 |
| 11 | 预设物质、能量、信息来中和流 | 洗手间放置除味剂；楼房内预设消防喷头；台北 101 大楼安装防风避震阻尼器 |
| 12 | 消除共振 | 水泵与管道软连接；机床安装在水泥浇注的地基上 |
| 13 | 重新分配流 | 将密集过量的游人引导到非密集区，以免发生踩踏事故 |
| 14 | 流传输到超系统 | 避雷针将聚集电荷引至地下；外地货车绕道城外道路 |
| 15 | 组合一个流和引入一个反向流 | 冷暖空调；自充气轮胎 |
| 16 | 改变流的属性 | 让酸性废气通过碱性废液；热管 |
| 17 | 回收或恢复偶发流 | 回收运货车遗撒的货物 |
| 18 | 改变或修复受损的物体 | 焊好滴漏的管道；修补破损的道路 |

表 9-5 中前 6 个措施的目的在于减少和降低有害流的导通性；后 12 个措施的目的在于减少和降低有害流的影响范围与程度。

## 9.2.5　流进化趋势与反趋势

值得注意的是，对于有益流的增强性进化手段，在应对有害流时就成为了反趋势的减少性进化手段。这种正反进化趋势的对比，使得我们加深了对流进化的理解，也方便了记忆，见表 9-6。

表 9-6　流进化趋势与反趋势

| 增强有益流的进化趋势 | 减少有害流的反趋势 |
|---|---|
| 减少流的转换次数 | 增加流的转换次数 |
| 减小流的长度 | 增加流的长度 |
| 清除灰色区域 | 引入灰色区域 |
| 清除瓶颈 | 引入瓶颈 |
| 增加流的密度 | 降低流的密度 |
| 扩大流的通道的各个独立部分的导通性 | 降低通道部分的导通率 |

## 9.2.6　流分析的益处

流分析是现代 TRIZ 中近几年刚刚出现的新生事物。目前对流分析的使用正在日益增多,适用范围正在日益扩大。在现代 TRIZ 中,倾向于把流分析作为一套工具使用。作者认为流分析既可以单独作为分析问题、解决问题的工具,也可以与功能分析等其他工具配套使用,例如先做功能分析、物场分析或进化分析,再做流分析。把物质、能量和信息都更抽象地用一个"流"的概念来替代,由此找到共性问题。提出共性解决方案,是流分析的独有特点。它解决了过去经典 TRIZ 中一些不好定义和解决的问题。例如,近些年飞速发展的通信和互联网公司,它们的关注点大部分放在了信息的生成、处理、传播和存储上,感兴趣的话题是关于软件信息流、软硬件结合、物质/能量/信息互动等话题。如果用经典 TRIZ 去应对,难以找到应用的切入点,如果用流分析去解决,往往可以收到很好的效果。再如,有些问题场合由于问题的表现形式是隐性的(如模具内部的力传递),分析者难以找到物理矛盾,此时如果采用流(如正流与反流)进行分析,则很容易找到物理矛盾。

## 9.2.7　流功能模型构建方法

(1) 流功能模型以"源"为起点,"汇"为终点,组件名称标记在流功能符号的正下方,用有向流线段连接流在各组件间的流功能符号,并在线段上标识出流转换形态,若形态无变化,可省略。

① 信息流功能模型:明晰信息产生、转换、传输与存储的过程,实现对产品工况的反馈、导向和调控,见图 9-5。

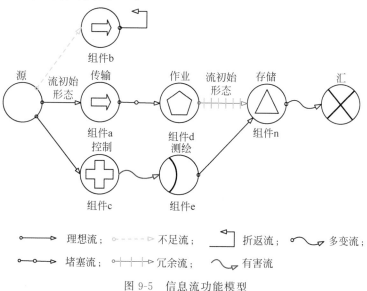

图 9-5　信息流功能模型

② 物质流功能模型：将物质在组件之间的传输、作业以及存储功能按时间序列表达，可以清晰反映物质流在传递过程中的折返、堵塞、不足和冗余等问题。

③ 能流功能模型：明确不同载体携带的能量在组件间的输入和输出关系，可定性分析技术系统组件间能量流转换形态和能量利用率。

（2）建模步骤

① 查找组件。查找产品功能对象（物质流、能量流和信息流），以及物质流、能量流和信息流经过的系统组件和超系统组件。

② 流功能模型组件列表，如表 9-7 所示。识别各组件间物质流、能量流和信息流实现的功能及其类别，明晰流的输入形态和输出形态。

③ 流动路径分析。分析机械产品物质、能量和信息流基于时序的流动方向和传递路径。

④ 流功能模型图示化。将流功能关系和流动路径用图示表达，分别构建面向产品的三元流功能模型。

表 9-7　流功能模型组件列表

| （超）系统组件 | 输入流形态 | 流　功　能 | 输出流形态 | 类　　别 |
|---|---|---|---|---|
| 组件 $n_1$ | 物质流 | 存储/…/传输 | 物质流 | 折返/堵塞/ |
| 组件 $n_1$ | 能量流 | 存储/…/传输 | 能量流 | 不足/理想/ |
| 组件 $n_1$ | 信息流 | 存储/…/控制/测绘 | 信息流 | 冗余/有害/ |
| … | … | … | … | 多变 |

## 9.2.8　流进化法则及流进化路径

### 1. 流进化法则

流具有"乘数效应"和"再循环效应"。从系统输入和输出来看，在主体相互作用的条件下，输入的资源或信息，其输出有可能成倍增加，这便是"乘数效应"，例如工厂的投入与产出的效应。在流的过程中，资源或信息不但能够存续，而且还能够在主体间协调，并且得到更新，这便是"再循环效应"，最典型的例子体现在自然生态，比如原始的森林。

以技术系统进化法则为指导，结合流的乘数效应和再循环效应提出 5 条流进化法则。

（1）流的完备性法则。流要实现某项功能的必要条件是包含流源、流通道、接收组件以及驱动势四个组元。

（2）增强流通性法则。增强流通性的方法：①保持流势不变，减小流阻；②保持流阻不变，增强流势；③增强流势，减小流阻；④同时增大流势和流阻且使流势增速大于流阻；⑤同时减小流势和流阻，且使流阻减速大于流势。

（3）最短传递路径法则。产品中一个流功能元的种类、数量、形态和流动路径的改变会引起其他流的相应改变，下层级流会受到上层级流的支配作用，上层级流又要受到下层级流的反馈影响。

(4) 协同进化法则。物质流、能量流和信息流三者协调,同步进化。

(5) 减少资源消耗法则。

### 2. 流进化路径

面向改进流通性、提高流利用率和消除有害流的不同目标从流和流通道两个维度,提出 9 条流进化路径。对应法则及功能见表 9-8。

**表 9-8　流进化路径对应法则及其功能**

| 序　　号 | 流进化路径 | 对应流进化法则 | 实 现 功 能 |
|---|---|---|---|
| FE1 | 引入新流 | 流完备性法则 | 消除有害流 |
| FE2 | 引入新通道 | | 改进流通性 |
| FE3 | 改变流属性 | 增强流通性法则 | 改进流通性 |
| FE4 | 改善流通道 | | 改进流通性 |
| FE5 | 循环利用流 | 减少资源消耗法则 | 提高流利用率 |
| FE6 | 裁剪流 | | 消除有害流 |
| FE7 | 减少流转换 | 最短传递路径法则 | 提高流利用率 |
| FE8 | 裁剪流通道 | | 改进流通性 |
| FE9 | 通道寄生流 | 协同进化法则 | 提高流利用率 |

(1) FE1 引入新流。引入系统或超系统中的流。

(2) FE2 引入新通道。将系统内的流传输到超系统,或经过系统内的旁路通道重新分配流动路径。

(3) FE3 改变流属性。改变流属性类型和属性值。

(4) FE4 改善流通道。改善流通道的属性或清除问题区域。

(5) FE5 循环利用流。利用可循环流资源。

(6) FE6 裁剪流。裁剪不必要的缺陷流或有害流。

(7) FE7 减少流转换。消除中间环节,减少流转换的次数和传递的层级。

(8) FE8 裁剪流通道。裁剪受损的、不必要的流通道,包括瓶颈、停滞和灰色区域。

(9) FE9 通道寄生流。将一个流附着到另一个流上以获得协同作用。

折返流产生的主要原因是驱动势小于阻值,采用 FE3 改变流属性、FE9 通道寄生流来消除折返现象;堵塞流是流通道不通畅或流导通性差导致的,采用 FE2 引入新通道、FE3 改变流属性、FE4 改善流通道来疏通堵塞流;不足流的流通量小于流通道的允许值,造成流通道的浪费,采用 FE3 改变流属性、FE7 减少流转换、FE9 通道寄生流来增强流通量;针对理想流可实现功能的现状,可以采用 FE5 循环利用流、FE6 裁剪流、FE8 裁剪流通道,优化系统结构;冗余流的流通量大于流通道的允许值,多余的流不能通过采用 FE2 引入新通道、FE4 改善流通道来改善余流;有害流对其他流或者流通道产生有害作用,是不期望产生的,采用 FE1 引入新流、FE3 改变流属性、FE6 裁剪流消除有害作用;多变流是指在转换的过程中会有流损耗,应采用 FE7 减少流转换、FE9 通道寄生流来提高流传递的效率。详见

表 9-9。

表 9-9　问题流的进化路径

| 问　题　流 | 问题流图示 | 流进化路径 |
|---|---|---|
| 折返流 | 流源　接收者 | FE3 改变流属性<br>FE9 通道寄生流 |
| 堵塞流 | 流源　接收者 | FE2 引入新通道<br>FE3 改变流属性<br>FE4 改善流通道 |
| 不足流 | 流源　接收者 | FE3 改变流属性<br>FE7 减少流转换<br>FE9 通道寄生流 |
| 理想流 | 流源　接收者 | FE5 循环利用流<br>FE6 裁剪流<br>FE8 裁剪流通道 |
| 冗余流 | 流源　接收者 | FE2 引入新通道<br>FE4 改善流通道 |
| 有害流 | 流源　接收者 | FE1 引入新流<br>FE3 改变流属性<br>FE6 裁剪流 |
| 多变流 | 流源　接收者 | FE7 减少流转换<br>FE9 通道寄生疏 |

## 9.3　价值创造的可视化方法

在工厂中，信息流与物流通常是共生的，使用各类图形可以对信息流进行可视化分析，并据此对工厂进行优化改善，常用的信息流可视化分析方法有四种，分别是价值流程图、桑基图、意大利面图、增值热图，下面详细介绍这四种方法。

### 9.3.1　价值流程图

价值流程图（value stream mapping，VSM）是丰田精益制造（lean manufacturing）生产系统框架下的一种用来描述物流和信息流的形象化工具。VSM 可以作为管理人员、工程师、生产制造人员、流程规划人员、供应商以及顾客发现浪费、寻找浪费根源的起点。从这点来说，VSM 还是一项沟通工具。但是，VSM 往往被用作战略工具、变革管理工具。VSM 通过形象化地描述生产过程中的物流和信息流，来达到上述工具目的。从原材料购进的那一刻起，VSM 就开始工作了，它贯穿于生产制造的所有流程、步骤，直到终端产品离开仓储。价值流分析最初是在 20 世纪 90 年代初作为丰田生产系统的一部分开发的，最初仅限于汽车工业运用。如今，价值流分析也用于许多其他行业，用于流程改进。无论在何处应用价值流分析，其首要目标都是始终在生产过程中发现和避免浪费。价值流分析是以多快照的形式映射实际状态的方法,它由组件客户、供应商、生产和业务流程以及材料和信息流组成,客户代表价值流的完整输出所基于的需求。供应商代表生产原材料和零部件的供应。

在价值流分析中,生产过程被理解为制造活动,业务流程包括订单处理任务,如规划和控制,材料流是运输材料之间的已经提到的生产过程,信息流通过数据和文档描述了生产和业务流程之间的通信。创建价值流分析需要四个子步骤。

第一步是形成一个产品组。产品组在生产计划中经历相同的生产过程。因此,每个产品系列都会记录单独的价值流。

第二步是进行客户需求分析。在这种情况下,特别重要的是要考虑到客户节奏和客户需求波动。

第三步是实际记录车间的价值流,记录单个生产过程和材料流。在这种情况下,已记录所需的特征值。

第四步是必须检查现在记录的价值流,以寻找改进的潜力,在价值流分析中,特别重视吞吐时间,吞吐时间由实际处理时间是两个连续处理步骤之间的时间跨度之和,用于评估增值的信息流系数,价值流程图如图 9-6 所示。

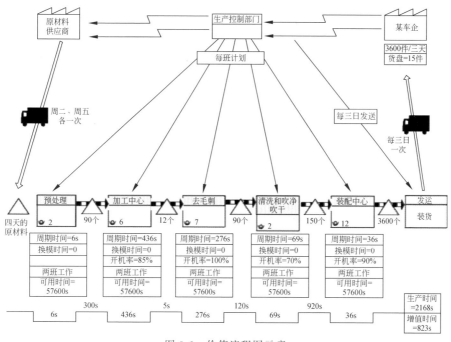

图 9-6　价值流程图示意

## 9.3.2　桑基图

桑基图(sankey diagram),即桑基能量分流图,也叫桑基能量平衡图。它是一种特定类型的流程图,右图中延伸的分支的宽度对应数据流量的大小,通常应用于能源、材料成分、金融等数据的可视化分析。因 1898 年 Matthew Henry Phineas Riall Sankey 绘制的"蒸汽机的能源效率图"而闻名,此后便以其名字命名为"桑基图"。桑基图是可视化物料、能量和资金流动的分析工具。它由两个主要组件组成,即过程步骤和箭头。箭头将要完成的过程步骤相互连接,并反映物质的流动方向,箭头的厚度也表示流中的物质量。在桑基图中,只展示了流中的物料、能量和资金的流动情况,而没有考虑诸如货物收据、仓库和各工作站的库存等业务,如图 9-7 所示。

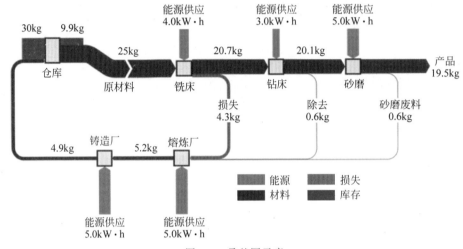

图 9-7　桑基图示意

桑基图最明显的特征就是,始末端的分支宽度总和相等,即所有主支宽度的总和应与所有分出去的分支宽度的总和相等,保持能量的平衡。

### 9.3.3　意大利面图

意大利面图(spaghetti chart)是按照一件产品沿着价值流各生产步骤路径所绘制的图。之所以叫这个名字,是因为大批量制造路径非常复杂,通常看起来像一盘意大利面条。

意大利面图是一个非常直观的工具,可以帮助他人发现浪费和改进机会。

通过意大利面图,确定生产过程中的所有行动路径(包括增值部分和非增值部分),以确定生产过程中的浪费,进而消除浪费。意大利面图是一个直观表现的小工具,只可以从视觉上确定行动距离,并非准确地描述路径距离,需要在如 CAD 等辅助设计软件中用直线加以准确分析。

意大利面图是一种表示工作流程和材料流的方法。记录人员或材料所走的距离有助于把工厂物流信息可视化。意大利面图的主要目标是检测浪费,表征物流运动形式,可用于识别已经处于观察阶段的非增值路线。在定性分析中,重点是明显混乱或标记较厚的路线,线条越混乱或越厚,所走距离就越低效。意大利面图的定量结果以表格形式显示所考虑的空间内所涵盖的总距离,定量评价表包含有关期间、测量地点、行驶距离、距离数和由此产生的总距离的信息。意大利面图是识别浪费的简单而有效的工具,没有涉及价值创造,随着工厂信息分析过程的日益复杂,意大利面图也显著丧失了效度与信度。意大利面图如图 9-8 所示:意大利面图是一个非常直观的工具,可以协助改善团队发现浪费和改进机会。通过意大利面图,确定生产过程中的所有行动路径(包括增值部分和非增值部分),以确定生产过程中的浪费,进而消除浪费。

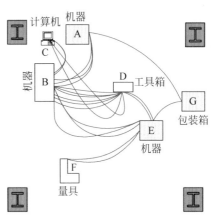

图 9-8　意大利面图示例

### 9.3.4　增值热图

增值热图(简称为 VAHM)是施罗德和托马内克(Tomanek,2020)开发的一种可视化运维价值的方法,旨在帮助评估和可视化价值创造。它是一种分析生产和服务运行情况,对空间、人员以及机器和工厂价值进行评判的方法。

创建 VAHM 的理论基础是增值集中的概念。基于价值创造集中度的维度,增值热图的重点在于对空间利用、机器利用和人员配置的增值导向进行可视化,与现有的可视化方法(如价值流分析或桑基图)相比,VAHM 是评估价值创造方面和可视化潜在浪费的有用补充。

## 9.4　信息流增值情况的案例分析

这里对信息流进行分类的方法是分析信息表征与传输的增值度。根据信息表征与传输方法的不同,定义其增值度等级。因为数字实时传输具备时效性强、准确率高、耗时短等特点,因此其增值度级别最高,而书面信息传递耗时长,人为造成失误的可能性高,其增值度级别最低,据此,给出了信息流的增值度等级划分标准,如表 9-10 所示。

表 9-10　信息表征与传输增值等级划分标准

| 增 值 情 况 | 信 息 等 级 | 信息传输类型 |
|---|---|---|
| 最小增值 | 0 | 不适当,不正确或不及时的信息传输 |
| 增值 | 1 | 书面信息传递(文件、传真、邮件等) |
| | 2 | 视觉信息传输 |
| | 3 | 非实时的电子信息传递(例如通过电子表格) |
| | 4 | 电子信息实时传输 |
| 最大增值 | 5 | 数字信息实时传输(通过互联网) |

下面以某汽车发动机生产系统为例,对系统中的信息流进行分析,因为,在生产系统中信息流与物流是伴生的,所以首先对其物流进行分析。现场调研表明:对于案例中的自动化生产线,每天有305个计量单位的订单构件从库存区发往线首库存,其中有292个计量单位的订单构件发往自动化加工线,在第一个工作站上发现2个报废品,回收后发到车间的报废品区,在第二个工作站发现5个待返工品,并相应地进入车间的返修区,在第四个工作站有1个报废品返回到报废区,在第七个工作站发现1个报废品和5个返修品运送到相应的报废区和返修区。

最终加工完成279个成品,其中有35个成品进入线尾库存暂存,其余244个成品则直接被物流送入组装线进行成品组装。材料流的增值情况如图9-9所示。

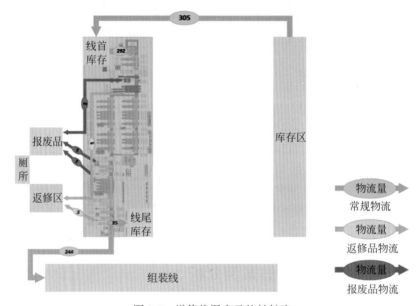

图 9-9 增值热图表示的材料流

基于物流,使用增值热图分析信息表征与传输的价值。为此,根据价值创造程度对信息的传递进行识别、量化和评估。

在本案例中,每天有305条部件订购信息整合成一个信息以书面形式从线首库存传输到库存区,其增值级别为1。线首库存收到相应的毛坯件后,需要逐件投入生产线,并在生产线中形成292条电子信息传输到自动化生产系统中,其增值级别为4。在生产线中,第一个工作站生成2条增值级别为1的信息传输到报废品区,第二个工作站生成5条增值级别为1的信息传输到返修区,第四个工作站有1条增值级别为1的信息传输到报废品区,第七个工作站生成5个增值级别为1的返修品信息和1个增值级别为1的报废品信息传输到相应的返修区和报废品区。

其中有35件成品进入线尾库存,需要逐个信息录入线尾库存并生成纸质信息,增值级别为1。最终组装线根据一条纸质信息通过生产线末端获取相应的工件，据此绘制信息流增值情况如图 9-10 所示。

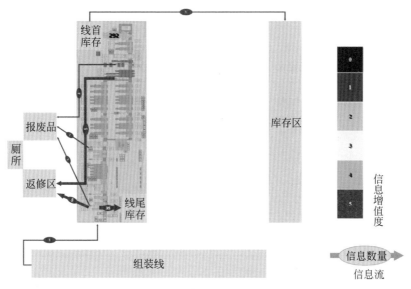

图 9-10　信息流增值热图

在上述案例中，每天共识别 343 条信息。其中，51 条信息对应的增值程度为 1，292 条信息的增值程度为 4，未识别到增值级别为 0,2,3,5 的信息。据此求得信息流的利用率和理论压缩程度为

$$D = \frac{51 \times 1 + 292 \times 4}{343 \times 5} \times 100\% = 71.08\%$$

$$V_{\mathrm{t}} = 100\% - 71.08\% = 28.92\%$$

式中：$D$ 代表着信息流的利用率；$V_{\mathrm{t}}$ 是理论压缩程度。VAHM 方法有助于提高通常未完全记录的内部信息流的透明度。使用增值热图表征信息流可以使用颜色转换来表示媒体中断，进而识别和消除可能的信息浪费，从而推动价值创造。

## 9.5　信息流建模工具的选择

### 9.5.1　常用信息流建模工具简介

功能导向是一种将系统分解为一组交互功能的设计方法。制造型工厂正是具备一系列与产品相关的功能的系统。基于功能导向的信息流图解模型如表 9-11 所示。它们包括数据流图（DFD）、建模功能和信息建模的集成定义方法（IDEF0 和 IDEF1）、GRAI（Graphes à Résultats et Activités Interreliés）网格（Grid）和网络（Net）、Petri 网、输入-过程-输出（IPO）和设计结构矩阵（DSM）、信息通道图（ICD）。

表 9-11　面向功能的信息流图解模型列表

| 建 模 工 具 | 描　述 |
|---|---|
| 数据流图 | 分析组织或系统内部之间的信息流，应用于信息系统的设计和部署 |
| 建模功能和信息建模的集成定义方法（IDEFØ 和 IDEF1） | 表示信息流以及影响系统功能的约束和机制；从 SADT（结构分析与设计技术）方法发展而来 |
| 结果图和相关活动（GRAI）网格和网络 | 支持决策沟通、反馈和评审中的信息流；GRAI 方法的一部分 |
| Petri 网 | 代表系统中自动化和事件驱动的信息流 |
| 输入-过程-输出（IPO）图 | 描述和记录信息流的组织和逻辑；是层次结构加上输入-过程-输出（HIPO）方法的一部分 |
| 设计结构矩阵 | 描述了系统和组织信息流的依赖性、独立性、相互依赖性和制约性 |
| 信息通道图（ICD） | 为与组织结构相关的交付任务定义员工的角色，有效地表示和理解交付阶段信息流 |

　　每种建模方法的优缺点和适用范围如表 9-12 所示。

表 9-12　信息流图解模型的优缺点

| 建模工具 | 优　点 | 缺　点 | 相关工具 |
|---|---|---|---|
| 数据流图（DFD） | 1. 适用于信息流的顺序表示<br>2. 灵活，易于维护<br>3. 随时可用的语境使其易于翻译和阅读<br>4. 不同的级别允许专注于感兴趣的领域<br>5. 广泛应用于工业 | 1. 在大型系统（如企业）中，这些模型可能形成<br>2. 表示麻烦<br>3. 很难解释<br>4. 施工耗时<br>5. 忽略与时间相关的事件或事件驱动的过程 | |
| 建模功能和信息建模的集成定义方法（IDEFØ 和 IDEF1） | 1. 适合分析业务<br>2. 思想和概念很容易掌握和应用<br>3. 允许控制和增量系统描述<br>4. 标准支持，广泛应用于工业<br>5. 支持与流程流密切相关的方法，如 IDEF3<br>6. 利用有限的符号使它们易于解释 | 1. 可能耗时且不一致<br>2. 很难集成相关的方法<br>3. 可能不适用于系统开发和文档编制 | IDEF 建模技术 |

| 建模工具 | 优　点 | 缺　点 | 相关工具 |
|---|---|---|---|
| 结果图和相关活动（GRAI）网格和网络 | 1. 适用于支持制造企业的决策过程<br>2. 通过描述系统进程的持续时间，突出系统中同步和并发的机会<br>3. 通过提供能够识别运营缺陷和管理缺口原因的诊断机制，提高企业绩效 | 1. 只关注与决策过程相关的信息流<br>2. 未能提供结构细节，例如，<br>企业流程<br>资源的分配和使用<br>被建模的组织或企业 | GRAI 建模技术 |
| Petri 网 | 1. 适用于自动化或事件驱动系统<br>2. 基于坚实的数学基础<br>3. 允许扩展和修改 | 1. 不易学习，不易普及<br>2. 即使在规模合理的系统中也很容易变得过于复杂 | |
| 输入-过程-输出图(IPO) | 1. 适用于分层结构的程序<br>2. 介绍了开始程序和系统设计的有用途径<br>3. 提供系统实现后的现成文档<br>4. 标识从输入到输出的过程流<br>5. 提供明确的定义 | 1. 在大型程序或系统中可能很快变得杂乱无章，变得难以解释、笨重，因为它为每个模块使用一个页面，而不管模块大小<br>2. 难以维护<br>3. 在工业上没有广泛应用<br>4. 缺乏对循环、条件、数据结构或数据链接的支持 | HIPO（层次结构＋输入-处理-输出）建模技术 |
| 设计结构矩阵（DSM） | 1. 适用于表示功能之间的整个交互范围<br>2. 紧凑清晰地表示<br>3. 能帮助公司识别并关注关键问题<br>4. 支持持续学习、发展和创新 | 1. 由于数据不一定总是可用，所以很难构造<br>2. 所需要的数据可能是巨大的和难以吸收的<br>3. 不包括任务持续时间、时间线或任务持续时间估计 | |
| 信息通道图（ICD） | 1. 适用于组织的交付阶段对信息流进行建模<br>2. 明确描述信息流图解原语和交付角色定义<br>3. 可以分析流动管理，以便与客户进行信息交换<br>4. 说明了口头（面对面的互动）和书面（纸质文档）通信渠道 | 1. 局限于交付过程信息流的管理者希望更好地理解和代表什么<br>2. 局限于过程之间的点对点链接<br>3. 在工业上没有广泛应用 | |

根据表 9-12 所示信息流图解模型的优缺点，并依据制造型企业内部信息流的

特点，可以确定各种信息流图解模型在制造企业中进行信息流建模的适用范围，如表 9-13 所示。

表 9-13　信息流图解模型在制造企业中的适用范围

| 建 模 工 具 | 适 用 范 围 |
|---|---|
| 数据流图（DFD） | 分析顺序信息流<br>专注于外部实体与功能组织内部的信息流建模 |
| 建模功能和信息建模的集成定义方法（IDEFØ 和 IDEF1） | 适合分析业务<br>制造过程的信息流建模 |
| 结果图和相关活动（GRAI）网格和网络 | 适合制造过程中的决策信息流建模 |
| Petri 网 | 适合企业中由事件驱动的信息流建模 |
| 输入-过程-输出（IPO）图 | 将企业分为各个功能模块<br>可对每个模块的内部信息流进行建模描述 |
| 设计结构矩阵（DSM） | 描述企业和组织之间信息流<br>适合整体和局部信息流建模 |
| 信息通道图（ICD） | 只用于企业在交付阶段的信息流 |

## 9.5.2　分层级信息流建模工具选择框架

从组织架构来看，制造工厂对于业务线采用直线式管理的模式，在一些方面具有一定的优越性，但是也有其弊端，各个业务线之间缺少沟通，以及业务线与职能部门之间很难沟通。各个部门都是按章做事，坚持利己原则，在有些项目和订单执行过程中，会给客户带来极差的体验。在内部各种事项的处理上，也存在极大的问题，最终的结果就是反馈慢，沟通成本高。

依据管理学理论可以将组织成员分为管理者与操作者两类，根据管理者在组织中所处的层次不同，将管理者分为高层管理者、中层管理者和低层管理者。结合管理学中对企业组织成员的分类，对制造企业生产组织中的人员进行层次划分，依次为由厂级领导组成的厂决策层、由各部门部长组成的厂执行层、由主管（车间主任）组成的中间管理层、由班组长组成的工位管理层以及由操作工人组成的操作层。

生产过程中不同层级的工作人员需要履行不同的职责所需数据信息也不同。通过梳理企业各层级人员之间的信息流，结合以上提到的设计结构矩阵聚类方法和对信息流图解模型的适用性分析结果，提出企业分层级信息流表征工具选择框架，如图 9-11 所示，依据此分层级信息流建模工具选择框架，可以选择合适的工具对不同层级之间或者其内部的信息流进行建模，依据得到的信息流模型，对不同层级的目视化看板进行改进，以提高目视化管理的效率。

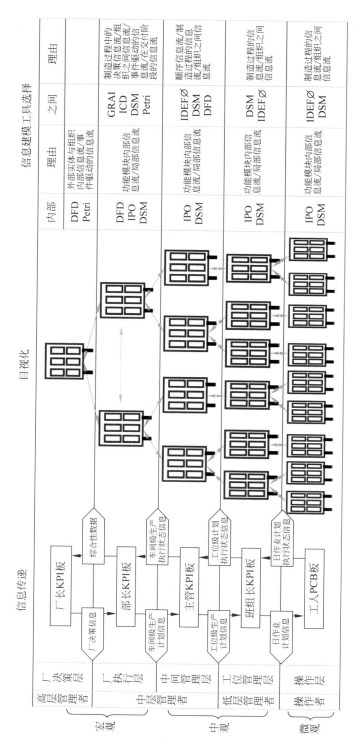

图 9-11　分层级信息流建模工具选择框架

# 9.6　本章小结

　　本章首先介绍了分布式认知这一分析信息问题的框架,尽管本书作者没有采用这一框架去描述工作研究 2.0 理论体系,但是分布式认知作为认知心理学一个重要的研究领域,经过多年研究已经积累了大量理论和实验研究成果,未来可期。其次,本章介绍了信息流分析的其他可能方法,如基于 TRIZ 的方法,信息流可视化分析的价值流程图、桑基图、意大利面图、增值热图,在文献综述的基础上给出一个信息流建模工具选择框架,这些可以作为信息流表征、分析和改善的辅助工具。

# 参 考 文 献

ANDRE' Marie Mbakop, JOSEPH Voufo. Analysis of Information Flow Characteristics in Shop Floor: State-of-the-Art and Future Research Directions for Developing Countries[J]. Global Journal of Flexible Systems Management, 2021, https://doi. org/10. 1007/s40171-020-00257-3.

ÅSA Fasth, SANDRA Mattsson, Tommy Fässberg, Johan Stahre Stefan Höög, Mikael Sterner and Thomas Andersson. Development of production cells with regard to physical and cognitive automation: A decade of evolution. IEEE International Symposium on Assembly & Manufacturing 2011.

ABONYI P, ARVA S, NEMETH C, VINCZE B, BODOLAI* Z, DOBOSNÉ H*, NAGY* G, NÉMETH* M. Operator support system for multi product processes-application to polyethylene production[J]. Computer Aided Chemical Engineering, 2003, 14: 347-352.

AL-HAKIM, L. Modelling information flow for surgery management process[J]. International Journal of Information Quality, 2008, 2(1): 60-74.

BLSING D, Hinrichsen S, Bornewasser M. Reduction of Cognitive Load in Complex Assembly Systems[M]//Human Interaction, Emerging Technologies and Future Applications II. 2020, 1152: 500.

BIONDI F N, CACANINDIN A, DOUGLAS C. Overloaded and at Work: Investigating the Effect of Cognitive Workload on Assembly Task Performance[J]. Human Factors The Journal of the Human Factors and Ergonomics Society, 2020: 001872082092992.

BUSERT T, FAY A. Information quality focused value stream mapping for the coordination and control of production processes[J]. International Journal of Production Research, 2021, 59(15): 4559-4578.

BONNER S E. A model of the effects of audit task complexity [J]. Accounting Organizations and Society, 1994, 19(3): 213-234.

BRUNKEN R, PLASS J L, LEUTNER, D. Direct measurement of cognitive load in multimedia learning[J]. Educational Psychology, 2003, 38(1): 53-61.

BACKS R W, WALRATH L C. Eye movement and pupillary response indices of mental workload during visual search of symbolic displays[J]. Applied Ergonomics, 1992, 23(4): 243-254.

BACKS R W, WOLFRAM B. Engineering Psychophysiology: Issues and Applications [M]. Lawrence Erlbaum, 2000.

BUETTNER R. Cognitive Workload of Humans Using Artificial Intelligence Systems: Towards Objective Measurement Applying Eye-Tracking Technology[M]//KI 2013: Advances in Artificial Intelligence. Springer Berlin Heidelberg, 2013, 37-48.

BOKRANZ R, LANDAU K. Handbuch Industrial Engineering: Produktivitäts management mit MTM. Schäfer-Peschel, 2012.

BECKER T, STERN H. Future trends in human work area design[J]. Procedia CIRP, 2016, 57: 404-409.

BUBB H. Information ergonomics. In: Stein M, Sandl P (eds) Information Ergonomics. Springer,

Berlin, Heidelberg. 2012, https://doi. org/10. 1007/978-3-642-25841-12.

BENJAMIN W, FREIVALDS A. Methods, standards and work design 10thed[D]. New York: McGraw Hill Company, 1999.

BILALIS N, SCROUBELOS G, ANTONIADIS A. Visual factory: Basic principles and the "zoning" approach [J]. International Journal of Production Research, 2002, 40 (15): 3575-3588.

CHIPMAN S, SCHRAAGEN J, SHALIN V. Introduction to cognitive task analysis [M]. NJ: Lawrence Erlbaum Associates, 2000.

COOKE N. Varieties of knowledge elicitation techniques[J]. International Journal of Human-Computer Studies, 1994, 41: 801-849.

CAMPBELL D. Task complexity: A review and analysis [J]. Academy of Management Review, 1988, 13(1): 40-52.

COTTYN J, VAN LANDEGHEM H, STOCKMAN K, DERAMMELAERE S. A method to align a manufacturing execution system with lean objectives[J]. International Journal of Production Research. 2011, 49(14): 4397-4413.

CARVALHO A V, CHOUCHENE A, CHARRUASANTOS F. Cognitive Manufacturing in Industry 4. 0 toward Cognitive Load Reduction: A Conceptual Framework[J]. Applied System Innovation, 2020, 3(4): 55-65.

CLAEYS A. Framework for Evaluating Cognitive Support in Mixed Model Assembly Systems. IFAC-Papers On Line 2015, 48(3): 924-929.

DURUGBO C, TIWARI A, ALCOCK J R. An Infodynamic Engine Approach to Improving the Efficiency of Information Flow in a Product-Service System [C]//1st CIRP Industrial Product-Service Systems (IPS2) Conference. 2009.

DURUGBO C, ERKOYUNCU J A, TIWARI A. Data uncertainty assessment and information flow analysis for product-service systems in a library case study [J]. International Journal of Services Operations and Informatics, 2010, 5(4): 330-350.

DURUGBO C, TIWARI A, ALCOCK J R. A review of information flow diagrammatic models for product-service systems[J]. International Journal of Advanced Manufacturing Technology, 2011, 52(9-12): 1193-1208.

DURUGBO C, HUTABARAT W, TIWARI A, et al. Information channel diagrams: an approach for modelling information flows[J]. Journal of Intelligent Manufacturing, 2012, 23(5): 1959-1971.

DURUGBO C, TIWARI A, ALCOCK J R. Modelling information flow for organisations: A review of approaches and future challenges [J]. International Journal of Advanced Manufacturing Technology, 2013, 33(3): 597-610.

DURUGBO C, HUTABARAT W, TIWARI A, ALCOCK J R. Modelling collaboration using complex networks[J]. Information Sciences, 2011, 181(15): 3143-3161.

DURUGBO C, TIWARI A, ALCOCK J R. Managing information flows for product-service systems delivery[C]. In Proceedings of the 2nd CIRP IPS2 conference, Linkoping, 14-15 April 2010 (pp. 365-370).

DURUGBO C, ERKOYUNCU J A. Managing integrated information flow for industrial service partnerships: A case study of aerospace firms, product services systems and value creation.

Procedia CIRP,2014,16: 338-343.

DEMIRIS G, WASHINGTON K, OLIVER D P. A study of information flow in hospice interdisciplinary team meetings[J]. Journal of Interprofessional Care,2008,22(6): 621-629.

DU T C,LIN C J,LIU C G. Proposing an information flow analysis model to measure memory load for software development[J]. Information and Software Technology,2000,42(11): 743-753.

EPPINGER SD. Innovation at the speed of information[J]. Harvard Business Review,2001,79: 149-151.

ERLACH, K. Wertstromdesign Der Weg zur schlanken Fabrik. Berlin, Heidelberg: Springer,2010.

EFTHYMIOU K, PAGOROPOULOS A, PAPAKOSTAS N. Manufacturing systems complexity: An assessment of manufacturing performance indicators unpredictability[J]. CIRP Journal of Manufacturing Science and Technology,2014,7(4): 324-334.

FÄSSBERG T, FASTH Å, STAHRE J. A classification of carrier and content of information [C]//4th CIRP Conference on Assembly Technologies and Systems (CATS 2012), Ann Arbor,21-22 May 2012.

FÄSSBERG T,FASTH Å,MATTSSON S,et al. Cognitive automation in assembly systems for mass customization. In Proceedings of the 4th Swedish Production Symposium (SPS),2011, Lund,Sweden.

FAST-BERGLUND Å, FÄSSBERG T, HELLMAN F, et al. Relations between complexity, quality and cognitive automation in mixed-model assembly[J]. Journal of manufacturing systems,2013,32(3): 449- 455.

FAST-BERGLUND Å,Å KERMAN M,KARLSSON M,et al. Cognitive automation strategies-improving the use-efficiency of carrier and content of information in production systems. In Procedia of 47th CIRP CMS Conference(2014).

FROHM J,LINDSTRÖM V,WINROTH M,et al. Levels of Automation in Manufacturing[J]. International Journal of Ergonomics and Human Factors,2008,30(3): 1-28

FURNISS D,Blandford A. Understanding Emergency Medical Dispatch in terms of Distributed Cognition: a case study[J]. Ergonomics Journal,2006,49 (12/13): 1174-1203.

FALCK A C,ROSENQVIST M. Assembly failures and action cost in relation to complexity level and assembly ergonomics in manual assembly (part2)[J]. International Journal of Industrial Ergonomics,2014,44(3): 455-459.

FRÉDÉRIC R,FORGET P,LAMOURI S,et al. Impacts of Industry 4. 0 technologies on lean principles[J]. International Journal of Production Research,2020,58(6): 1644-1661.

FORZA C, SALVADOR F. Information flows for high-performance manufacturing [J]. International Journal of Production Economics,2001,70(1): 21-36.

FU M,HAO Y,GAO Z,et al. User-Driven: A Product Innovation Design Method.

for a Digital Twin Combined with Flow Function Analysis[J]. Processes, 2022, 10: 2353. https://doi. org/10. 3390/prl0112353.

Global Assignment. Information Flow: Analysis and Types of Information Flow[Z/OL]. (2019-09-03). https://www. allassignmenthelp. co. uk/blog/information-flow-analysis-and-types-of-information-flow/.

GJORESKI M，LUŠTREK M，PEJOVIĆ V. My watch says i'm busy：Inferring cognitive load with low-cost wearables[C]//Proceedings of the 2018 ACM International Joint Conference and 2018 International Symposium on Pervasive and Ubiquitous Computing and Wearable Computers. ACM，2018，1234-1240.

GULLANDER P，DAVIDSSON A，DENCKER K，et al. Towards a production complexity model that supports operation，re-balancing and man-hour planning. In Proceedings of the 4th Swedish Production Symposium (SPS)，2011，Lund，Sweden.

GORECKY D，SCHMITT M，LOSKYLL M，ZÜHLKE D. Human-machine-interaction in the industry 4.0 era. 2014 12th IEEE international conference on industrial informatics (INDIN) (pp. 289-294). IEEE (2014，July).

HUTCHINS E. Cognition in the wild[M]. Cambridge：MIT Press，1995.

HOEDT S，CLAEYS A，VAN LANDEGHEM H，et al. The evaluation of an elementary virtual training system for manual assembly[J]. International Journal of Production Research，2017，55(7)：496-508.

HARVEY C M，KOUBEK R J. Cognitive，social，and environmental attributes of distributed engineering collaboration：A review and proposed model of collaboration[J]. Human Factors and Ergonomics in Manufacturing & Service Industries，2000，10(4)：369-393.

HAM D H，PARK J，JUNG W. A Framework-Based Approach to Identifying and Organizing the Complexity Factors of Human-System Interaction[J]. IEEE Systems Journal，2011，5(2)：213-222.

HAM D H，PARK J，JUNG W. Model-based identification and use of task complexity factors of human integrated systems [J]. Reliability Engineering & System Safety，2012，100：33-47.

HART S G，STAVELAND L E. Development of NASA-TLX (Task Load Index)：Results of Empirical and Theoretical Research[J]. Advances in Psychology，1988，52(6)：139-183.

CHO H，LEE S，PARK J. Time estimation method for manual assembly using MODAPTS technique in the product design stage[J]. International Journal of Production Research，2014，52(12)：3595-3613.

HEAP J. Principles of Motion Economy. Wiley Encyclopedia of Management. John Wiley & Sons，Ltd. ，2015.

HARTMANNA L，MEUDT T，SEIFERMANNA S，et al. Value stream method 4.0：holistic method to analyse and design value streams in the digital age[J]. Procedia CIRP 78(2018) 249-254.

HUANG H. Big data to knowledge-Harnessing semiotic relationships of data quality and skills in genome curation work[J]. Journal of Information Science，2018，44(6)：785-801.

HERTLE J，HAMBACH A，MEIßNER S，et al. Digital shopfloor management-New ideas for improvements in production[J]. Productivity Management，2017，22(1)：59-61.

HINTON C M. Towards a pattern language for information centred business change [J]. International Journal of Information Management，2002，22(5)：325-341.

HICKS B J. Lean information management：Understanding and eliminating waste [J]. International Journal of Information Management，2007，27(4)：233-249.

HUNGERFORD B C，HEVNER A R，COLLINS R W. Reviewing software diagrams：A cognitive study[J]. IEEE Transactions on Software Engineering，2004，30(2)：82-96.

HELO P T. Product configuration analysis with design structure matrix[J]. Industrial Management & Data Systems,2006,106(7): 997-1011.

HANAFIZADEH P,NIK M R H. Configuration of data monetization: A review of literature with thematic analysis[J]. Global Journal of Flexible Systems Management,2020,21(1): 17-34.

HARTLEYR V L. Transmission of Information[J]. Bell System Technical Journal,1928,7: 535-563.

HACKMAN R. Toward understanding the role of tasks in behavioral research[J]. Acta Psychologica,1996,31: 97-128.

HEAP J. Principles of Motion Economy. Wiley Encyclopedia of Management. John Wiley & Sons,Ltd,2015.

HANSSON M,SDERLUND C. A Visual and Rhetorical Perspective on Management Control Systems[J]. International Journal of Lean Six Sigma,2021-01-04,DOI: 10. 1108/ijlss-03-2020-0033.

International MTM Directorate,MTM History,http://mtm-international. org.

JOVANOVIĆ J,GAŠEVIĆ D,PARDO A,et al. Introducing meaning to clicks: Towards traced-measures of self-efficacy and cognitive load[C]//the 9th International Conference on Learning Analytics & Knowledge. ACM,2019,511-520.

KURILOVA-PALISAITIENE J,SUNDIN E. Toward Pull Remanufacturing: A Case Study on Material and Information Flow Uncertainties at a German Engine Remanufacturer[J]. Procedia CIRP,2015,26: 270-275.

KAISER S,PARKS A,LEOPARD P. Design and learn ability of vortex whistles for managing chronic lung function via smartphones[C]//the 2016 ACM International Joint Conference. ACM,2016,569-580.

KONG F S. Development of metric method and framework model of integrated complexity evaluations of production process for ergonomics workstations, International Journal of Production Research,2019,57(8): 2429-2445.

KOLBERG D,KNOBLOCH J,ZÜHLKE D. Towards a lean automation interface for workstations[J]. International Journal of Production Research,2017,55(10): 2845-2856.

KOCH S. Six sigma,Kaizen und TQM (2nd ed. ). Berlin,Heidelberg: Springer,2011.

KROVI R,CHANDRA A,RAJAGOPALAN B. Information flow parameters for managing organizational processes[J]. Communications of the ACM,2003,46(2): 77-82.

KEHOE D F,LITTLE D,LYONS A C. Measuring a company IQ. IEE Conference Publication,1992,359: 173-178.

LUCIANA A M,ZAINA,H S,LEONOR B. UX information in the daily work of an agile team: A distributed cognition analysis[J]. International Journal of Human-Computer Studies,2021,147: 102574.

LIU P,LI Z. Task complexity: A review and conceptualization framework[J]. International Journal of Industrial Ergonomics,2012,42(6): 553-568.

LIU P,LI Z. Comparison between conventional and digital nuclear power plant main control rooms: A task complexity perspective,Part II: Detailed results and analysis[J]. International Journal of Industrial Ergonomics,2014,44(3): 3-11.

LV J,XU X,DING N. Research on the Quantitative Method of Cognitive Loading in a Virtual

Reality System[J]. Information (Switzerland),2019,10(5): 170-184.

LI H M,KONG F S,CHEN T B. Method for Evaluation and Application of Production Process Chain Comlexipty in Sewing Workshops considering Human Factor[J]. Complexity,2022, ID4075358. https://doi. org/10. 1155/ 2022/4075358.

LEWIN M,VOIGTLNDER S,FAY A. Method for process modelling and analysis with regard to the requirements of Industry 4. 0: An extension of the value stream method[C]//IECON 2017-43rd Annual Conference of the IEEE Industrial Electronics Society. IEEE,2017.

LEE Y T. Initial manufacturing exchange specification (IMES) information model for the process plan—workstation level, NISTIR 6307. Gaithersburg: National Institute of Standards and Technology,1999.

LUEG C. Information knowledge and networked minds[J]. Journal of Knowledge Management, 2001,5(2): 151-159.

LINDBLOM J, THORVALD P. Towards a framework for reducing cognitive load in manufacturing personnel[C]//the 5th AHFE (Applied Human factors and Ergonomics) Conference 19-23 July 2014. 2014.

MEUDT T,METTERNICH J,ABELE E. Value stream mapping 4. 0: Holistic examination of value stream and information logistics in production [J]. CIRP Annals, 2017, 66 (1): 413-416.

MATTSON S. What is perceived as complex in final assembly? [M]. Department of Product and Production Development Chalmers university of technology Gothenburg,Sweden 2013.

MOLEND A P,JUGENHEIMER A, HAEFNER C. Methodology for the visualization,analysis and assessment of information processes in manufacturing companies[J]. Procedia CIRP, 2019,84: 5-10.

MULLER R,VETTE M,HORAUF L,et al. Lean information and communication tool to connect shop and top floor in small and medium-sized enterprises[J]. Procedia Manufacturing,2017, 11: 1043-1052.

MILLER G A. The magical number seven,plus or minus two: Some limits on our capacity for processing information[J]. The Psychological Review,1956,63: 81-97.

MENTZAS G,HALARIS C,KAVADIAS S. Modelling business process with workflow systems: An evaluation of alternative approaches [J]. International Journal of Information Management,2001,21(2),123-135.

MBAKOP A M, VOUFO J, BIYEME F. Analysis of information flow characteristics in shop floor: state-of-the-art and future research directions for developing countries[J]. Global Journal of Flexible Systems Management,2021,22(1): 43-53.

MAInD Staff. Heat sensitive wallpaper[Z/OL]. (2008-10-29)[2010-2-16]. http://www. maind. supsi. ch/p＝221.

NOSEK J T, SCHWARTZ R B. User validation of information system requirements: some empirical results[J]. IEEE Transactions on Software Engineering,1988,14(9): 1372-1375.

OHNO T,BODEK N. Toyota production system: beyond large-scale production[M]. Oregon: Productivity Press,2019.

OLSEN J,SHARMA K,ALEVEN V,RUMMEL,N. Combining gaze,dialogue,and action from a collaborative intelligent tutoring system to inform student learning processes [C]//

Proceedings of the 13th International Conference of the Learning Sciences. 2018,689-696.

OLOUFA A A,HOSNI Y A,FAYEZ M,et al. Using DSM for modeling information flow in construction design projects[J]. Civil Engineering and Environment System,2004,21: 105-126.

PALINKO O,KUN A L,SHYROKOV A. Estimating cognitive load using remote eye tracking in a driving simulator[C]//Proceedings of the 2010 Symposium on Eye-Tracking Research & Applications,ETRA 2010,Austin,Texas,USA,March 22-24,2010. ACM,2010,141-144.

HOLD P, et al. Planning and Evaluation of Digital Assistance Systems [J]. Procedia Manufacturing,2017,9: 143-150.

PEITEK N,SIEGMUND J,PARNIN C. Beyond gaze: preliminary analysis of pupil dilation and blink rates in an fMRI study of program comprehension[C]// the Workshop. 2018.

PANERU G,LEE D Y,TLUSTY T. Lossless Brownian information engine[J]. Physical review letters,2018,120(2): 020601.

PANERU G,LEE D Y,PARK J M. Optimal tuning of a Brownian information engine operating in a nonequilibrium steady state[J]. Physical Review E,2018,98(5): 052119.

PARK J M,LEE J S,NOH J D. Optimal tuning of a confined Brownian information engine[J]. Physical Review E,2016,93(3): 032146.

PARK J,JEONG K,JUNG W. Identifying cognitive complexity factors affecting the complexity of proceduralized steps in emergency operating procedures of a nuclear power plant [J]. Reliability Engineering and System Safety,2005,89(2): 121-136.

PARASURAMAN R,WICKENS C D. Humans: still vital after all these years of automation[J]. Human Factors,2008,50(3): 5-11.

PAAS F,TUOVINEN J E,TABBERS H. Cognitive Load Measurement as a Means to Advance Cognitive Load Theory[J]. Educational Psychologist,2003,38(1): 63-71.

ROLAND,BRÜNKEN,SUSAN,et al. Assessment of cognitive load in multimedia learning using dual-task methodology[J]. Experimental psychology,2002,49 (2): 109.

ROMERO D, NORAN O, STAHRE J, et al. (2015, September). Towards a human-centred reference architecture for next generation balanced automation systems: Human-automation symbiosis. IFIP international conference on advances in production management systems (pp. 556-566). Cham: Springer.

ROMERO D, STAHRE J, WUEST T, et al. (2016, October). Towards an Operator 4. 0 typology: a human-centric perspective on the fourth industrial revolution technologies. International conference on computers & industrial engineering (CIE46) (pp. 1-11).

ROMERO D,STAHRE J. Towards the resilient operator 5. 0: the future of work in smart resilient manufacturing systems[J]. Procedia CIRP,2021,1(04): 1089-1094. DOI: https:// doi. org/10. 1016/j. procir. 2021. 11. 183.

ROMERO D,BERNUS P,NORAN O,et al. (2016,September). The operator 4. 0: human cyber-physical systems & adaptive automation towards human-automation symbiosis work systems. IFIP international conference on advances in pro-duction management systems (pp. 677-686). Cham: Springer.

RAZZAK M A,AL-KWIFI O S,AHMED Z U. Rapid alignment of resources and capabilities in time-bound networks: A theoretical proposition[J]. Global Journal of Flexible Systems

Management，2018，19(4)：273-287.

ROH P，KUNZ A，WEGENER K. Information stream mapping：Mapping，analysing and improving the efficiency of information streams in manufacturing value streams[J]. CIRP Journal of Manufacturing Science and Technology，2019，25：1-13.

ROTHROCK L，HARVEY C，BURNS J. A theoretical framework and quantitative architecture to assess team task complexity in dynamic environments [J]. Theoretical Issues in Ergonomics Science，2005，6(2)：157-171.

SHANNON C E. A mathematical theory of communication[J]. The Bell System Technical Journal，1948，27：379-423 and 623-656.

STAPEL K，SCHNEIDER K. Managing knowledge on communication and information flow in global software projects[J]. Expert Systems，2012，31(3)：234-252.

SUNDRAM V P K，CHHETRI P，BAHRIN A S. The consequences of information technology，information sharing and supply chain integration，towards supply chain performance and firm performance[J]. Journal of International Logistics and Trade，2020，18(1)：15-31. https://doi. org/10. 24006/jilt. 2020. 18. 1. 015.

SHERIDAN T B，PARASURAMAN R. Human-Automation Interaction[J]. Reviews of Human Factors and Ergonomics，2005，1(1)：89-129.

SHAYTURA S V，KNYAZEVA M D，FEOKTISTOVA V M，et al. Philosophy of Information Fields[J]. International Journal of Civil Engineering and Technology (IJCIET)，2018，9(13)：127-136.

SHARMA K，MANGAROSK K，BERKEL VAN N，et al. Information flow and cognition affect each other：Evidence from digital learning[J]. International Journal of Human-Computer Studies，2021，147：102549.

SONMEZ V，MURAT C. Using Accurately Measured Production Amounts to Obtain Calibration Curve Corrections of Production Line Speed and Stoppage Duration Consisting of Measurement Errors[J]. International Journal of Advanced Manufacturing Technology，2017，88 (9-12)：3257-3263.

SUNDRESH，T S. Entropy perspectives in semiotics [C]//Proceedings of the 1999 Artificial Neural Networks in Engineering Conference (ANNIE'99).

SUNDRESH T S. Information Concepts in Anticipatory Systems[M]//Anticipation Across Disciplines. Springer，Cham，2016：219-229.

SUNDRESH T S. Information complexity，information matching and system integration[C]//1997 IEEE International Conference on Systems，Man，and Cybernetics. Computational Cybernetics and Simulation. IEEE，1997，2：1826-1831.

SAMY S N，ELMARAGHY H. A model for measuring products assembly complexity[J]. International Journal of Computer Integrated Manufacturing，2010，23(11)：1015-1027.

STREUFERT S，STREUFERT S C，DENSON A L. Information load stress，risk taking，and physiological responsivity in a visual-motor task[J]. Journal of Applied Social Psychology，1983，13(2)：145-163.

STORK S，SCHUBÖ A. Cognition in Manual Assembly[J]. Künstl Intell，2010，24：305-309.

SUGIMORI Y，KUSUNOKI K，CHO F，UCHIKAWA S. Toyota production system and Kanban system materialization of just-in-time and respect-for-human system[J]. The International

Journal of Production Research,1977,15(6): 553-564.

SERGEY V S,MARINA D K,VALENTINA M F,et al. Philosophy of Information Fields[J], International Journal of Civil Engineering and Technology (IJCIET) 9 (13), 2018, pp. 127-136.

SAMIEI E,HABIBI J. The mutual relation between Enterprise resource planning and knowledge management: A review[J]. Global Journal of Flexible Systems Management,2020,21(1): 53-66.

SYED A S,BERMAN K. DSM as a knowledge capture tool in CODE environment[J]. J Intell Manuf,2007,18: 497-504.

SHARIF S A,KAYIS B. DSM as a knowledge capture tool in CODE environment[J]. Journal of Intelligent manufacturing,2007,18(4): 497-504.

STEWARD DV. The design structure system: a method for managing the design of complex systems[J]. IEEE Trans Eng Manage,1981,28: 71-74.

STAY J F. HIPO and integrated program design[J]. IBM Systems Journal, 1976, 15 (2): 143-154.

THOMAS A. La connaissance du ve'cu en atelier de production[D]. Dissertation, Institut National Polytechnique de Lorraine,1993.

THORVALD P, LINDBLOM J, ANDREASSON R. On the development of a method for cognitive load assessment in manufacturing [J]. Robotics and Computer-Integrated Manufacturing,2019,59: 252-266.

TOMANEK D P,HUFNAGL C,JÜRGEN SCHRDER. Determining the Digitalization Degree of Information Flow in the Context of Industry 4. 0 Using the Value Added Heat Map[M]// Integration of Information Flow for Greening Supply Chain Management. 2020.

TOMANEK D P,SCHRÖDER J. Analysing the Value of Information Flow by Using the Value Added Heat Map[J]. Proceedings of International Scientific Conference Business Logistics in Modern Management,2017,17: 81-91.

TSVETKOV V Ya. Information Space,Information Field,Information Environment[J]. European Researcher,2014,80(8-1): 1416-1422.

TAN J T C,DUAN F,ZHANG Y,et al. Assembly Information Development in Task Modeling to Support Man-Machine Collaboration in Cell Production,Proceedings of JSPE Semestrial Meeting,2009,Volume 2009S,2009 JSPE Spring Conference,Session ID A84,Pages 89-90, Released August 25,2009DOI https://doi. org/10. 11522/pscjspe. 2009S. 0. 89. 0.

VICTOR Ya, TSVETKOV. Information Space, Information Field, Information Environment. European Researcher[J]. 2014,80(8-1): 1416-1422.

VERHAGEN W J C, DE VRUGHT B, SCHUT J. A method for identification of automation potential through modelling of engineering processes and quantification of information waste [J]. Advanced Engineering Informatics,2015,29(3): 307-321.

WOOD R E. Task complexity: Definition of the construct[J]. Organizational Behavior & Human Decision Processes,1986,37( 1): 60-82.

WILLIAM J A,RAMASWAMY M. Potential Eye Tracking Metrics and Indicators to Measure Cognitive Load in Human-Computer Interaction Research[J]. Journal of Scientific Research, 2020,64(01): 168-175.

WANG S J. Explore the information fields: the interaction Design Methodology for the post-information age. Beijing: Tsinghua University Press,2011.

WEI J，SALVENDY G. The cognitive task analysis methods for job and task design：Review and reappraisal[J]. Behaviour and Information Technology，2004，23：273-299.

YASSINE A. Investigating product development process reliability and robustness using simulation[J]. Journal of Engineering Design，2007，18(6)：545-561.

ZADELH A. Fuzzy sets[J]. Information and Control，1965，8：338-353.

ZADEHL A. The concept of linguistic variable and its application to approximate reasoning[J]. Information Sciences，1975，8：199-249 and 9：43-80.

ZAEH M F，WIESBECK M，STORK S. A multi-dimensional measure for determining the complexity of manual assembly operations[J]. Production Engineering，2009，3(4-5)：489-496.

ZUREK W H. Algorithmic randomness and physical entropy[J]，Phys. Rev.，1989，A40：4731-4751.

ZHU X，HU S J，KOREN Y. Modeling of Manufacturing Complexity in Mixed-Model Assembly Lines[J]. Journal of Manufacturing Science and Engineering，2008，130(5)：649-659.

ZOLOTOVÁ I，PAPCUN P，KAJÁTI E，MIŠKUF M，MOCNEJ J. Smart and cognitive solutions for Operator 4.0：Laboratory H-CPPS case studies[J]. Computers & Industrial Engineering，2020，139：105-471.

傅祖芸. 信息论——基础理论与应用[M]. 2 版. 北京：北京电子工业出版，2007.

孔繁森，赵凯丽，陆俊睿，白小刚，孙琳琳. 结构件装配复杂性分析的框架及其在装配质量缺陷率预测中的应用[J]. 计算机集成制造系统，2017，23(12)：2665-2675.

孔繁森，高天宇，李惠敏. 考虑任务复杂性的人机联合任务分配问题研究[J]. 机械工程学报. 2021，57(7)：204-214.

柯青，王秀峰，成颖. 任务复杂性与用户认知和 Web 导航行为关系探究[J]. 情报学报，2016，35(11)：1208-1222.

刘闽东，吴龙军，汤明超，孟梅. 项目型制造过程信息流集成建模仿真研究[J/OL]. 系统仿真学报：1-9[2021-02-03]. http://kns.cnki.net/kcms/detail/11.3092.V.20210201.1709.004.html.

汤廷孝，廖文和，黄翔，等. 产品设计过程建模及重组[J]. 华南理工大学学报：自然科学版，2006，34(2)：41-46.

秦华，冯欣欣，孟宪颐. 塔式起重机驾驶员的操控培训方法与任务复杂度的关系[J]. 工业工程，2014，17(1)：17-22.

张凯. 信息场性能分析[J]. 情报杂志，2003(2)：19-20＋23.

张智君，宿芳，唐日新，等. 任务难度和时间压力在诱发 WMSD 中的作用[J]. 心理科学，2010，33(2)：364-367.

# 后　　记

　　近 10 年来,我在工业工程领域主要研究了两个问题,一个是制造系统中人的问题,传统上离散制造系统建模与仿真基本不考虑人的因素,直接就机器系统建模,而本人在研究多机床看管时将人与机器有机地融合在一起,探讨了制造系统的建模与仿真问题。另一个就是本书所关注的制造系统中的信息流问题。众所周知,讨论制造系统一定离不开物流、信息流、资金流和能源流。其中物流问题是精益生产研究的重要领域之一,也是基础工业工程研究的主要问题。物流问题分两类,一类是布局规划、排程与调度、生产线平衡等,主要集中在各类数学模型及其算法的研究上;另一类就是改善问题,企业、咨询服务业研究较多,多为定性问题,解决的方法主要是各类基础工业工程方法、精益与丰田生产方式、$6\sigma$、ToC、解决问题的方法等在不同场景中的应用。而信息流问题在生产现场和工业工程学术界却始终没有得到足够的重视,更没有系统的理论方法和研究工具。

　　随着自动化技术的飞速发展,智能制造技术的日臻成熟,传统工业工程专业方法已经过时的提法逐渐多了起来,这种提法既有来自企业的,也有来自学界的,其主要依据就是面对自动化程度越来越高的制造系统,传统工业工程的方法,如起始于泰勒时代的工作研究方法,特别是动作经济原则在面对自动化生产线时就失去了意义。因为在自动化生产线中,工人的主要工作是信息加工操作,如点检、质量抽检等,传统意义上建立在物理负荷上的操作已不存在。

　　在开展制造系统复杂性研究的过程中,我对为什么要研究复杂性,复杂性的作用是什么进行了思考。复杂性既有结构复杂性也有认知复杂性,而认知复杂性与人的感知和认知过程有关,工人在进行具有不同认知复杂性的工作时,所消耗的能量是不同的。实际上,我们每天摄入的能量主要消耗于三个部分,一部分用于维持基本的生理需求,一部分用于平衡物理负荷,还有一部分则消耗于认知负荷(信息负荷、心理负荷)。检视传统工作研究的基本内容,可以发现它主要围绕流程经济性和动作经济性问题展开,解决的是人、机、料相互作用中的动作经济性问题,即如何降低人的物理负荷问题,而生产现场中的另外三个问题:法、环/安、测则很少被关注。秉持设计思维,因循动作经济原则,我提出了信息加工经济原则,并指导学生运用该原则开展有关案例研究,主要研究的案例有两个:一是关于法、环、测改善的案例;二是考虑复杂性的生产线平衡问题的案例。这两个案例都在清华大学IE亮剑工业工程案例大赛中获得特等奖。在此基础上,我给出了综合考虑动作经济原则与信息加工经济原则的任务复杂性定量测度方法,相关成果于 2018 年发表于国际生产研究(IJPR)。这是我提出的工作研究 2.0 的雏形,得到业界和学界的高度认可。此时,我已经有了建立完整的考虑信息负荷的工作研究 2.0 理论方法体系的构想。

　　传统工作研究理论方法体系,包含宏观、中观和微观三个层次。宏观是布局问题,中观是生产线中物料流动问题和流程经济性问题,微观是动作的经济性问题。动作经济性的测度方法是时间测定(秒表法、预定时间测量模特法、MTM 等)。而我提出的信息加工经济性原则及其应用是面向法、环、测现场改善锚定了生产现场信息负荷的微观问题。德国学者 Meudt T,Metternich J(Institute of Production Management,Technology and Machine Tools,TU Darmstadt,Germany)等于 2017—2018 年在 CIRP Annals-Manufacturing Technology 发表文章,介绍了他们模拟丰田生产方式对浪费的定义和价值流解决问题的方法,提出了一套分析信息流浪费的工具和方法,这套方法恰好提供了我所设想的解决生产现场信息问题的中观问题:信息流价值及其浪费问题。至此,与传统工作研究框架相比,仅剩宏观信息负荷问题没有解决。加利福尼亚大学的心理学家赫钦斯(Edwin Hutchins[*])于 20 世纪 80 年代中后期提出来的分布认知的布局原则、信息流原则和人造物原则与我的设想框架极其相似,但是这一框架很难在制造领域落地。我曾经按照这一框架指导学生毕业设计,做了两年超市分布式认知问题的分析和研究,但是并未形成系统的解决问题的方法和工具。于是我又回归传统工作研究分析问题和解决问题的框架。

　　工作研究解决的宏观问题是布局问题,最有名的工具是系统化布局规划方法(SLP)。生产现场信息的布局问题是什么?新冠疫情前长春一家咨询公司请我安排几个学生协助他们进行审厂活动,这件事对我有所启发,审厂分内审和外审,学生们参与的是外审,无论是内审还是外审,该过程都是一个信息加工的过程,即协助企业发现问题,并指明改善的方向。审厂人员进厂观察、调研,面对的是一个巨大的信息空间,这里有许多不确定性,需要依据审厂标准对工厂相应项目进行评价。他们审视的是企业生命周期正处于哪一个阶段,评价方法有精益生产成熟度等方法,这个过程中许多问题都可以使用熵增定律进行解释,如信息的不确定性,负熵流的引入可以改变企业现状等。而且这个过程也是一个典型的精益改善分析问题和解决问题的过程。基于这一思路我将管理颗粒度视作虚拟物理空间的距离概念,利用信息空间、信息场的概念,使用熵分别从宏观和微观两个角度对信息的客观不确定性和模糊不确定性进行了描述,提出了制造系统信息场的概念、测度和方法,解决了信息研究的宏观问题,即宏观信息问题的描述与测度、评价问题,有关成果已于 2023 年发表于 Advanced Engineering Informatics。至此,作者建立了完整的工作研究 2.0 理论方法体系。

　　提出一个有见地的观点,便是发动了一次冲锋;拿出一套有创新性的解决问题的方案,便是进行一场战争。无论是作为冲锋的士兵还是作为指挥战役的将军,都会因此而拥有一份无比辉煌的荣光。工作研究 2.0 理论方法体系尚需诸位业界贤达予以批评和指正,以便使其不断完善,这也是笔者撰写本书的初衷。

2022 年 6 月 2 日于长春审苑